教科書ぴったりトレーニング
はなまるシール

- ふろくの「がんばり表」に使おう！
- はじめに、キミのおとも犬を選んで、がんばり表にはろう！
- 学習が終わったら、がんばり表に「はなまるシール」をはろう！
- 余ったシールは自由に使ってね。

キミのおとも犬

はなまるシール

教科書ぴったりトレーニング

理科 4年 がんばり表

いつも見えるところに、この「がんばり表」をはっておこう。
この「ぴたトレ」を学習したら、シールをはろう！
どこまでがんばったかわかるよ。

5. 雨水のゆくえと地面のようす
1 雨水の流れ方
2 水のしみこみ方

24〜25ページ ぴったり3 できたらシールをはろう
22〜23ページ ぴったり1 2 できたらシールをはろう

4. 電気のはたらき
1 かん電池のはたらき
2 かん電池のつなぎ方

20〜21ページ ぴったり3 できたらシールをはろう
18〜19ページ ぴったり1 2 できたらシールをはろう

3. 天気と気温
1 1日の気温と天気

16〜17ページ ぴったり3 できたらシールをはろう
14〜15ページ ぴったり1 2 できたらシールをはろう

✪暑くなると
1 植物のようす
2 動物のようす
3 記録の整理

26〜27ページ ぴったり1 2 できたらシールをはろう
28〜29ページ ぴったり3 できたらシールをはろう

✪夏の星

30〜31ページ ぴったり1 2 できたらシールをはろう
32〜33ページ ぴったり3 できたらシールをはろう

6. 月や星の見え方
1 月の見え方
2 星の見え方

34〜35ページ ぴったり1 2 できたらシールをはろう
36〜37ページ ぴったり1 2 できたらシールをはろう

✪寒くなると
1 植物や動物のようす
2 記録の整理

70〜71ページ ぴったり3 できたらシールをはろう
68〜69ページ ぴったり1 2 できたらシールをはろう

✪冬の星

66〜67ページ ぴったり3 できたらシールをはろう
64〜65ページ ぴったり1 2 できたらシールをはろう

10. 物のあたたまり方
1 金ぞくのあたたまり方
2 空気のあたたまり方
3 水の

62〜63ページ ぴったり3 できたらシールをはろう
60〜61ページ ぴったり1 2 できたらシールをはろう

11. 水のすがたと温度
1 水を熱したとき
2 湯気とあわの正体
3 水を冷やしたとき

72〜73ページ ぴったり1 2 できたらシールをはろう
74〜75ページ ぴったり1 2 できたらシールをはろう
76〜77ページ ぴったり3 できたらシールをはろう

12. 生き物の1年をふり返って

78〜79ページ ぴったり1 2 できたらシールをはろう
80ページ ぴったり3 できたらシールをはろう

（キリトリ線）
教科書ぴったりトレーニング 理科 4年 東京書籍版 折込①(オモテ)

すきななまえをつけてね！

なまえ

ぴた犬
（おとも犬）
シールを
はろう

シールの中からすきなぴた犬をえらぼう。

おうちのかたへ

がんばり表のデジタル版「デジタルがんばり表」では、デジタル端末でも学習の進捗記録をつけることができます。1冊やり終えると、抽選でプレゼントが当たります。「ぴたサポシステム」にご登録いただき、「デジタルがんばり表」をお使いください。LINE または PC・ブラウザを利用する方法があります。

LINE用

PC・ブラウザ用

ぴたサポシステムご利用ガイドはこちら
https://www.shinko-keirin.co.jp/shinko/news/pittari-support-system

スタート

1. あたたかくなると

❶ 1年間の観察の計画　❸ 記録の整理
❷ 植物や動物のようす

2~3ページ	4~5ページ	6~7ページ
ぴったり 1 2	ぴったり 1 2	ぴったり 3
できたらシールをはろう	できたらシールをはろう	できたらシールをはろう

2. 動物のからだのつくりと運動

❶ うでのつくりと動き
❷ からだ全体のつくりと動き

8~9ページ	10~11ページ	12~13ページ
ぴったり 1 2	ぴったり 1 2	ぴったり 3
できたらシールをはろう	できたらシールをはろう	できたらシールをはろう

38~39ページ
ぴったり 3
できたらシールをはろう

7. 自然のなかの水のすがた

❶ 水のゆくえ
❷ 空気中にある水

40~41ページ	42~43ページ
ぴったり 1 2	ぴったり 3
できたらシールをはろう	できたらシールをはろう

✪すずしくなると

❶ 植物のようす　❸ 記録の整理
❷ 動物のようす

44~45ページ	46~47ページ
ぴったり 1 2	ぴったり 3
できたらシールをはろう	できたらシールをはろう

8. とじこめた空気と水

❶ とじこめた空気
❷ とじこめた水

48~49ページ	50~51ページ
ぴったり 1 2	ぴったり 3
できたらシールをはろう	できたらシールをはろう

9. 物の体積と温度

❶ 空気の体積と温度　❸ 金ぞくの体積と温度
❷ 水の体積と温度

52~53ページ	54~55ページ	56~57ページ
ぴったり 1 2	ぴったり 1 2	ぴったり 3
できたらシールをはろう	できたらシールをはろう	できたらシールをはろう

あたたまり方

58~59ページ
ぴったり 1 2
できたらシールをはろう

ゴール

さいごまでがんばったキミは
「ごほうびシール」をはろう！

ごほうび
シールを
はろう

（キリトリ線）

バッチリポスター

自由研究にチャレンジ！

「自由研究はやりたい，でもテーマが決まらない…。」
そんなときは，この付録を参考に，自由研究を進めてみよう。
この付録では，『豆電球２この直列つなぎとへい列つなぎ』というテーマを例に，説明していきます。

①研究のテーマを決める

「小学校で，かん電池２こを直列つなぎにしたときと，へい列つなぎにしたときのちがいを調べた。それでは，豆電球２こを直列つなぎにしたときとへい列つなぎにしたときで，明るさはどうなるか調べたいと思った。」など，学習したことや身近なぎもんから，テーマを決めよう。

②予想・計画を立てる

「豆電球，かん電池，どう線，スイッチを用意する。豆電球１ことかん電池をつないで明かりをつけて，明るさを調べたあと，豆電球２こを直列つなぎやへい列つなぎにして，明るさをくらべる。」など，テーマに合わせて調べる方法とじゅんびするものを考え，計画を立てよう。わからないことは，本やコンピュータで調べよう。

③調べたりつくったりする

計画をもとに，調べたりつくったりしよう。結果だけでなく，気づいたことや考えたことも記録しておこう。

④まとめよう

「豆電球２こを直列つなぎにしたときは，明るさは～だった。豆電球２こをへい列つなぎにしたときは，明るさは～だった。」など，調べたりつくったりした結果から，どんなことがわかったかをまとめよう。

豆電球のかわりに，
モーターを使っても
いいね。

右は自由研究を
まとめた例だよ。
自分なりに
まとめてみよう。

豆電球２この直列つなぎとへい列つなぎ

年　　組

】研究のきっかけ

学校で，かん電池２こを直列つなぎにしたときと，へい列つなぎにしたとき
がいを調べた。それでは，豆電球２こを直列つなぎにしたときと，へい列つ
にしたときで，明るさはどうなるか調べたいと思った。

】調べ方

電球(２こ)，かん電池，どう線，スイッチを用意する。
電球１ことかん電池をどう線でつないで，豆電球の明るさを調べる。
電球２こを直列つなぎにして，
電球の明るさを調べる。
電球２こをへい列つなぎに変えて，
電球の明るさを調べる。

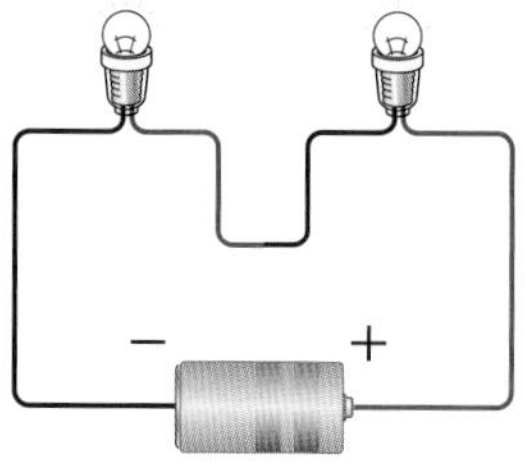

直列つなぎ

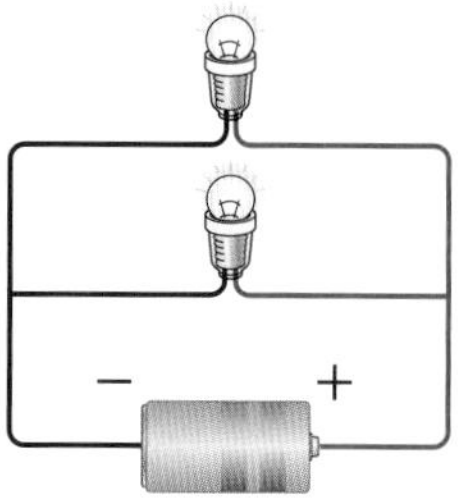

へい列つなぎ

】結果

電球２こを直列つなぎにしたときは，豆電球１このときとくらべて，
さは，〜だった。
電球２こをへい列つなぎにしたときは，豆電球１このときとくらべて，
さは，〜だった。

】わかったこと

電球２こを直列つなぎにしたときと，へい列つなぎにしたときでは，
さがちがって，〜だった。

\ きょうみを広げる・深める! /

観察・実験カード

4年

生き物

どの季節のようすかな?

生き物

どの季節のようすかな?

生き物

どの季節のようすかな?

生き物

どの季節のようすかな?

生き物

どの季節のようすかな?

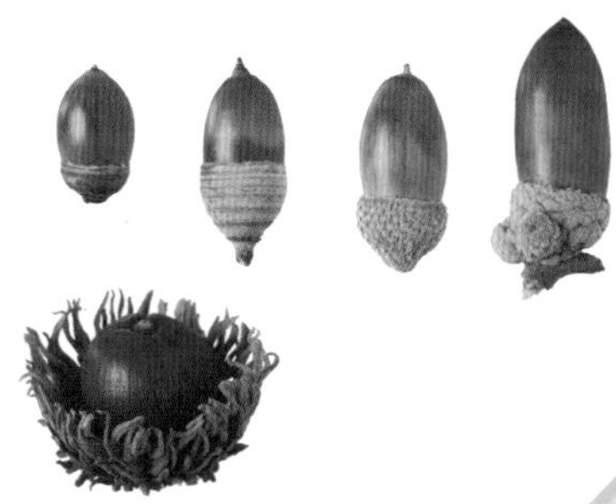

生き物

どの季節のようすかな?

生き物

どの季節のようすかな?

生き物

どの季節のようすかな?

星

図の大きい三角形を何というかな?

星

図の大きい三角形を何というかな?

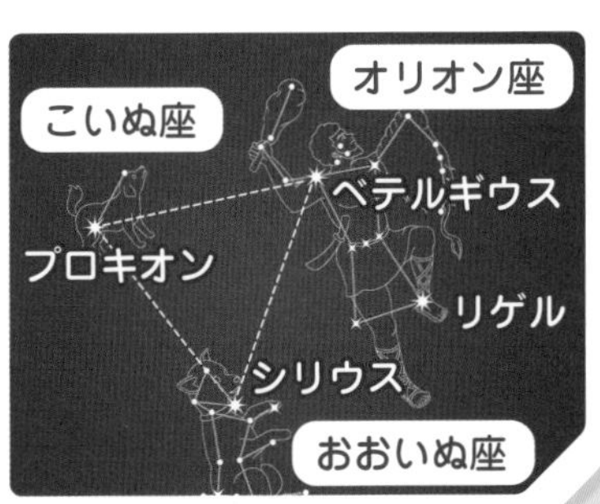

星

何という星座かな?

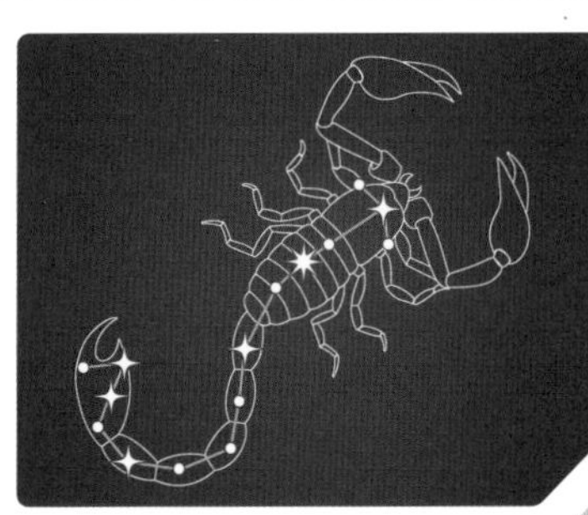

春

春になると、植物が芽を出したり、花をさかせたりする。
サクラは、その代表の一つ。

夏

夏になると、植物は大きく成長する。
ヒマワリは、花をさかせる。

秋

秋になると、実をつける木がたくさんある。その代表がどんぐり（カシやコナラなどの実）で、日本には約20種類のどんぐりがある。

冬

冬になると、植物は葉がかれたり、くきがかれたりする。
ナズナは、葉を残して冬ごしする。

夏の大三角

こと座のベガ（おりひめ星）、わし座のアルタイル（ひこ星）、はくちょう座のデネブの３つの一等星をつないでできる三角形を、夏の大三角という。

さそり座

夏に南の空に見られる。
さそり座の赤い一等星をアンタレスという。

使い方

- 切り取り線にそって切りはなしましょう。

説明

- 「生き物」「星」「器具等」の答えはうら面に書いてあります。

春

春になると、ツバメのようなわたり鳥が南の方から日本へやってくる。ツバメは、春から夏にかけて、たくさんの虫を自分やひなの食べ物にする。

夏

夏になり、気温が高くなると、生き物の動きや成長が活発になる。セミは、種類によって鳴き声や鳴く時こくにちがいがある。

秋

秋になると、コオロギなどの鳴き声が聞こえてくるようになる。鳴くのはおすだけで、めすに自分のいる場所を知らせている。

冬

気温が低くなると、北の方からわたり鳥が日本へやってくる。その一つであるオオハクチョウは、おもに北海道や東北地方で冬をこす。

冬の大三角

オリオン座のベテルギウス、おおいぬ座のシリウス、こいぬ座のプロキオンの３つの一等星をつないでできる三角形を、冬の大三角という。

星

何という星の
ならびかな?

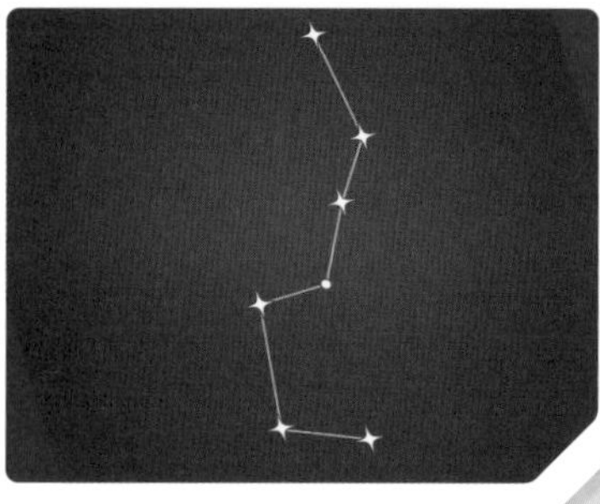

器具等

何という
ものかな?

器具等

何という
器具かな?

器具等

何という
器具かな?

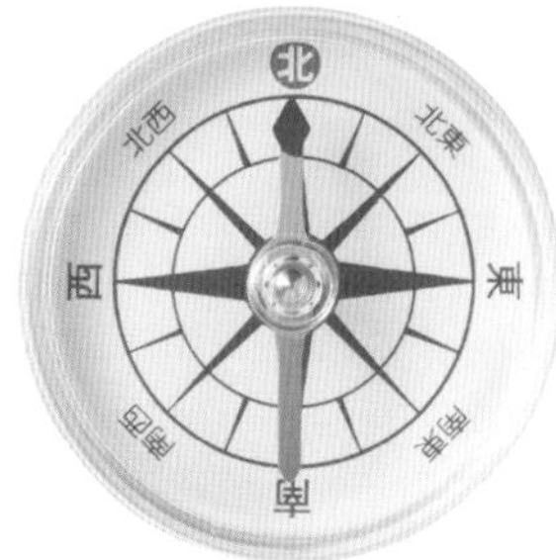

器具等

写真の上側
にある器具は
何かな?

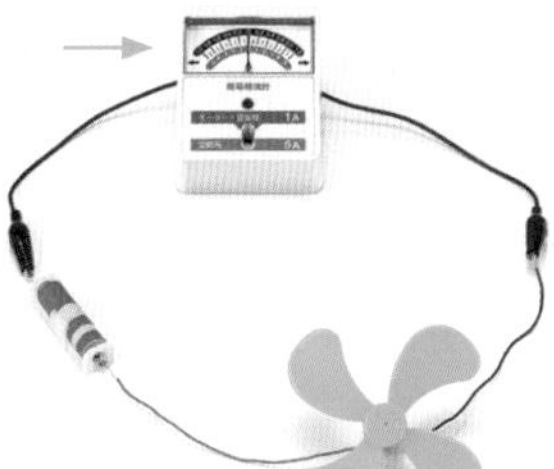

器具等

それぞれ何の
電気用図記号
かな。

器具等

何という
器具かな?

器具等

何という
器具かな?

器具等

何という
器具かな?

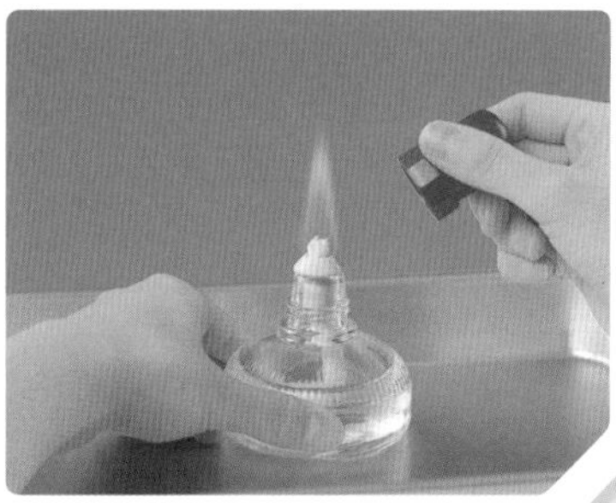

器具等

写真の中央に
ある器具は
何かな?

器具等

急に湯が
わき立つのをふせぐ
ために、何を入れる
かな?

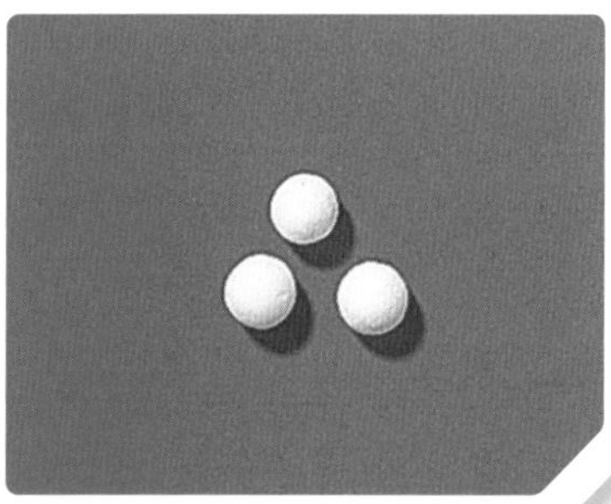

器具等

温度によって
色が変化する
えきを何という
かな?

百葉箱

風通しがよく、日光や雨が入りこまないなど、気温をはかるじょうけんに合わせてつくられている。

北斗七星

北の空に見えるひしゃくの形をした星のならび。

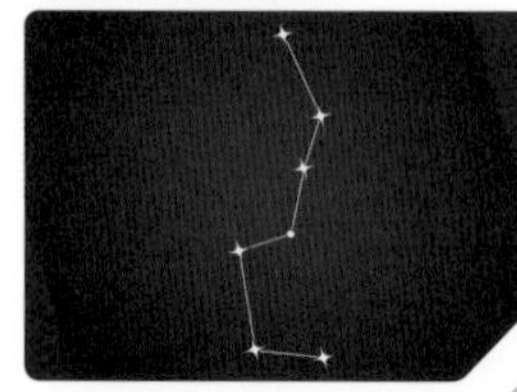

方位じしん

方位を調べるときに使う。はりは、北と南を指して止まる。色がついているほうのはりが北を指す。

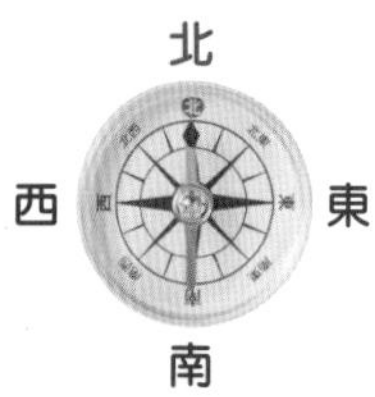

温度計

ものの温度をはかるときに使う。
目もりを読むときは、真横から読む。

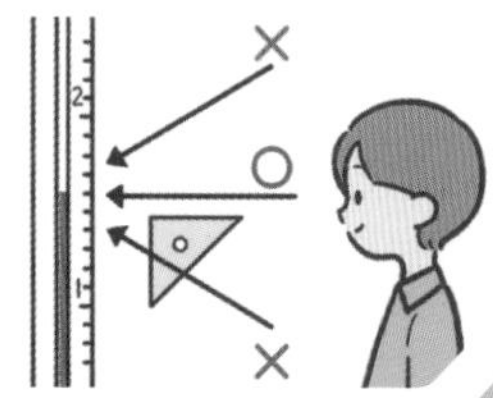

	豆電球	かん電池	スイッチ	モーター
記号		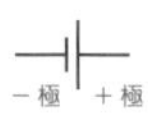 −極 ＋極	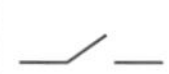	

電気用図記号を使うと、回路を図で表すことができる。このような記号を使って表した回路の図のことを回路図という。

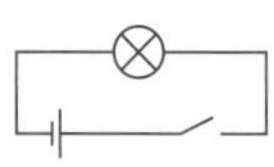

かんいけん流計

電流の流れる向きや大きさを調べるときに使う。はりのふれる向きで電流の向きをしめし、ふれぐあいで電流の大きさをしめす。

実験用ガスコンロ

ものを熱するときに使う。調節つまみを回すだけでほのおの大きさを調節できる。転とうやガスもれのきけんが少ない。

星座早見

星や星座をさがすときに使う。観察する時こくの目もりを、月日の目もりに合わせ、観察する方位を下にして、夜空の星とくらべる。

ガスバーナー

ものを熱するときに使う。空気調節ねじをゆるめるときは、ガス調節ねじをおさえながら、空気調節ねじだけを回すようにする。

アルコールランプ

ものを熱するときに使う。マッチやガスライターで火をつけ、ふたをして火を消す。使用する前に、ひびがないか、口の部分がかけていないかなどかくにんする。

示温インク

温度によって色が変化することから、水のあたたまり方を観察することができる。

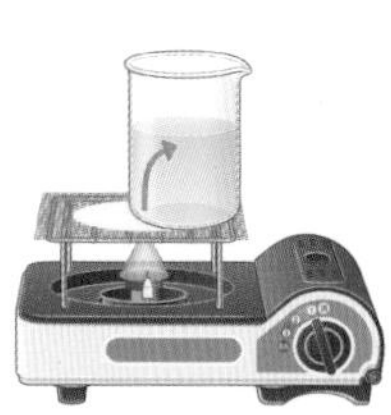

ふっとう石

急に湯がわき立つのをふせぐ。ふっとう石を入れてから、熱し始める。一度使ったふっとう石をもう一度使ってはいけない。

もくじ

理科４年

東京書籍版
新編 新しい理科

教科書ぴったりトレーニング

▶３分でまとめ動画

とりはずしてお使いください

【写真提供】
アマナイメージズ／コーベット・フォトエージェンシー／シンコーフォト／七彩工房／フォトライブラリー

1. あたたかくなると

① 1年間の観察の計画

②植物や動物のようす 1

学習日 月 日

めあて
春になってあたたかくなったときの動物のようすをかくにんしよう。

教科書 7〜11ページ 答え 2ページ

次の(　)にあてはまる言葉をかこう。

1 季節によってあたたかさが変わると、植物の成長や動物の活動のようすは、どのように変わるのだろうか。 教科書 7〜8ページ

▶ １年間、あたたかさと植物や動物のようすの変わり方が、どのように関係していくのかを観察するために、同じ場所で、同じ時こくに、続けて調べていく。

▶ 下の３つのじょうけんをそろえた温度計で、はかった空気の温度を、(①　　　)という。
- (②　　　)が直せつ当たらないようにしてはかる。
- 地面から(③　　　)の高さにしてはかる。
- (④　　　)のよいところではかる。

▶ 温度計と目を(⑤　　　)にして、温度を読みとる。

▶ 林や野原などで観察するときは、(⑥　　　)の服を着て、(⑦　　　)をはく。

▶ (⑧　　　)などを動かしたときは、もとにもどしておく。

▶ 目をいためるので、虫めがねで(⑨　　　)を見てはいけない。

2 春になってあたたかくなると、動物のようすは、どのように変わっているだろうか。 教科書 9〜11ページ

▶ 動物の活動のようす

▶ 春になると、ツバメは(⑤　　　)の方から日本にやってきて、たまごをうむ。

ここがだいじ!
①温度計や虫めがねを正しく使って、植物や動物のようすを観察する。

ぴたトリビア
鳥には、１年を通じて同じ地いきに見られるものと、１年のあるかぎられた時期だけ見られるものがいます。

ぴったり2 **練習**

1. あたたかくなると

①1年間の観察の計画

②植物や動物のようす1

学習日　　月　　日

教科書　7〜11ページ　　答え　2ページ

1 植物や動物のようすを、1年間続けて観察します。

(1) 調べる場所や時こくは、どのように決めますか。正しいものに○をつけましょう。

ア(　　)1年間、同じ場所で、同じ時こくに調べるとよい。

イ(　　)1年間、同じ場所で調べれば、調べる時こくはいつでもよい。

ウ(　　)1年間、同じ時こくに調べれば、調べる場所はどこでもよい。

(2) 温度計はどのように読みとりますか。正しいものに○をつけましょう。

ア(　　)　　イ(　　)　　ウ(　　)

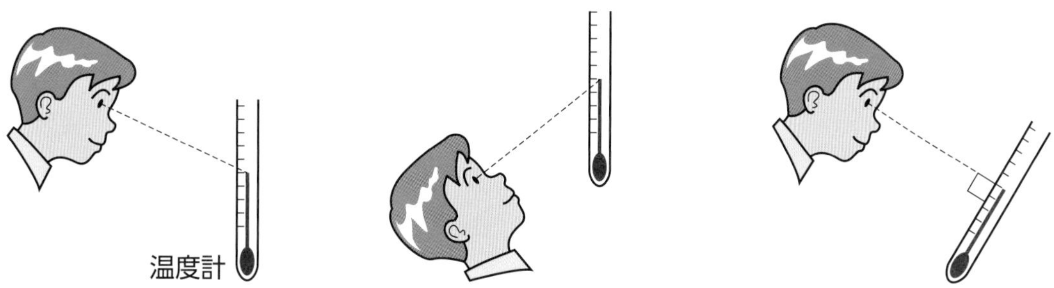

2 春の動物のようすを調べました。

(1) ツバメが日本にやってくるのは、どの方位からですか。正しいものに○をつけましょう。

ア(　　)東　　イ(　　)西

ウ(　　)南　　エ(　　)北

(2) 右の写真は、ヒキガエルの何ですか。正しいほうに○をつけましょう。

ア(　　)たまご　　イ(　　)おたまじゃくし

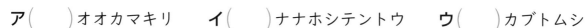

(3) 春に、たまごをうむこん虫はどれですか。正しいものに○をつけましょう。

ア(　　)オオカマキリ　　イ(　　)ナナホシテントウ　　ウ(　　)カブトムシ

(4) 春になると、動物のようすはどうなりますか。正しいものに○をつけましょう。

ア(　　)数がふえ、活発に動く。　　イ(　　)数がふえるが、動きは変わらない。

ウ(　　)数はあまり変わらないが、活発に動くようになる。

1. あたたかくなると

②植物や動物のようす２
③記録の整理

学習日　　月　　日

めあて
春になってあたたかくなったときの植物のようすをかくにんしよう。

教科書 12～15ページ　答え 3ページ

次の（　）にあてはまる言葉をかこう。

1 春になってあたたかくなると、植物のようすは、どのように変わるだろうか。 教科書 12～15ページ

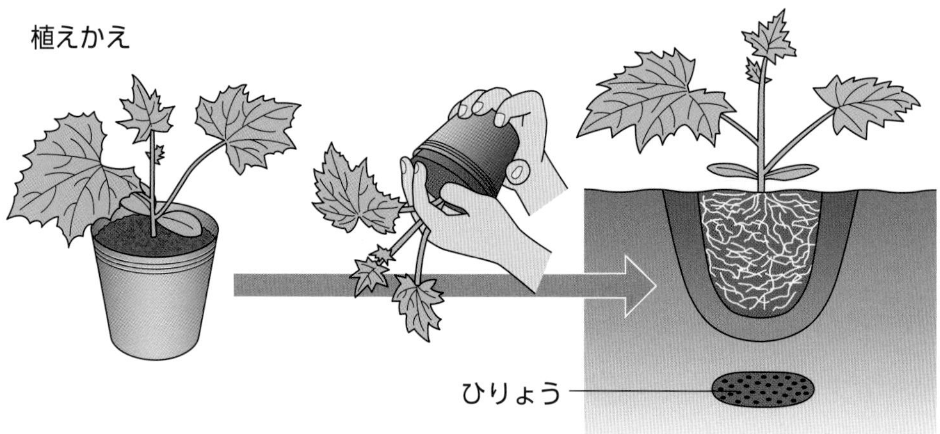

- ヘチマのたねをまいたら、土がかわかないように、ときどき（①　　　　）をやる。
- ヘチマの芽が出たら、（②　　　　）によく当てて育てる。
- 葉が（③　　　　）まいになったら、花だんや大きいプランターなどに植えかえ、ささえのぼうをさす。
- のびたくきの長さを調べるときは、１週間ごとに、くきの先のところのささえに（④　　　　）をつけてはかる。
- 観察したことを記録した記録カードは、テープでつないだり、ひもでとじたり、ファイルに入れたりして、整理する。

- あたたかくなると、（⑤　　　　）がさいたり、（⑥　　　　）が出て葉を広げたりする植物が多くなる。
- あたたかくなると、さかんに（⑦　　　　）を始めたり、（⑧　　　　）をうんだりする動物が多くなる。

ここが、だいじ！
①あたたかくなると、花がさいたり、芽が出て葉を広げたりする植物が多くなる。
②あたたかくなると、活動を始めたり、たまごをうんだりする動物が多くなる。

ぴたトリビア 春にきれいな花をさかせるサクラは、北と南ではよく見られる種類にちがいがあります。たとえば、オオヤマザクラは北で、ヒカンザクラは南でよく育ちます。

ぴったり2 練習

学習日　　月　　日

1. あたたかくなると

②植物や動物のようす２

③記録の整理

教科書 12〜15ページ　答え 3ページ

1 ヘチマのたねをまき、成長を調べました。

(1) ヘチマのたねはどれですか。正しいものに○をつけましょう。

ア（　　）

イ（　　）

ウ（　　）

(2) 小さな入れ物にたねをまいたヘチマを、花だんなどに植えかえるのは、いつごろがよいですか。正しいものに○をつけましょう。

ア（　　）子葉が出たころ　　イ（　　）葉が３～４まいになったころ

ウ（　　）葉が７～８まいになったころ

(3) ヘチマののびたくきの長さの調べ方は、どのようにしますか。正しいほうに○をつけましょう。

ア（　　）くきにものさしをあてて、長さをはかる。

イ（　　）くきの先のところのささえに印をつけて、長さをはかる。

2 春の植物を観察して、その記録を整理しました。

(1) サクラのようすはどうでしたか。正しいものに○をつけましょう。

ア（　　）葉がかれて、花がさいていた。

イ（　　）葉が落ちて、花がさいていた。

ウ（　　）花がさき、葉の芽ができていた。

(2) ヘチマのようすはどうでしたか。正しいものに○をつけましょう。

ア（　　）葉の形がホウセンカと同じだった。

イ（　　）子葉２枚と葉４枚がいっしょに出た。

ウ（　　）子葉はつるつるしていたが、葉はざらざらしていた。

(3) 春になると、気温はどのように変わりますか。正しいものに○をつけましょう。

ア（　　）冬とくらべて、気温が高い日が多くなった。

イ（　　）冬とくらべて、気温が低い日が多くなった。

ウ（　　）冬とくらべて、あまり気温が変わらなかった。

ぴったり3 たしかめのテスト

1. あたたかくなると

時間 30 分　／100　合格 70 点

教科書 6～15ページ　答え 4ページ

よく出る

1 **ヘチマのたねを小さな入れ物にまき、芽（め）が出て育ったところで、花だんに植えかえました。**　1つ6点(18点)

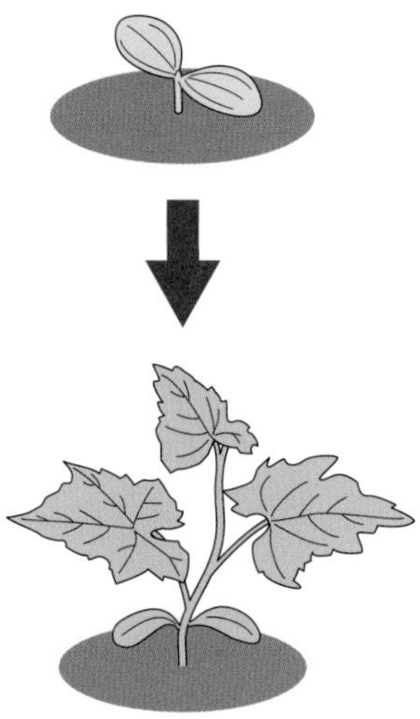

(1) 植えかえるのは、いつごろがよいですか。正しいものに○をつけましょう。

ア(　　)芽が出たとき　イ(　　)子葉が開いたとき

ウ(　　)葉が３～４まいのとき

(2) ヘチマを植えかえたあとにのびたくきの長さを調べるとき、どのようにしますか。次の文の(　　)にあてはまる言葉をかきましょう。

(①　　　　　)週間ごとに、くきの先のところのささえに(②　　　　　)をつけて、のびたくきの長さをはかる。

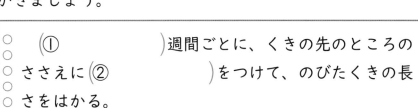

2 **植物や動物のようすとあたたかさの関係（かんけい）を調べました。**　1つ7点(21点)

(1) 空気の温度は、変（か）わり方をくらべやすいように、温度計を使い、じょうけんをそろえてはかります。

①温度をはかるとき、日光の当たり方はどうしますか。正しいほうに○をつけましょう。

ア(　　)日光が直せつ当たるところではかる。

イ(　　)日光が直せつ当たらないようにしてはかる。

②温度をはかるとき、地面からの高さはどうしますか。正しいものに○をつけましょう。

ア(　　)20 cm～50 cmの高さにしてはかる。

イ(　　)80 cm～１mの高さにしてはかる。

ウ(　　)１m 20 cm～１m 50 cmの高さにしてはかる。

アゲハ
4月17日
みどり公園
午前10時　晴れ
竹内らん
空気の温度 16℃
成虫
口をのばして、花のみつをすっているのを見つけた。このごろ、飛んでいるのをよく見るようになった。

(2) 風通し、日光の当たり方、地面からの高さなどを、正しくそろえてはかった空気の温度のことを何といいますか。

(　　　　　　)

学習日　　月　　日

3 春に見られる生き物のようすは、それぞれどちらですか。

1つ7点(21点)

(1) サクラ　(　　)　(2) アゲハ　(　　)　(3) ヒキガエル　(　　)

ア
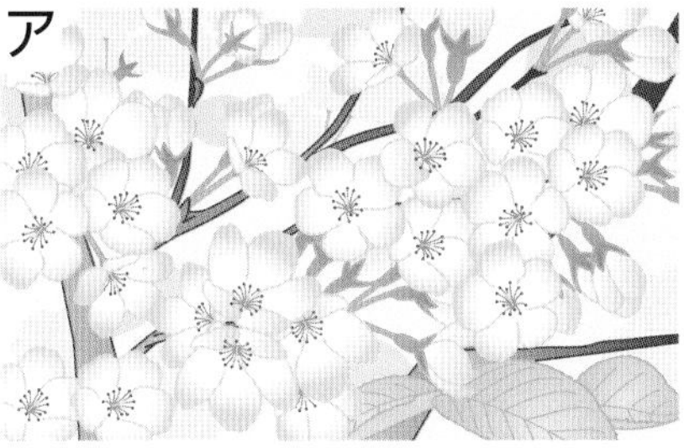

カ
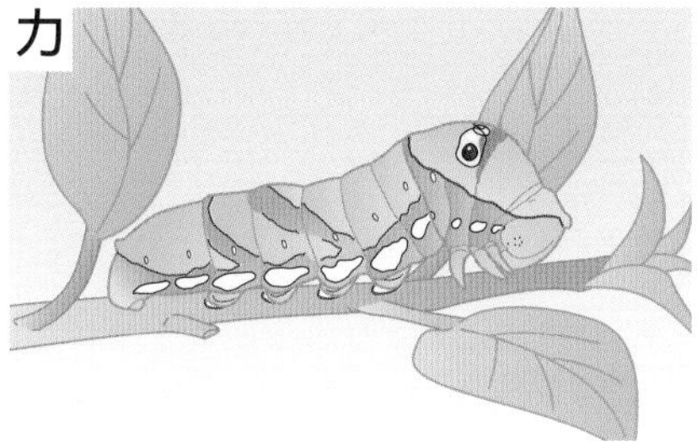

サ
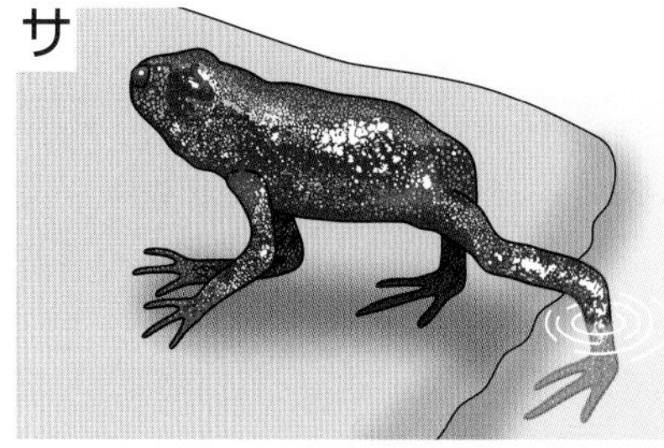

イ

キ
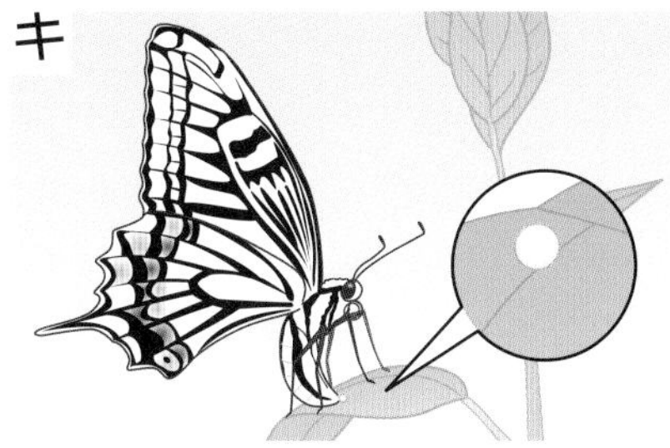

シ
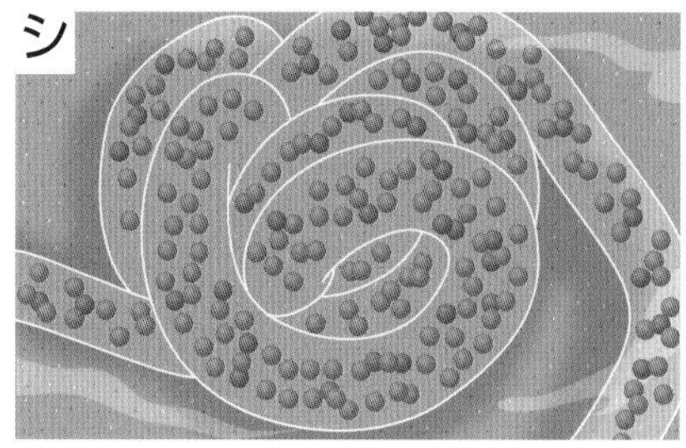

できたらスゴイ!

4 生き物のようすを1年間続けて観察し、その記録を整理します。

思考・表現

(1)・(2)①1つ10点、(2)②1つ20点(40点)

(1) 生き物のようすの変わり方と、あたたかさの関係を調べます。このとき、調べる場所や時こくはどうするとよいですか。いちばん正しい人の意見に○をつけましょう。

自分の好きな時こくに外へ出て、1か月ごとに調べるよ。

決まった時こくに外へ出て、同じ場所で調べるよ。

晴れたときを選んで、同じ場所で調べるよ。

時こくを決めて調べれば、場所はどこでもいいよ。

①(　　)

②(　　)

③(　　)

④(　　)

(2) イチョウのようすを1年間続けて観察します。

①イチョウは、どのように観察しますか。正しいものに○をつけましょう。

ア(　　)いつもちがうイチョウの木を観察する。

イ(　　)いつも同じイチョウの木の、ちがうえだを観察する。

ウ(　　)いつも同じイチョウの木の、同じえだを観察する。

② 記述 ①で、それを選んだのはなぜですか。

(　　　　　　　　　　　　　　　　　　　　)

ふりかえり

❶の問題がわからなかったときは、4ページの❶にもどってたしかめましょう。
❹の問題がわからなかったときは、2ページの❶にもどってたしかめましょう。

3分でまとめ

学習日　　月　　日

2. 動物のからだのつくりと運動

①うでのつくりと動き

めあて
うでの曲がる部分のつくりやしくみをかくにんしよう。

教科書 17～22ページ　答え 5ページ

次の(　　)にあてはまる言葉をかこう。

1 うでの曲がる部分は、どのようなつくりになっているのだろうか。　教科書 17～20ページ

- うでをさわると、かたい部分とやわらかい部分がある。
- うでのいつもかたい部分には、(①　　　　　　)がある。
- うでのやわらかい部分には、(②　　　　　　)があり、(③　　　　　　)を入れると、かたくなる。

自分のからだをさわって、
ほねがある部分と
きん肉がある部分を
たしかめてみよう。

- うではひじの部分で曲がり、曲がる部分は決まっている。
- うでの曲がる部分は、ほねとほねのつなぎ目で、(④　　　　　　)という。

2 うでは、どのようなしくみで、曲げたりのばしたりすることができるのだろうか。　教科書 21～22ページ

- うでを(①　　　　　　)とき
- うでを(②　　　　　　)とき

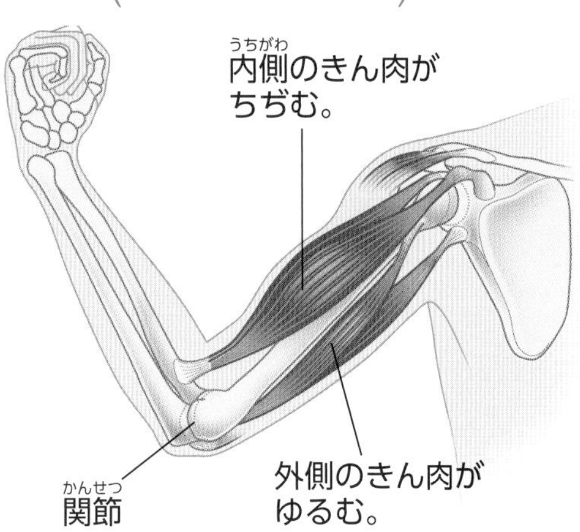
内側(うちがわ)のきん肉がちぢむ。
外側のきん肉がゆるむ。
関節(かんせつ)

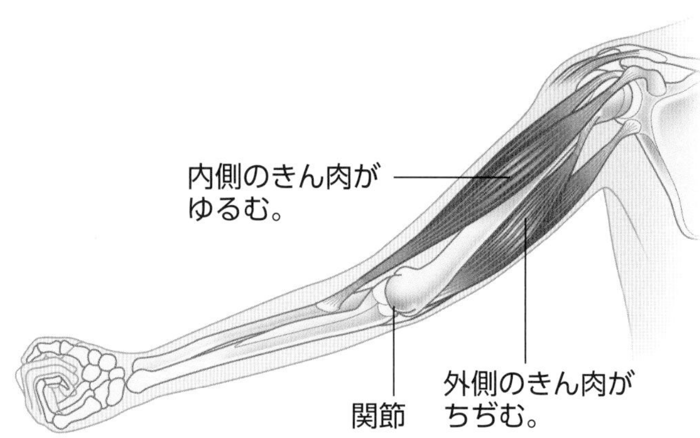
内側のきん肉がゆるむ。
外側のきん肉がちぢむ。
関節

- うでを曲げたときにかたくなる部分には、(③　　　　　　)がある。
- うでは、ほねをつなぐようについている(④　　　　　　)がちぢんだりゆるんだりすることで、曲げたりのばしたりすることができる。

ここが だいじ!
①うでの、いつもかたい部分にはほねが、やわらかい部分にはきん肉がある。
②うでは、ほねとほねのつなぎ目である関節(かんせつ)(ひじ)で曲がる。

ぴたトリビア　ふだん食べている肉や魚は、きん肉であることが多いです。

2. 動物のからだのつくりと運動

①うでのつくりと動き

教科書 17～22ページ　答え 5ページ

1 うでをさわって調べると、やわらかい部分とかたい部分がありました。

(1) うでをさわったとき、やわらかい部分にあるものは何ですか。（　　　）

(2) うでをさわったとき、いつもかたい部分にあるものは何ですか。（　　　）

(3) うでに力を入れたとき、そのかたさが変(か)わるのは、うでのどの部分ですか。正しいものに○をつけましょう。

ア（　）やわらかい部分だけ
イ（　）かたい部分だけ
ウ（　）やわらかい部分とかたい部分の両方

2 人がうでを動かすしくみを調べました。

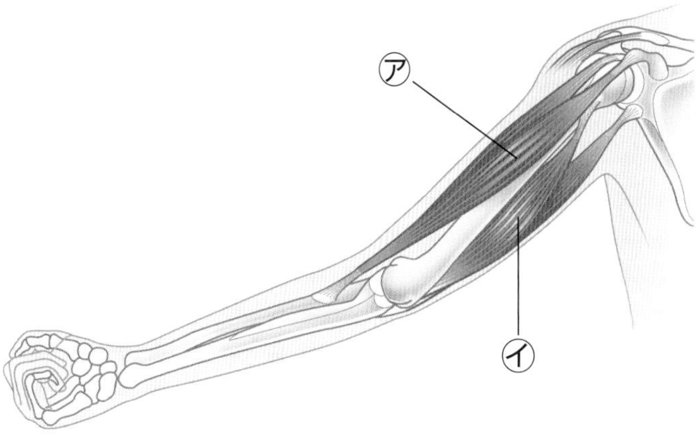

(1) うでを曲げたときにちぢむのは、㋐、㋑のどちらのきん肉ですか。（　　　）

(2) ㋐がちぢむと、㋑はどうなりますか。正しいものに○をつけましょう。

ア（　）ちぢむ。
イ（　）ゆるむ。
ウ（　）変わらない。

(3) ひじのような、ほねとほねのつなぎ目を何といいますか。（　　　）

(4) うでが曲がるのは、どのようなところですか。正しいものに○をつけましょう。

ア（　）ほねがやわらかくなっているところ
イ（　）きん肉がかたくなっているところ
ウ（　）ほねとほねのつなぎ目になっているところ
エ（　）ほねときん肉のつなぎ目になっているところ
オ（　）きん肉ときん肉のつなぎ目になっているところ
カ（　）きん肉とほねがないところ

2. 動物のからだのつくりと運動

②からだ全体のつくりと動き

学習日　月　日

◎めあて
からだのいろいろな部分のつくりと動き方をかくにんしよう。

教科書 23〜26ページ　答え 6ページ

次の(　)にあてはまる言葉をかこう。

1 からだのいろいろな部分のつくりと動き方は、どのようになっているのだろうか。 教科書 23〜25ページ

▶(③　　　)には、からだをささえる役わりや、守る役わりがある。

▶(④　　　)のほねは、かごのような形をしていて、はいや(⑤　　　)などを守っている。

▶人のからだは(⑥　　　)で曲がり、(⑦　　　)をつなぐようについている(⑧　　　)が、ちぢんだりゆるんだりすることによって動く。

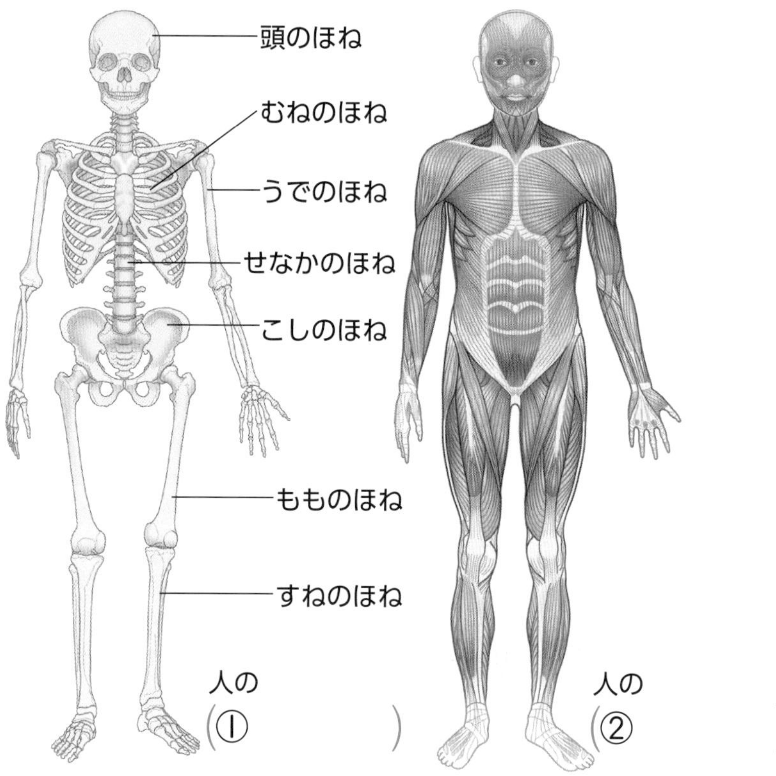

2 動物は、どのようにして、からだを動かしているのだろうか。 教科書 26ページ

▶ウサギのほねで、人の頭のほねにあたる部分を赤、むねのほねにあたる部分を青、せなかのほねにあたる部分を黒でぬろう。

▶人と同じように、ほかの動物にも、(①　　　)、きん肉、(②　　　)があり、それらのはたらきによって、からだを動かすことができる。

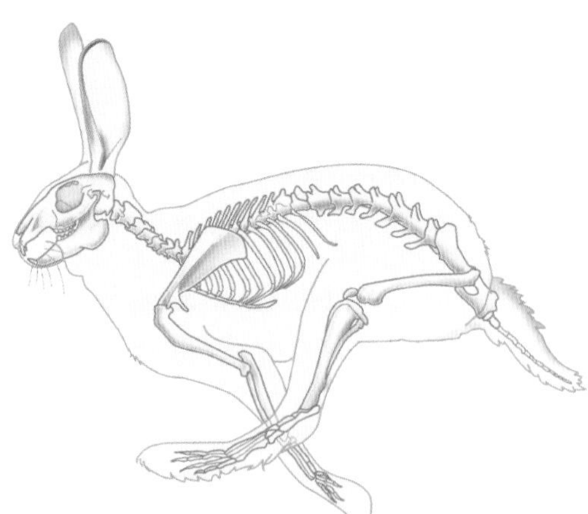

ここが、だいじ！
①人のからだは、ほねについているきん肉が、ちぢんだりゆるんだりして動く。
②人以外(いがい)の動物にも、ほね、きん肉、関節(かんせつ)がある。

ぴたトリビア
ほねにはカルシウムという成分(せいぶん)が多くふくまれます。カルシウムが多くふくまれている食品には牛にゅう、にゅうせい品、小魚などがあります。

2. 動物のからだのつくりと運動

②からだ全体のつくりと動き

教科書 23〜26ページ　答え 6ページ

1 人がからだを動かすしくみを調べます。

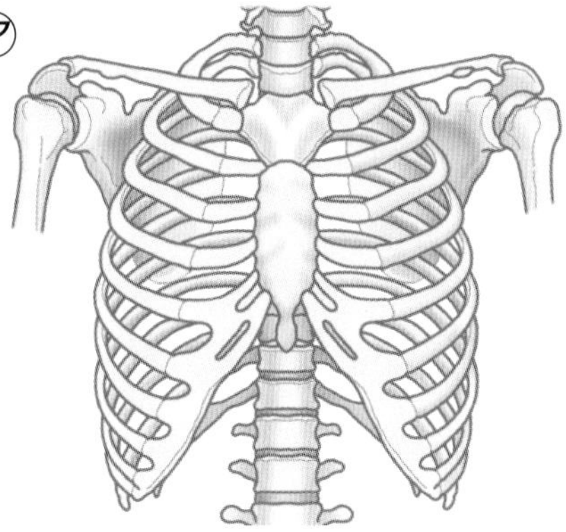

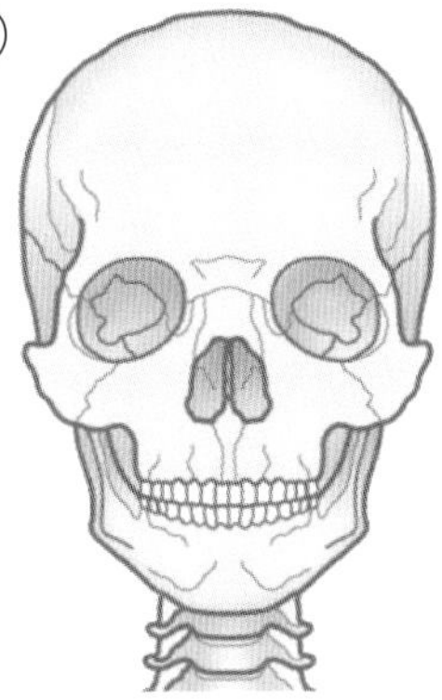

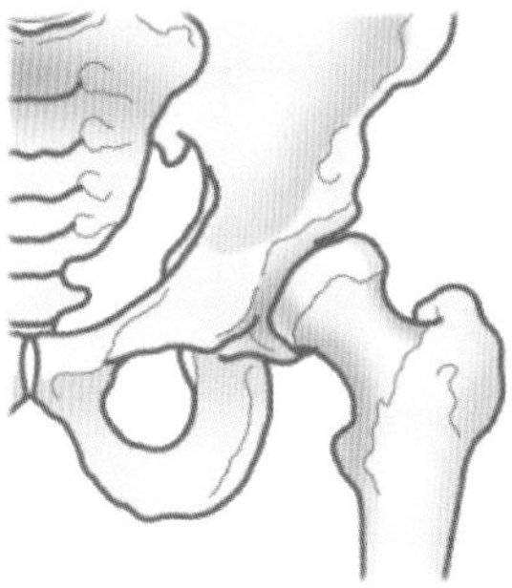

(1) 図の㋐〜㋒は、人のほねを表したものです。次のほねは、それぞれ㋐〜㋒のどれですか。

①頭のほね(　　)　②こしのほね(　　)　③むねのほね(　　)

(2) 人のからだには、かたいほねの部分のほかに、やわらかい部分があります。やわらかい部分にあるものは何ですか。(　　)

2 人や、ほかの動物がからだを動かすしくみをくらべます。

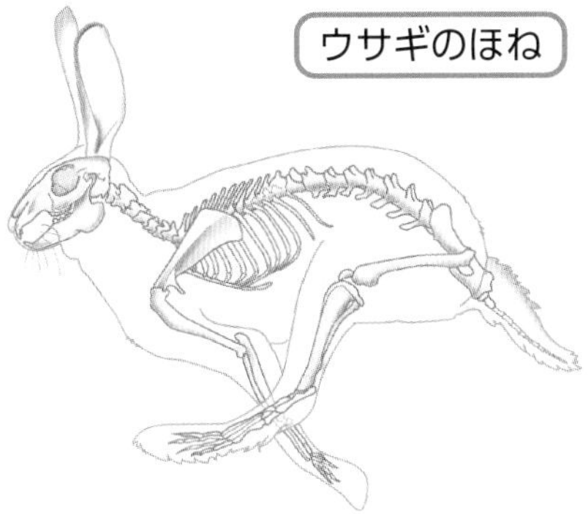

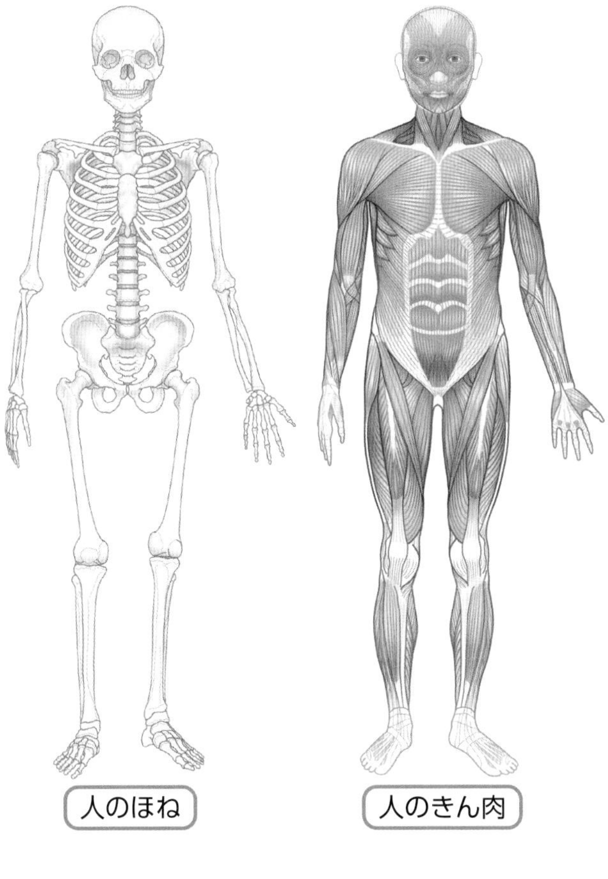

(1) ウサギのほねの形は、人と同じですか。(　　)

(2) ウサギには、せなかのほねがありますか。(　　)

(3) ウサギには、きん肉がありますか。(　　)

(4) ウサギには、関節（かんせつ）がありますか。(　　)

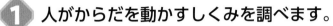

2. 動物のからだのつくりと運動

時間 30 分
／100
合格 70 点

教科書 16〜29ページ　答え 7ページ

よく出る

1 重いものを手で持ったときのうでのきん肉のようすを調べました。

1つ8点(24点)

(1) 重いものを図のように持ったときにかたくなったのは、どちらのきん肉ですか。正しいほうに○をつけましょう。

ア(　　)内側（うちがわ）のきん肉
イ(　　)外側のきん肉

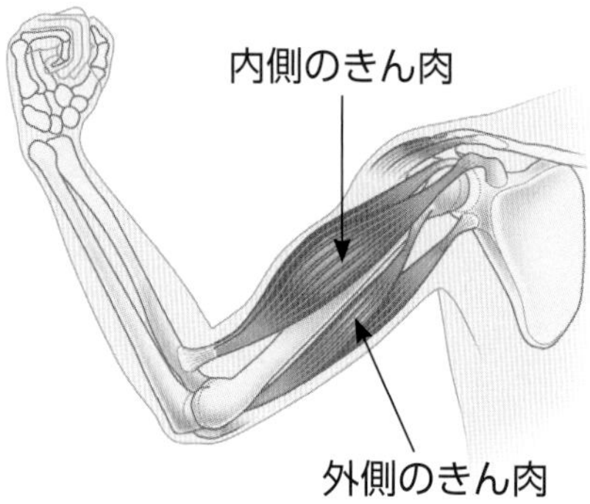

(2) 重いものを図のように持ったとき、うでのきん肉はどうなりましたか。それぞれ正しいものに○をつけましょう。

①内側のきん肉
ア(　　)ちぢむ。　イ(　　)ゆるむ。　ウ(　　)変（か）わらない。

②外側のきん肉
ア(　　)ちぢむ。　イ(　　)ゆるむ。　ウ(　　)変わらない。

2 ウサギのからだのつくりについて、調べました。

1つ8点(16点)

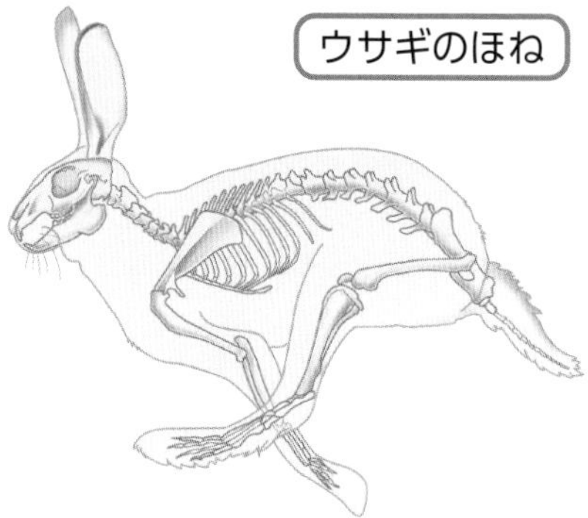

ウサギのからだのつくりは、人とくらべてどのようになっていますか。次の文の(　　)にあてはまる言葉をかきましょう。

ウサギは人と同じように、ほね、(①　　　　　)、関節（かんせつ）があり、それらのはたらきによって、(②　　　　　)を動かすことができる。

❸ 人のからだの曲げられるところを調べました。

1つ10点(30点)

(1) 図で、からだを曲げることができるところはどこですか。㋐〜㋓から2つ選(えら)びましょう。

(　　と　　)

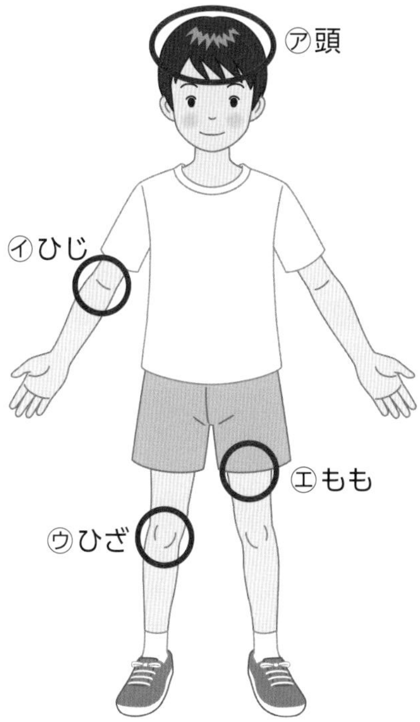

(2) からだを曲げることができるのは、どのようなところですか。正しいものに○をつけましょう。

ア(　　)ほねとほねのつなぎ目

イ(　　)ほねときん肉のつなぎ目

ウ(　　)きん肉ときん肉のつなぎ目

(3) 人のからだで、曲げることができる部分を何といいますか。

(　　　　)

できたらスゴイ!

❹ 動物のからだのつくりについて学習しました。3人が説明(せつめい)しているのは、それぞれほねときん肉のどちらのことですか。

思考・表現　1つ10点(30点)

はいや心ぞうのような、
からだの中にあるやわらかい
ところを守っているよ。

(①　　　　)

ちぢんだりゆるんだり
することで、
からだを動かすことが
できるよ。

(②　　　　)

しせいをたもって、
からだをささえるという
役わりがあるよ。

(③　　　　)

ふりかえり
❶の問題がわからなかったときは、8ページの❷にもどってたしかめましょう。
❹の問題がわからなかったときは、10ページの❶にもどってたしかめましょう。

学習日　月　日

3. 天気と気温

① 1日の気温と天気

めあて
1日の気温の変わり方は天気でちがいがあるのかをかくにんしよう。

教科書 31～35ページ　答え 8ページ

次の(　)にあてはまる言葉をかくか、あてはまるものを○でかこもう。

1 1日の気温の変わり方は、天気によってちがいがあるのだろうか。

教科書 31～35ページ

- 「晴れ」かどうかは、空全体の(①　　)の量で決める。
- (②　　)は、気温をはかるじょうけんを考えてつくられている。
- (③　　)温度計を使うと、連続して気温をはかって、記録することができる。
- (④　　)グラフでは、線のかたむきのちがいで変わり方がわかる。
  - 右上がりの線は(⑤　　)ことを、
    水平の線は(⑥　　)ことを、
    右下がりの線は(⑦　　)ことを、
    それぞれしめす。

百葉箱

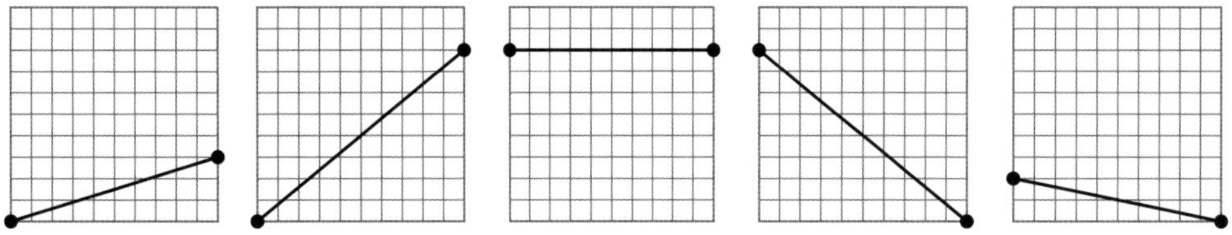

- 1日の気温の変わり方は、(⑧　　)によってちがう。
- 晴れの日は、気温の変わり方が(⑨　大きく　・　小さく　)、1日のなかで、気温が昼すぎに(⑩　高く　・　低く　)なる。
- くもりや(⑪　　)の日は、気温の変わり方が(⑫　大きく　・　小さく　)、1日のなかで、気温があまり変わらない。

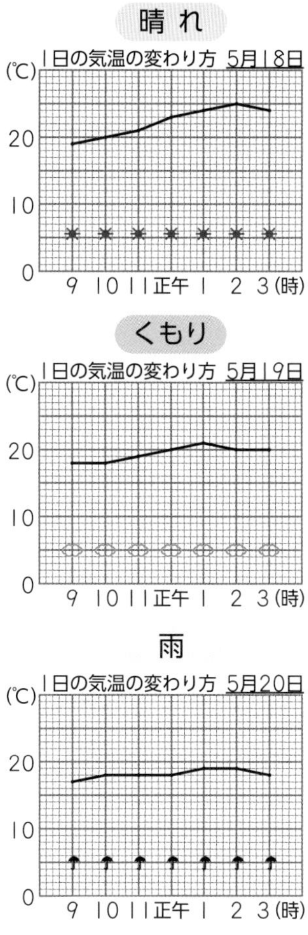

ここがだいじ!
①晴れの日は、気温の変わり方が大きく、1日のなかで、気温が昼すぎに高くなる。
②くもりや雨の日は、気温の変わり方が小さく、1日のなかで、気温があまり変わらない。

ぴたトリビア
晴れの日は、日光をさえぎる雲が少ないため、空気や地面はよくあたためられます。よくあたためられた地面が、さらに空気をあたためるため、晴れの日は気温の変化が大きくなります。

ぴったり2 練習

3. 天気と気温

① 1日の気温と天気

学習日　　月　　日

教科書 31～35ページ　答え 8ページ

1 晴れた日の1日の気温の変わり方を調べました。

(1)「晴れ」かどうかは、何で決めますか。正しいものに○をつけましょう。

ア(　　)空全体の雲の色

イ(　　)空全体の雲の形

ウ(　　)空全体の雲の量

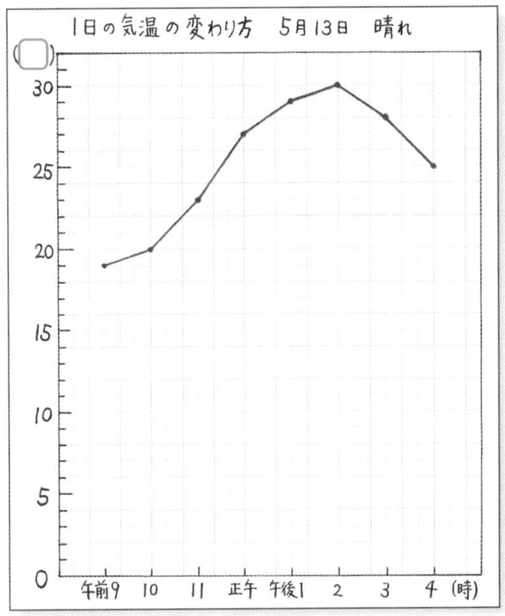

(2) 連続して気温をはかり、記録することができるものは何ですか。(　　　　　　)

(3) 気温をはかるじょうけんに合わせてつくられた箱は何ですか。(　　　　　　)

(4) 図のようなグラフを何といいますか。

(　　　　　　)

(5) 右のグラフの目もりの□にあてはまる単位は何ですか。(　　　　　　)

(6) 晴れの日の気温が高くなるのはいつですか。正しいものに○をつけましょう。

ア(　　)朝

イ(　　)昼すぎ

ウ(　　)夕方

2 1日の気温の変わり方を調べました。

(1) くもりや雨の日の気温は、1日のなかでどのように変わりますか。正しいものに○をつけましょう。

ア(　　)朝と夕方がかなり低くなる。

イ(　　)あまり変わらない。

ウ(　　)昼すぎに急に高くなる。

(2) 1日の気温の変わり方は、天気によってどのようにちがいますか。正しいものに○をつけましょう。

ア(　　)晴れの日も、くもりの日も、雨の日もあまり変わらない。

イ(　　)晴れの日も、くもりの日も、雨の日も大きく変わる。

ウ(　　)晴れやくもりの日は大きく変わるが、雨の日はあまり変わらない。

エ(　　)晴れの日は大きく変わるが、くもりや雨の日はあまり変わらない。

3. 天気と気温

時間 30分　／100　合格 70点

教科書 30〜37ページ　答え 9ページ

よく出る

1 晴れの日と、くもりや雨の日の気温を調べて、それぞれグラフにしました。

1つ10点(20点)

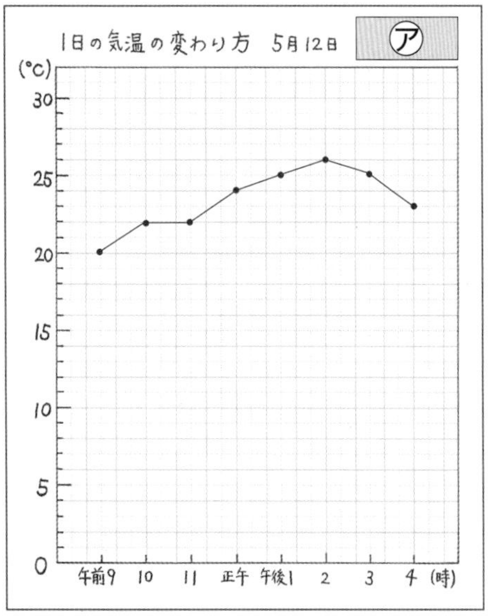

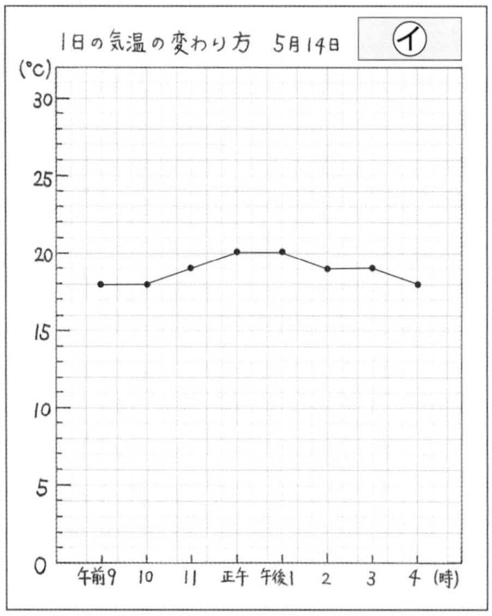

(1) 晴れの日のグラフは、㋐、㋑のどちらですか。　(　　　)

(2) ㋐と㋑で、気温の変(か)わり方がちがうのはなぜですか。正しいほうに○をつけましょう。

ア(　　)雲の広がり方がちがうので、日光の当たり方が変わるから。

イ(　　)日光の強さがちがうので、風のふき方が変わるから。

2 作図 ある1日の気温をはかって、表にまとめました。これを折(お)れ線(せん)グラフに表しましょう。

技能　1つ20点(20点)

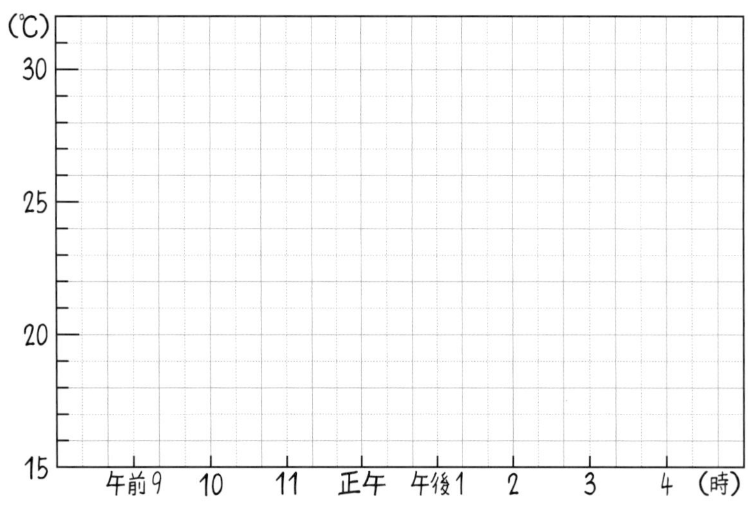

時こく	気温
午前9時	21℃
午前10時	22℃
午前11時	24℃
正午	26℃
午後1時	27℃
午後2時	28℃
午後3時	27℃
午後4時	25℃

3 ある日の気温をはかってグラフにまとめました。

技能　1つ10点(20点)

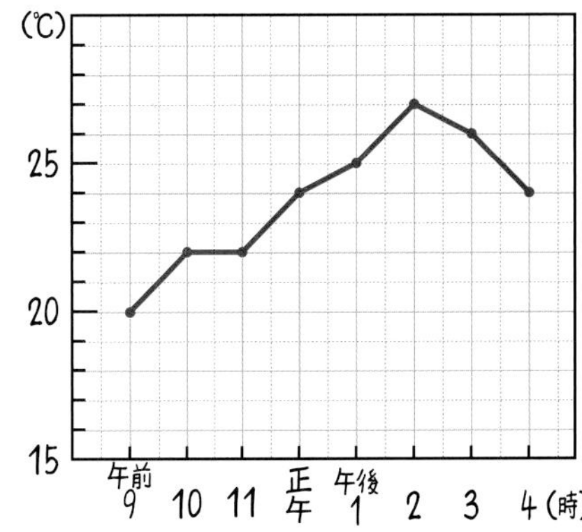

(1) いちばん気温が高かったのは何時でしたか。グラフから読みとりましょう。

(　　　　　)

(2) いちばん気温が高いときと、いちばん気温が低い(ひく)ときの差(さ)は何℃ですか。グラフから読みとって求め(もと)ましょう。

(　　　　　)

できたらスゴイ!

4 下の図は、百葉箱(ひゃくようばこ)の中の記録(きろく)温度計で記録されたものです。

思考・表現　1つ10点(40点)

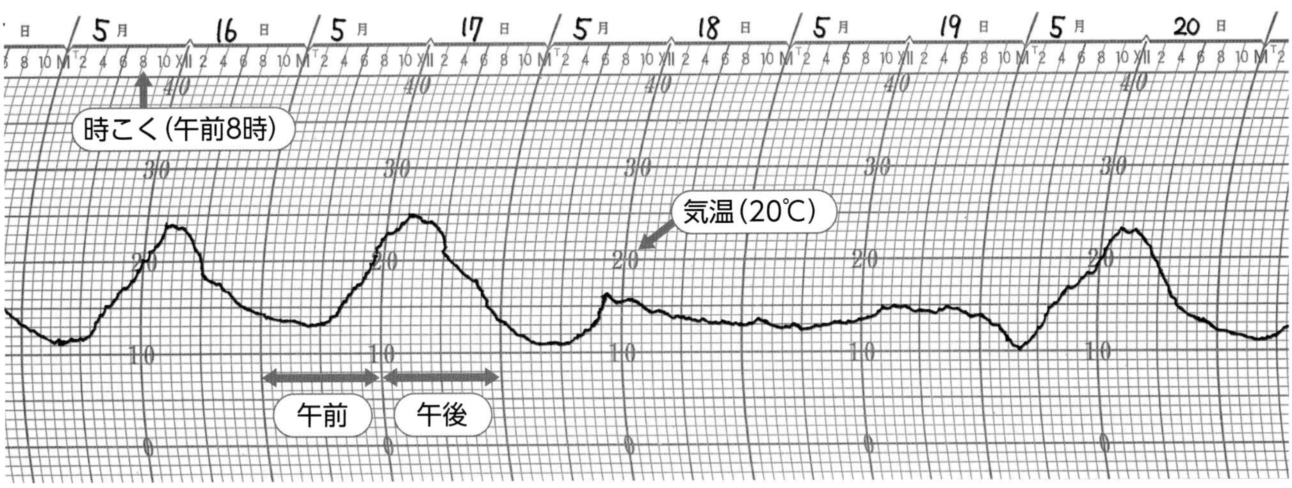

(1) 5月16日から5月20日の間で、20℃は何回記録されましたか。

(　　　　　)

(2) 5月16日から5月20日の間で、1日中くもり、または雨だったと考えられる日はいつですか。

5月(　　　　　)日

(3) 記録から、5月18日の天気について考えます。

① 5月18日はどのような天気でしたか。正しいものに○をつけましょう。

ア(　　)1日中晴れだった。

イ(　　)1日中くもりまたは雨だった。

ウ(　　)朝のうちは晴れていたが、正午前から雲がふえて、くもりや雨になった。

エ(　　)朝のうちは雲が多く、くもりや雨だったが、正午すぎには晴れてきた。

② 記述 ①のように考えたのはなぜですか。その理由をかきましょう。

(　　　　　　　　　　　　　　　　)

ふりかえり
1の問題がわからなかったときは、14ページの1にもどってたしかめましょう。
4の問題がわからなかったときは、14ページの1にもどってたしかめましょう。

3分でまとめ

4. 電流のはたらき

①かん電池のはたらき
②かん電池のつなぎ方

学習日　　月　　日

めあて
モーターの回る向きや速さについて、かくにんしよう。

教科書 39〜46ページ　答え 10ページ

次の(　)にあてはまる言葉をかこう。

1 モーターの回る向きは、何によって変わるのだろうか。

教科書 39〜42ページ

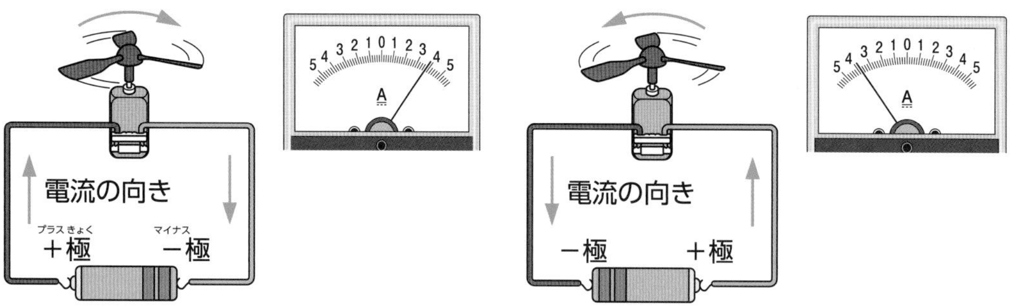

電流は、かん電池の＋極からモーターを通って−極に流れるよ。

▶かん電池とモーターをつなぐと、(①　　　)に電気が流れて、(②　　　)が回る。この電気の流れを(③　　　)という。
▶(④　　　)を使うと、回路に流れる電流の向きと大きさを調べることができる。
▶かん電池の向きを変えると、回路に流れる電流の(⑤　　　)が変わる。
▶モーターの回る向きは、回路に流れる(⑥　　　)の向きで変わる。

2 モーターをもっと速く回すには、どうしたらよいのだろうか。

教科書 43〜46ページ

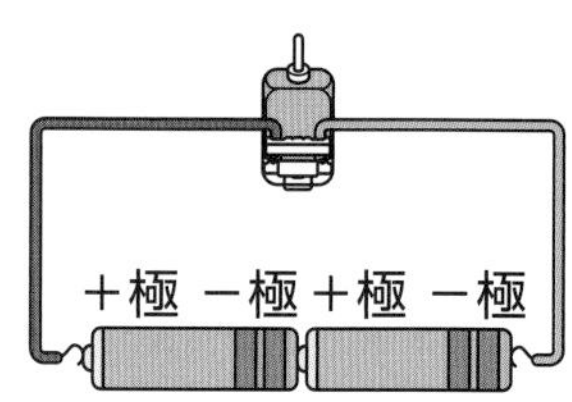

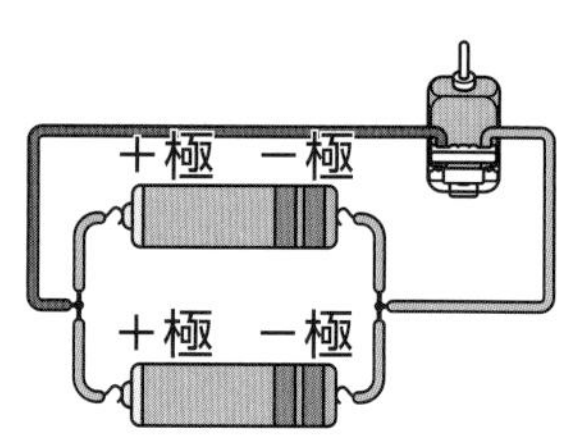

▶かん電池の＋極と、別のかん電池の−極がつながっているつなぎ方のことを、かん電池の(①　　　)つなぎという。
▶かん電池の＋極どうし、−極どうしがつながっているつなぎ方のことを、かん電池の(②　　　)つなぎという。
▶かん電池2こを直列つなぎにすると、回路に流れる電流が(③　　　)なり、モーターの回る速さも(④　　　)なる。
▶かん電池2こをへい列つなぎにしても、電流の大きさやモーターの回る速さは、かん電池1このときとほとんど(⑤　　　)。

ここが だいじ!
①モーターの回る向きは、回路に流れる電流の向きで変わる。
②かん電池2こを直列つなぎにすると、回路に流れる電流が大きくなる。
③かん電池2こをへい列つなぎにしても、電流の大きさはかん電池1このときとほとんど変わらない。

ぴたトリビア
直列つなぎでは、かん電池を1こはずすと回路は切れてしまいますが、へい列つなぎだと、かん電池を1こはずしても回路はつながっています。

学習日　　月　　日

4. 電流のはたらき

①かん電池のはたらき
②かん電池のつなぎ方

教科書 39～46ページ　答え 10ページ

1 かん電池とモーターを使って回路をつくると、回路に電気が流れます。

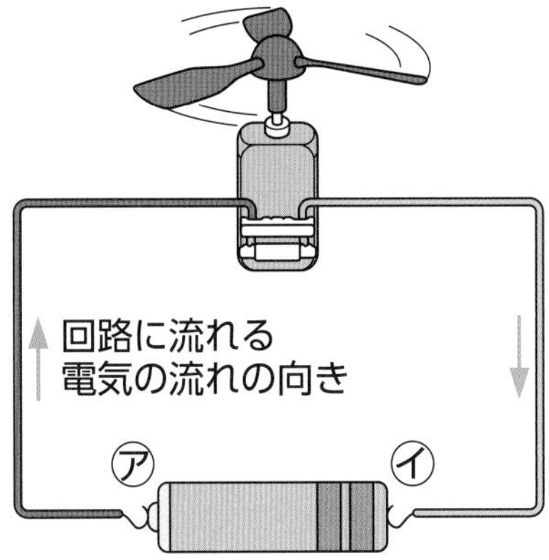

(1) 回路に流れる電気の流れを何といいますか。

（　　　　　）

(2) かん電池の㋐、㋑は、それぞれ何極(きょく)ですか。

㋐（　　　　　）　㋑（　　　　　）

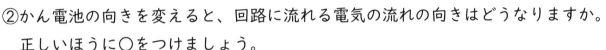

(3) かん電池の向きを変(か)えて、回路に流れる電気の流れの向きを調べます。

①電気の流れの向きと大きさを調べるために使うものは何ですか。（　　　　　）

②かん電池の向きを変えると、回路に流れる電気の流れの向きはどうなりますか。正しいほうに○をつけましょう。

ア（　　）電気の流れの向きは変わる。　イ（　　）電気の流れの向きは変わらない。

2 かん電池２ことモーターをつないだ回路をつくります。

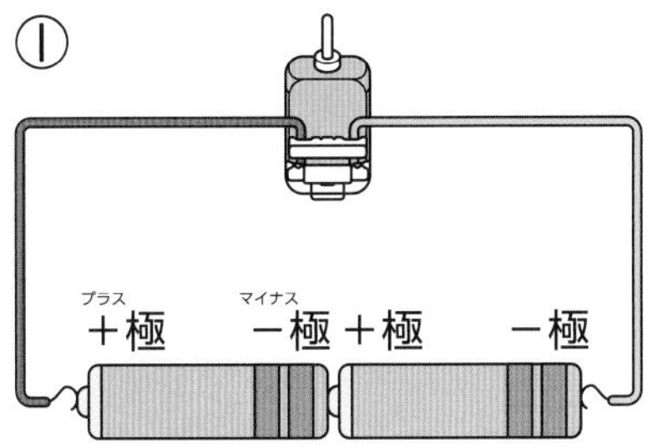

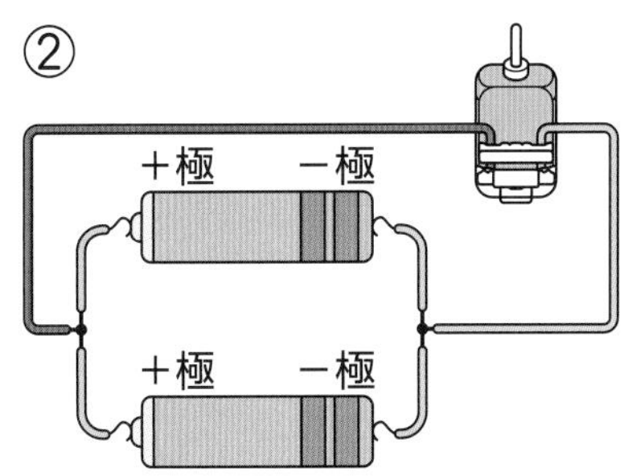

(1) ①と②の回路で、それぞれのかん電池のつなぎ方を何といいますか。

①（　　　　　）　②（　　　　　）

(2) かん電池１このときとくらべて、①と②のモーターの回る速さは、どうなりますか。それぞれ正しいものに○をつけましょう。

①ア（　　）速い。
　イ（　　）おそい。
　ウ（　　）ほとんど変わらない。

②ア（　　）速い。
　イ（　　）おそい。
　ウ（　　）ほとんど変わらない。

(3) ①と②のモーターの回る速さはどうでしたか。正しいものに○をつけましょう。

ア（　　）①のほうが速い。　イ（　　）①と②の速さは変わらない。

ウ（　　）②のほうが速い。

ヒント　1 (3) かん電池の向きを変えると、モーターの回る向きも変わります。

4. 電流のはたらき

時間 30 分　／100　合格 70 点

教科書 38〜49ページ　答え 11ページ

よく出る

1 かん電池２こをモーターにつなぎ、モーターの回る速さを調べました。ただし、けん流計のはりは省(はぶ)いてあります。　1つ8点、(2)は全部できて8点(32点)

(1) かん電池のへい列つなぎは、㋐、㋑のどちらですか。
（　　　）

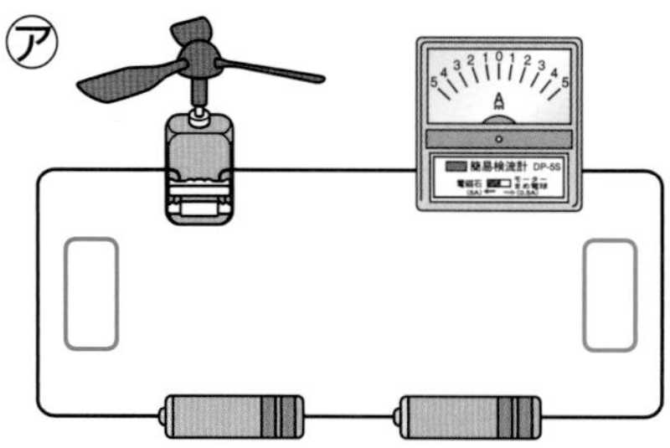

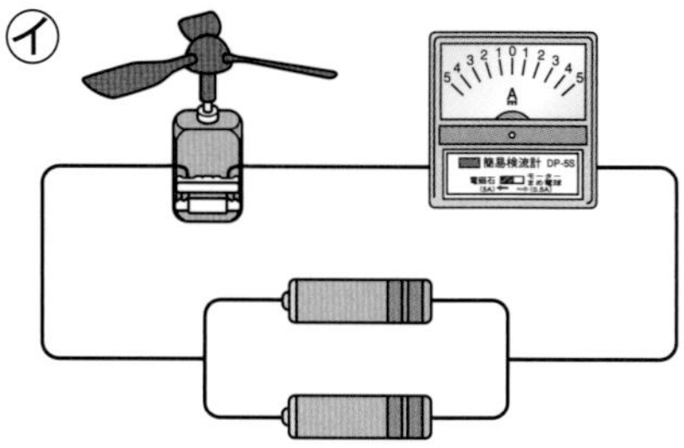

(2) ㋐に流れている電流の向きを、□に矢(や)印(じるし)でかきましょう。

(3) モーターの回る速さが速いのは、㋐、㋑のどちらですか。　（　　　）

(4) ㋑のモーターの回る速さはどうなりますか。次の文の（　）にあてはまる言葉をかきましょう。

モーターの回る速さは、かん電池１このときとくらべて（　　　　　）。

2 かん電池やモーターをどう線でつなぎ、回路をつくりました。　技能　1つ8点(24点)

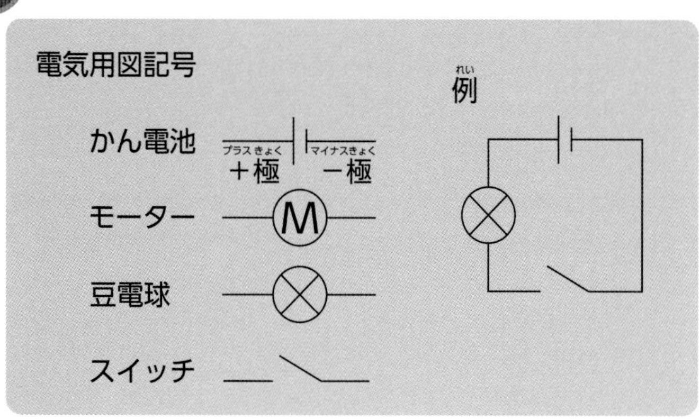

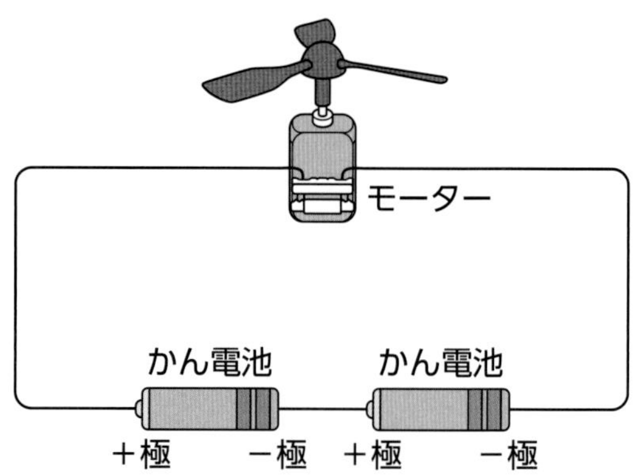

(1) 作図 電気用図記号を使うと、回路をかんたんに図で表すことができます。電気用図記号を使って、図の回路を表した回路図を、□にかきましょう。

(2) けん流計は、何を調べることができますか。２つかきましょう。

（　　　　　　　　）
（　　　　　　　　）

3 かん電池の数やつなぎ方を変えて、電流の大きさや向き、モーターの回る速さを調べました。ただし、けん流計のはりは省いてあります。

1つ8点(24点)

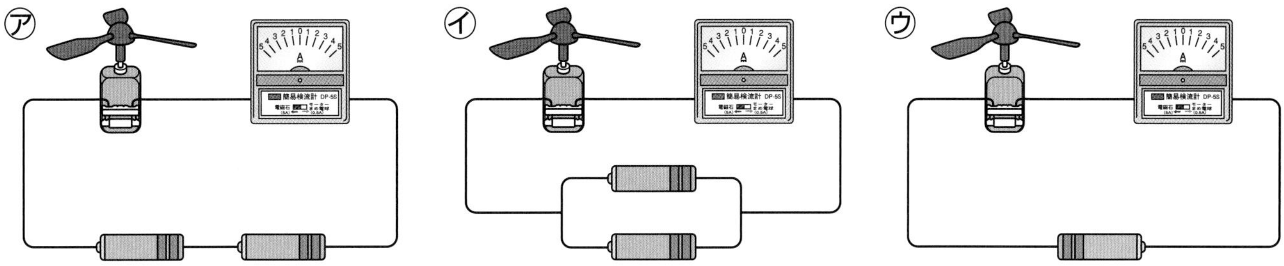

(1) けん流計のはりがふれる向きがほかの2つとちがうのは、㋐～㋒のどれですか。

(　　　)

(2) この実験の結果を、表にまとめました。(　　)にあてはまる言葉や数字をかきましょう。

	電流の大きさ(けん流計のはりのさす目もり)	モーターの回る速さ
㋐	1	㋒より(②　　　　)
㋑	(①　　　　)	㋒と同じぐらいの速さ
㋒	0.5	

できたらスゴイ!

4 かん電池とモーターを使って、自動車をつくります。

思考・表現　1つ10点(20点)

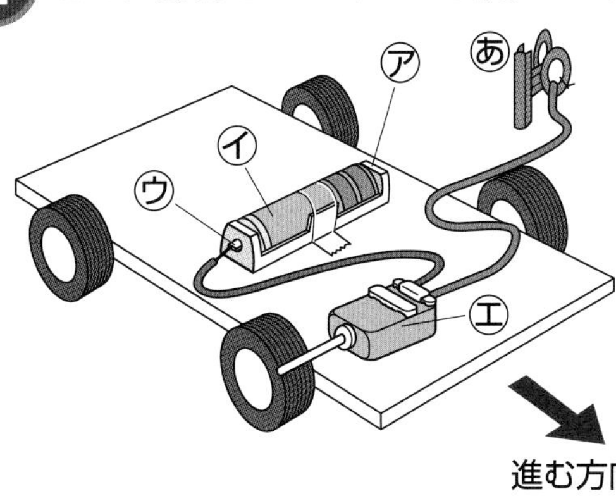

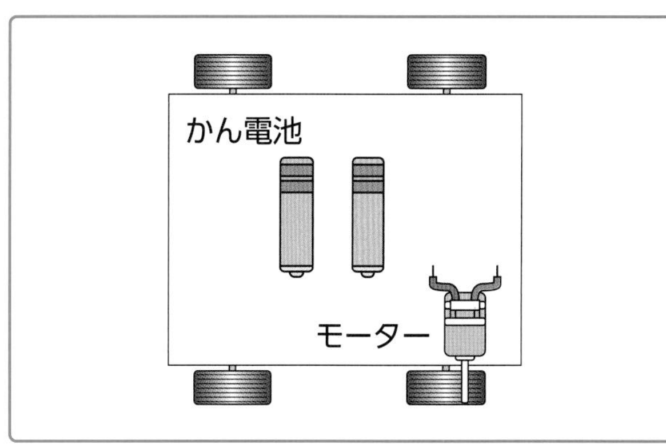

(1) ㋕は、㋐～㋓のどこにつなぐとよいですか。

(　　　)

(2) 作図 かん電池を2こ使って速く走る自動車をつくります。どう線はどのようにつなぐとよいですか。□にかきましょう。

ふりかえり ❶の問題がわからなかったときは、18ページの❶と18ページの❷にもどってたしかめましょう。
❹の問題がわからなかったときは、18ページの❷にもどってたしかめましょう。

3分でまとめ

5. 雨水のゆくえと地面のようす

①雨水の流れ方
②水のしみこみ方

学習日　　月　　日

めあて
雨水の流れ方と集まり方や、水のしみこみ方のちがいをかくにんしよう。

教科書 51～58ページ　答え 12ページ

次の(　　)にあてはまる言葉をかくか、あてはまるものを○でかこもう。

1 地面にふった雨水は、どこからどこへ流れて集まっていくのだろうか。

教科書 51～55ページ

▶地面のかたむきを調べる。

- 地面のかたむきを調べたいところに、紙のつつを切った物を置き、その上に(①　　　　　)をそっとのせる。
- ビー玉が転がっていった方が、地面が(② 高い ・ 低い)。
- 水が流れていた向きと(③ 同じ ・ ちがう)向きに、ビー玉が転がった。

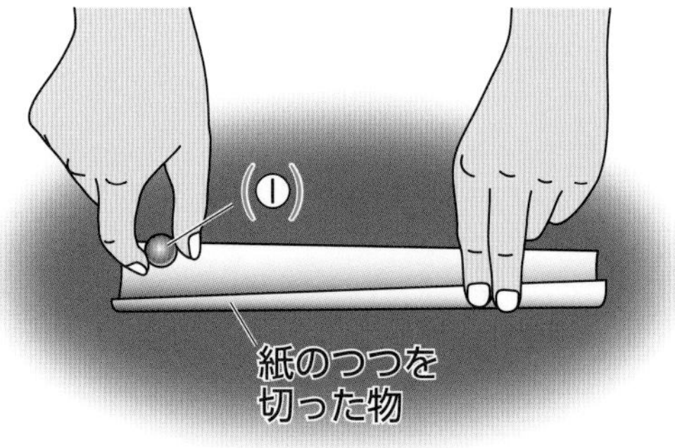

▶雨水は、(④ 高い ・ 低い)ところから(⑤ 高い ・ 低い)ところへと流れて集まる。

2 土やすなのつぶの大きさによって、水のしみこみ方にちがいがあるのだろうか。

教科書 56～58ページ

▶土やすなのつぶの大きさによる水のしみこみ方のちがいを調べる。

- 右の図のような実験そう置の一方に校庭の土、もう一方にすな場のすなを同じ体積だけ入れ、(① 同じ ・ ちがう)量の水を入れる。
- (② 校庭の土 ・ すな場のすな)は、下の方まで水が先にしみこんでいった。

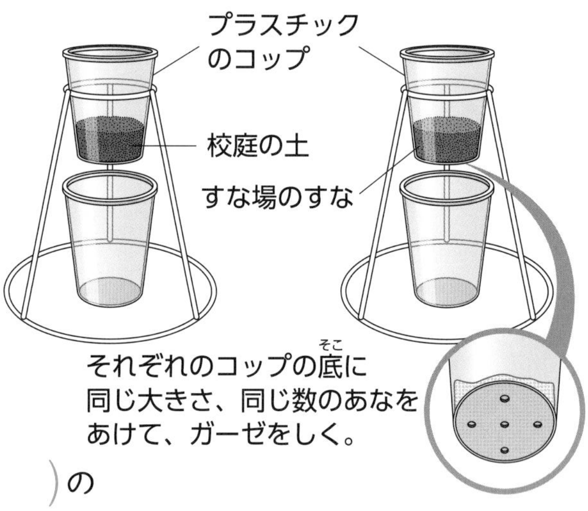

▶水のしみこみ方は、土やすなの(③　　　　　)の大きさによってちがう。

▶土やすなのつぶが(④ 大きい ・ 小さい)ほうが、水は、しみこみやすい。

ここが、だいじ！

①雨水は、高いところから低いところへ流れて集まる。
②水のしみこみ方は、土やすなのつぶの大きさによってちがい、つぶが大きいほうがしみこみやすい。

ぴたトリビア　地面にしみこんだ雨水が、地下を流れ、わき出たものを「わき水」といいます。

学習日　月　日

5. 雨水のゆくえと地面のようす

①雨水の流れ方
②水のしみこみ方

教科書 51～58ページ　答え 12ページ

1 雨水が流れていたところや、水たまりとそのまわりを観察（かんさつ）しました。

(1) 地面のかたむきを調べるために、図のような物をじゅんびしました。ビー玉は、地面が高い方と低（ひく）い方のどちらに転がっていきますか。

（　　　）

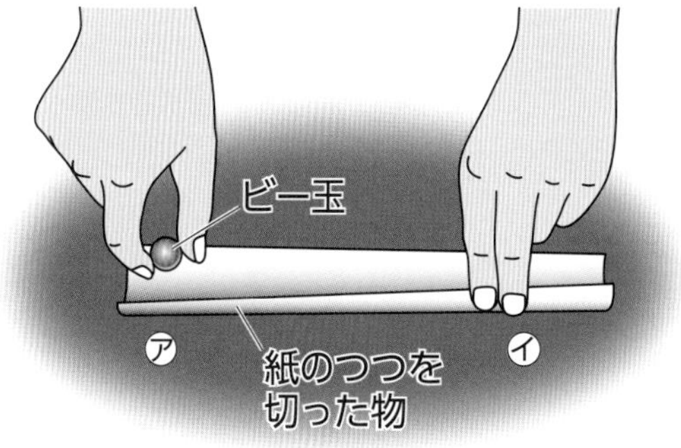

(2) ビー玉を置（お）いたところ、㋐から㋑の方へ転がっていきました。地面が高いのは、㋐、㋑のどちらですか。

（　　　）

(3) 水たまりの近くにビー玉を置くと、どのようになりますか。正しいほうに〇をつけましょう。

ア（　　）水たまりのまわりから、水たまりができていたところに向かう。
イ（　　）水たまりができていたところから、水たまりのまわりに向かう。

2 校庭の土とすな場のすなを用意し、水のしみこみ方を調べました。

(1) 図のような実験（じっけん）そう置（ち）を用意しました。コップに入れる水はどのようにしますか。正しいほうに〇をつけましょう。

ア（　　）同じ量（りょう）の水を入れる。
イ（　　）ちがう量の水を入れる。

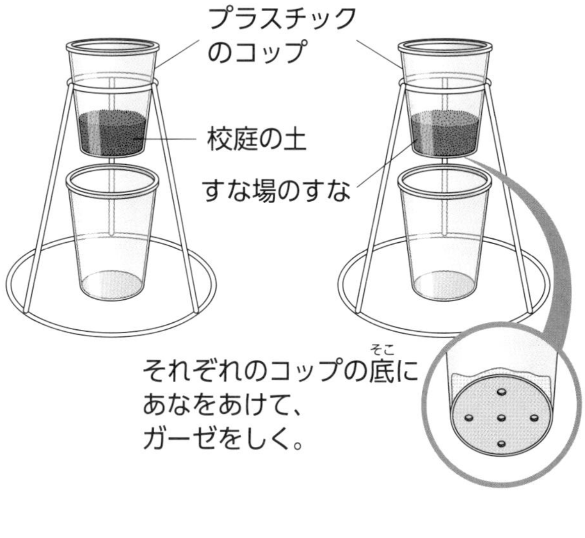

(2) 校庭の土よりも、すな場のすなのほうが、下の方まで水が先にしみこみました。校庭の土とすな場のすなの、どちらのつぶがより大きいでしょうか。

（　　　）

(3) 水のしみこみ方は、土やすなのつぶの大きさによって、ちがいますか、ちがいませんか。

（　　　）

5. 雨水のゆくえと地面のようす

時間 30分　/100　合格 70点

教科書 50〜61ページ　答え 13ページ

1 雨水が流れていたところや、水たまりとそのまわりの地面のかたむきを調べました。

1つ8点(40点)

(1) 図のような物を用意し、地面のかたむきを調べました。ビー玉はどのように転がりますか。正しいものに○をつけましょう。

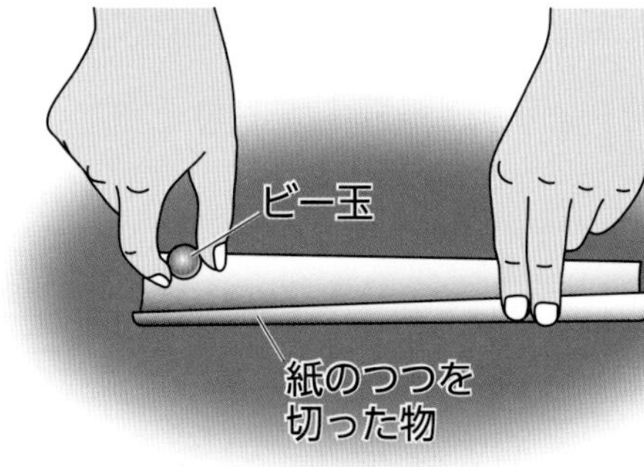

ア(　　)低(ひく)いところから高いところへ転がる。
イ(　　)高いところから低いところへ転がる。
ウ(　　)高さがちがっても転がらない。

(2) 調べた結果(けっか)を表にまとめました。(　　)にあてはまる言葉を、それぞれ**ア**、**イ**から選(えら)んで、○をつけましょう。

調べる場所	雨の日のようす	調べた結果
学校の前の道路	水が流れていた。	水が(①)に向かって、ビー玉が転がった。
公園	水がたまっていた。	(②)に向かって、ビー玉が転がった。

①**ア**(　　)流れていった方　**イ**(　　)流れてきた方
②**ア**(　　)水たまりができていたところ　**イ**(　　)水たまりのまわり

(3) 雨水はどのように流れ、どこにたまりますか。次の文の(　　)にそれぞれ「高い」「低い」のどちらかの言葉を入れましょう。

雨水は、(①　　　　)ところから(②　　　　)ところへ流れて集まる。

よく出る

2 校庭の土とすな場のすなの、水のしみこみやすさのちがいを調べました。校庭の土より、すな場のすなのほうがつぶが大きかったです。

1つ10点(40点)

(1) 図のような実験（じっけん）そう置（ち）を用意しました。コップに入れる水はどのようにしますか。次の文の（　　）にあてはまる言葉をかきましょう。　技能

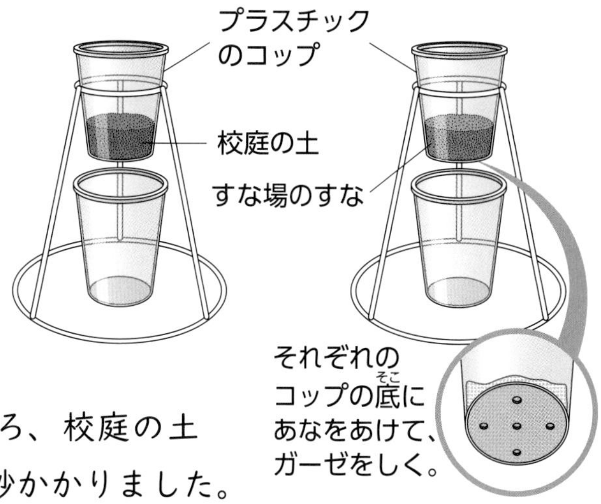
プラスチックのコップ
校庭の土
すな場のすな
それぞれのコップの底（そこ）にあなをあけて、ガーゼをしく。

それぞれのコップに、
（　　　　　　）量（りょう）の水を入れる。

(2) 水がしみこむまでの時間をはかったところ、校庭の土は5分50秒、すな場のすなは3分10秒かかりました。「校庭の土」と「すな場のすな」のどちらが、水がしみこみやすいですか。

（　　　　　　）

(3) 記述 土やすなのつぶの大きさと、水のしみこみ方には、どのような関係（かんけい）がありますか。　思考・表現

（　　　　　　）

(4) 記述 雨がふったとき、校庭には水たまりができましたが、すな場には水たまりができませんでした。その理由をかきましょう。　思考・表現

（　　　　　　）

できたらスゴイ！

3 コンクリートで固（かた）められた道路のわきにあるみぞは、雨がふったときに集めて流すためのものです。

思考・表現　1つ20点(20点)

記述 雨水が集まるようにするため、道路にはどのようなくふうがされていると考えられますか。

（　　　　　　）

ふりかえり
2 の問題がわからなかったときは、22ページの 2 にもどってたしかめましょう。
3 の問題がわからなかったときは、22ページの 1 にもどってたしかめましょう。

3分でまとめ

★暑くなると

①植物のようす
②動物のようす　③記録(きろく)の整理

学習日　　月　　日

めあて 暑くなってからの植物や動物のようすの変化をかくにんしよう。

教科書 63〜69ページ　答え 14ページ

次の(　)にあてはまる言葉をかくか、あてはまるものを○でかこもう。

1 暑くなって、植物のようすは、どのように変(か)わっているだろうか。 教科書 63〜64ページ

▶植物は、えだや(①　　　　　)がのびたり、(②　　　　　)がふえたりして、よく成長(せいちょう)するようになる。

2 暑くなって、動物のようすは、どのように変わっているだろうか。 教科書 65〜69ページ

ナナホシテントウ

▶いろいろな動物が、春のころよりさかんに活動して、(①　　　　　)したり、ふえたりするようになる。

▶植物や動物の記録

- 気温の変わり方は、(②　　　　　)グラフを使って表すとよい。
- くきののび方は、(③　　　　　)グラフを使って表すとよい。
- (②)グラフと(③)グラフを(④ 重ねる ・ 分ける)と、2つのことがらの変わり方の関係(かんけい)がつかみやすくなる。

気温とくきののびは関係がありそうだね。

オオカマキリの観察

7月8日　午前10時　小川いぶき
校庭　気温22℃　晴れ

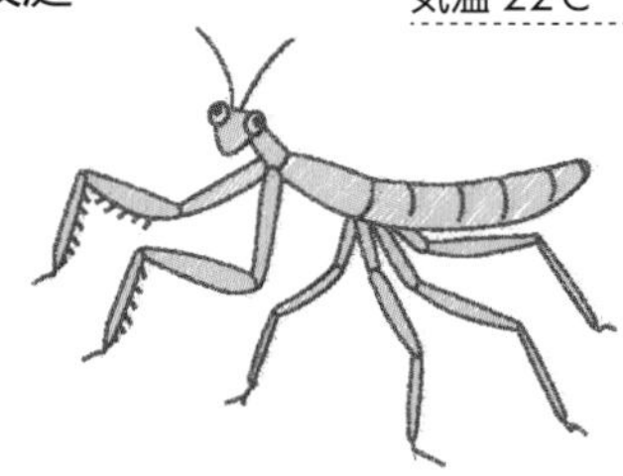

春よりも大きくなって、緑色に変化している。はねがないので、まだよう虫のようだ。これから成長して、成虫になると思う。

7月の気温の変わり方とヘチマのくきののび方

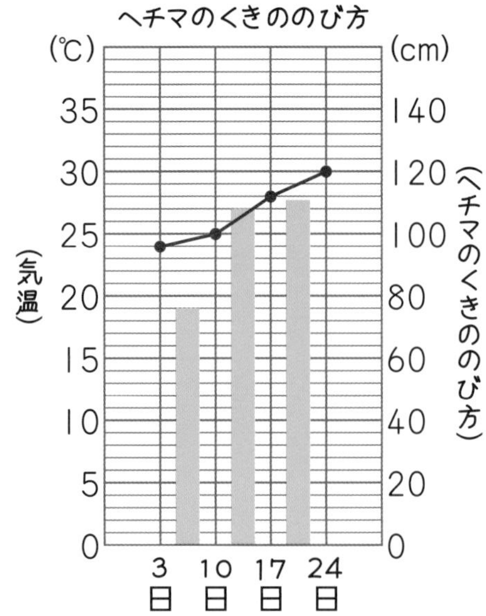

ここがだいじ!
①暑くなるにつれて、植物の成長(せいちょう)や動物の活動がさかんになる。
②観察(かんさつ)の記録(きろく)は、グラフなどを使って、わかりやすく整理する。

ぴたトリビア 植物が花をさかせるじょうけんには、気温の変化(へんか)や夜の長さの変化なども関係(かんけい)しています。

★暑くなると

①植物のようす
②動物のようす ③記録の整理

教科書 63～69ページ 答え 14ページ

1 身のまわりの生き物を観察しました。

(1) 春から夏になると、気温はどうなりましたか。正しいものに○をつけましょう。

ア（ ）低くなった。 イ（ ）高くなった。
ウ（ ）ほとんど変わらない。

(2) 春から夏になると、見られるオオカマキリの大きさはどうなりましたか。正しいものに○をつけましょう。

ア（ ）小さくなった。 イ（ ）大きくなった。
ウ（ ）ほとんど変わらない。

(3) 春から夏になると、植物の葉の数はどうなりましたか。正しいものに○をつけましょう。

ア（ ）へった。 イ（ ）ふえた。 ウ（ ）ほとんど変わらない。

2 気温の変わり方とヘチマのくきののび方を、グラフにまとめました。

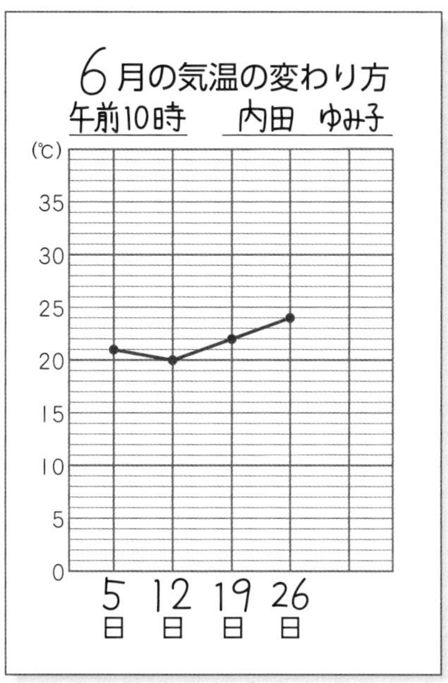

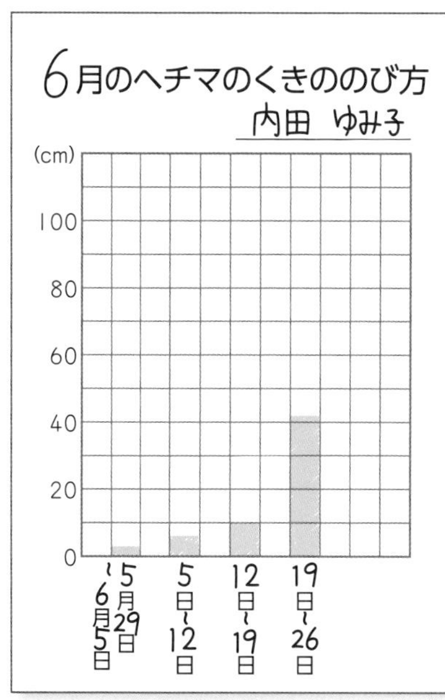

(1) 気温の変わり方を表したのは、何グラフですか。

（ ）

(2) くきののび方を表したのは、何グラフですか。

（ ）

(3) 6月に、気温はどうなりましたか。正しいものに○をつけましょう。

ア（ ）高くなった。
イ（ ）変わらない。
ウ（ ）低くなった。

(4) 6月に、ヘチマのくきののび方はどうなりましたか。正しいものに○をつけましょう。

ア（ ）大きくなった。 イ（ ）変わらない。 ウ（ ）小さくなった。

ぴったり3
たしかめのテスト
★暑くなると

時間 30分
／100
合格 70点

教科書 62〜69ページ　答え 15ページ

よく出る

1 夏に見られる生き物のようすは、それぞれどちらですか。　1つ10点(20点)

(1) イチョウ　(　　)　　(2) オオカマキリ　(　　)

ア

イ

カ

キ
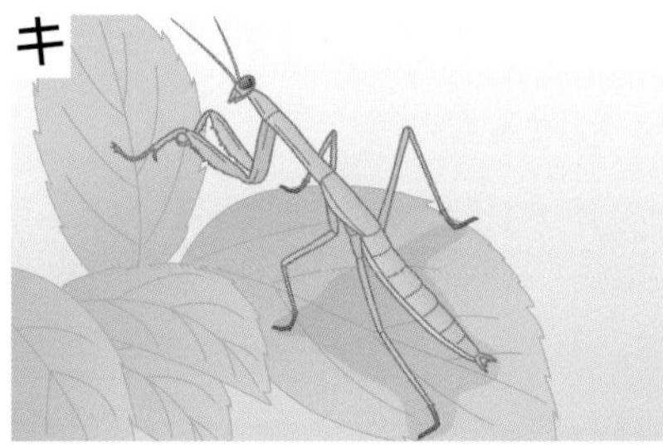

2 夏のころのオオカマキリのよう虫を観察（かんさつ）しました。　技能　1つ10点(30点)

(1) オオカマキリのよう虫がよく見られるのはどこですか。正しいものに○をつけましょう。

ア(　　)池の周（まわ）りの少ししめった地面
イ(　　)森林の木のかげ
ウ(　　)日当たりのよい草むら

(2) 記録（きろく）カードの㋐には、何をかいておくとよいですか。正しいものに○をつけましょう。

ア(　　)気温　イ(　　)水温
ウ(　　)地面の温度

(3) 記録カードの㋑にあてはまる言葉は何ですか。正しいものに○をつけましょう。

ア(　　)数　イ(　　)形
ウ(　　)色　エ(　　)大きさ

オオカマキリのよう虫
内田ゆみ子
7月2日 午前10時 晴れ
場所：校庭　㋐
●結果

春のころより大きなオオカマキリのよう虫を見つけた。葉の㋑とからだの㋑がよくにていた。シオカラトンボをつかまえていた。

できたらスゴイ！

3 ゆみさんは、気温の変わり方とヘチマのくきののびを調べました。

思考・表現

(1)〜(3)10点、(4)20点(50点)

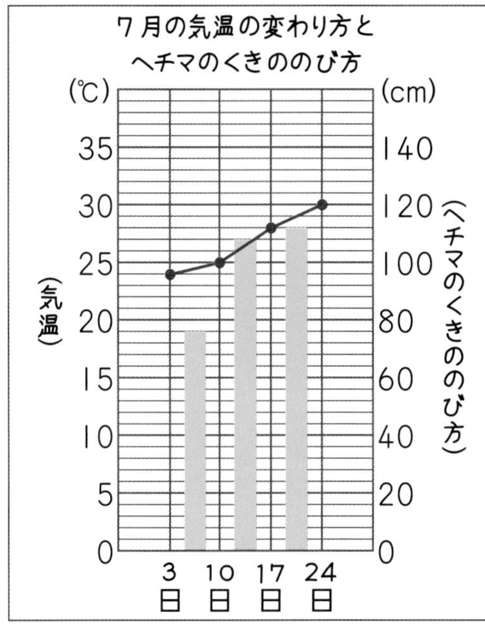

(1) ゆみさんは、ヘチマのくきののびを調べましたが、友達はくきののびとはちがうことを調べました。春と夏で、ほとんどちがいが見られなかったのはだれが調べたことですか。○をつけましょう。

ヘチマの
葉の数と大きさ
を調べました。

①（　　）

ヘチマの
花の数を
調べました。

②（　　）

ヘチマに
やってくる虫など
の動物のようすを
調べました。

③（　　）

ヘチマの葉の形や
まきひげの形を
調べました。

④（　　）

(2) 7月17日から7月24日の1週間で、ゆみさんが調べたヘチマのくきは、1日につき何cmのびましたか。正しいものに○をつけましょう。

ア（　　）1 cm　　イ（　　）4 cm　　ウ（　　）16 cm　　エ（　　）112 cm

(3) ゆみさんが観察した結果から考えて、ヘチマのくきののびは、何の変わり方と関係しているといえますか。いちばん正しいものに○をつけましょう。

ア（　　）育てたところにふいた風の向きや強さ

イ（　　）育てたところにふった雨の量　　ウ（　　）育てたところの気温

(4) 記述 ゆみさんは、ヘチマの観察を続けることにしました。8月になると、ヘチマのくきののびはどうなりますか。そう考えた理由もかきましょう。

（　　　　　　　　　　　　　　　　　　　　　　　　　　　　）

ふりかえり
1の問題がわからなかったときは、26ページの1と26ページの2にもどってたしかめましょう。
3の問題がわからなかったときは、26ページの1と26ページの2にもどってたしかめましょう。

★夏の星

学習日　　月　　日

めあて
夜空に見える星には、どのようなちがいがあるのかをかくにんしよう。

教科書 71～75ページ　答え 16ページ

次の(　)にあてはまる言葉をかくか、あてはまるものを○でかこもう。

1 夜空に見える星には、どのようなちがいがあるのだろうか。 教科書 71～75ページ

- 星には、明るさや(①　　　)にちがいがある。
- 星は(②　　　)順に、1等星、2等星、3等星…と分けられている。
- ベガ、アルタイル、デネブ、アンタレスは、どれも(③　　　)等星である。
- わしざ、はくちょうざ、ことざのように、星をいくつかのまとまりに分け、いろいろなもののすがたに見立てたものを、(④　　　)という。

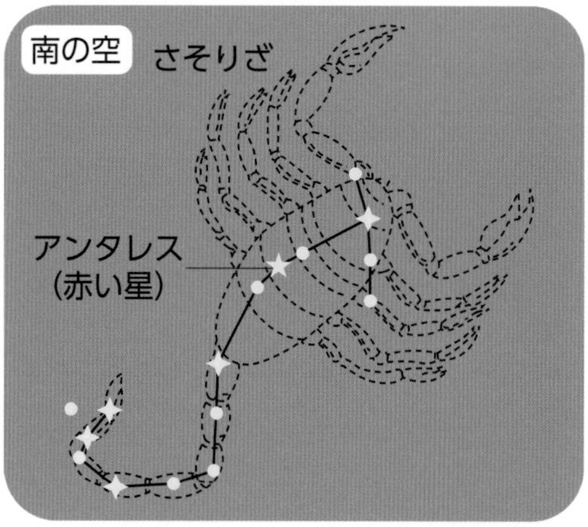

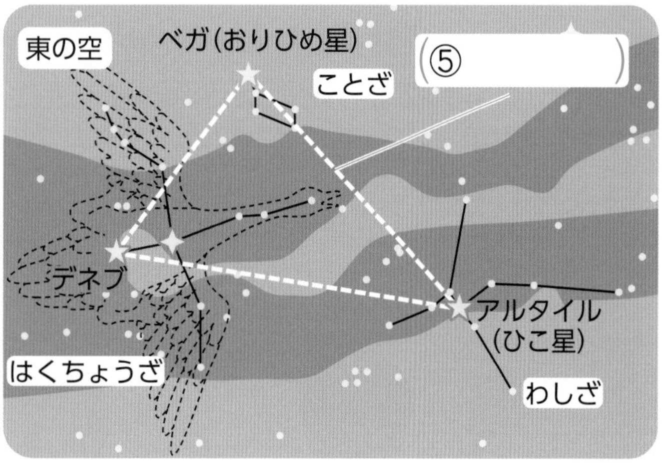

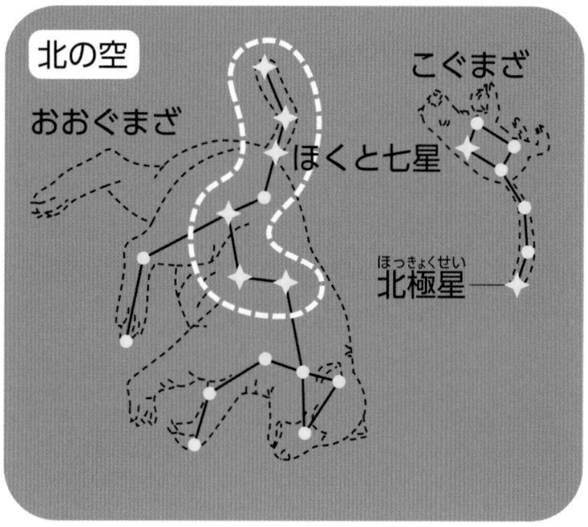

- 方位じしん
  - はりは、(⑥　　)と(⑦　　)をさして止まる。はりの色のついたほうが(⑧　　)をさす。
- 星ざ早見
  - 月日の目もりと(⑨　　　)の目もりを合わせる。
  - 見る方位の文字を(⑩ 上 ・ 下)にして、上にかざして使う。

星ざ早見… 9月11日19時(午後7時)

(⑪　　　)の目もり

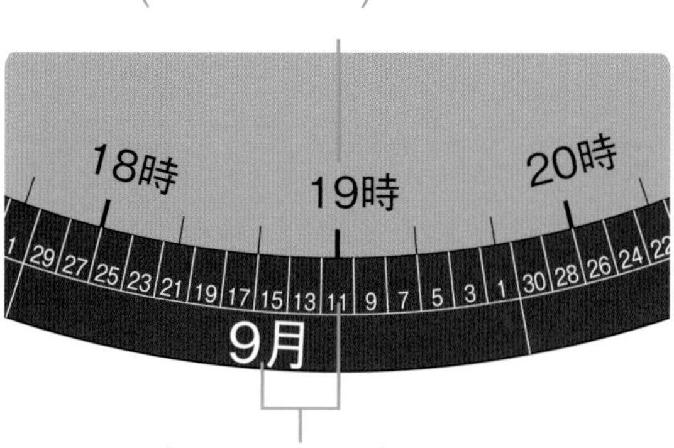

(⑫　　　)の目もり

ここが だいじ!
①星には、明るさや色にちがいがある。
②星をいくつかのまとまりに分け、いろいろなもののすがたに見立てたものを、星ざという。

ぴたトリビア
星の色と温度は関係していて、青白い星は温度が高く10000℃以上あります。また、赤い星は温度が低いですが、それでも3000℃ほどあります。

★夏の星

教科書 71～75ページ　答え 16ページ

1 星ざ早見を使って、夏の夜空を観察します。

(1) 星をいくつかのまとまりに分け、いろいろなもののすがたに見立てたものを何といいますか。

（　　　　）

(2) 21時は何時ですか。正しいものに○をつけましょう。

ア（　　）午前3時　イ（　　）午前9時

ウ（　　）午後3時　エ（　　）午後9時

(3) 写真はほくと七星で、北の空に見えます。これを観察するとき、星ざ早見をどの向きに持ちますか。正しいものに○をつけましょう。

ア（　　）

イ（　　）

ウ（　　）

エ（　　）

2 7月15日の午後8時ごろに、日本のある場所で南の空を観察しました。

(1) 写真の㋐の星を何といいますか。

（　　　　）

(2) ㋐の星がふくまれている星ざを何といいますか。

（　　　　）

(3) ㋐の星は1等星です。1等星と2等星はどのようにちがいますか。正しいものに○をつけましょう。

ア（　　）1等星は2等星より赤っぽい。

イ（　　）1等星は2等星より白っぽい。

ウ（　　）1等星は2等星より明るい。

エ（　　）1等星は2等星より暗い。

ヒント　2 (3) 星は明るい順に、1等星、2等星…と分けられています。

ぴったり3
たしかめのテスト ★夏の星

時間 30分

／100

合格 70点

教科書 70～75ページ　答え 17ページ

よく出る

1 夏の夜空を観察（かんさつ）してスケッチしました。

1つ8点(32点)

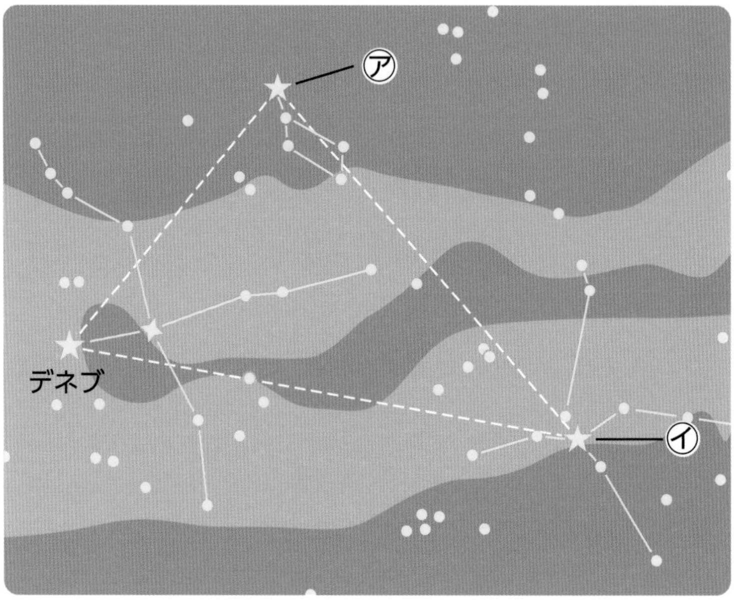

(1) デネブは、何という星（せい）ざの星ですか。

(　　　　　　　)

(2) ㋐の星は何ですか。正しいものに○をつけましょう。

ア(　　)ことざのアルタイル

イ(　　)ことざのベガ

ウ(　　)わしざのアルタイル

エ(　　)わしざのベガ

(3) デネブ、㋐、㋑の３つの星をつないでできる三角形を何といいますか。

(　　　　　　　)

(4) デネブ、㋐、㋑の３つの星は、何等星（とうせい）ですか。

(　　　　　　　)

2 9月15日の午後7時に星を観察するとき、星ざ早見を使って星ざをさがしました。観察する時こくの目もりを正しく合わせているものはどれですか。○をつけましょう。

技能 1つ10点(10点)

ア(　　)

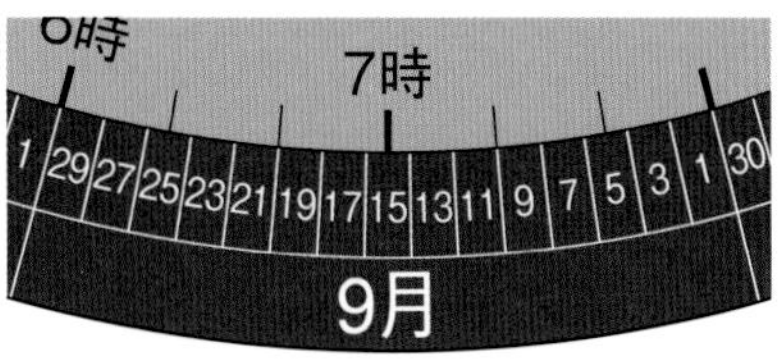

イ(　　)

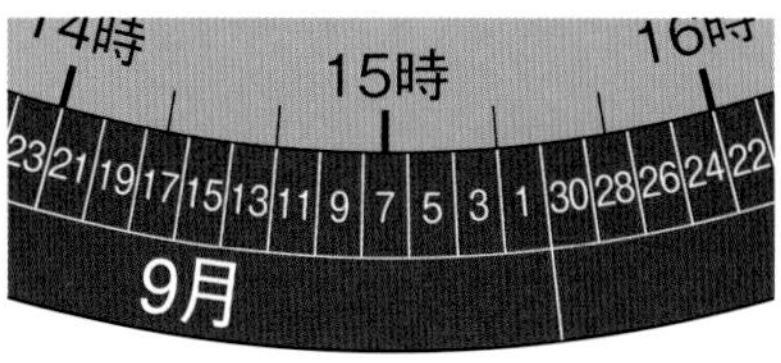

ウ(　　)

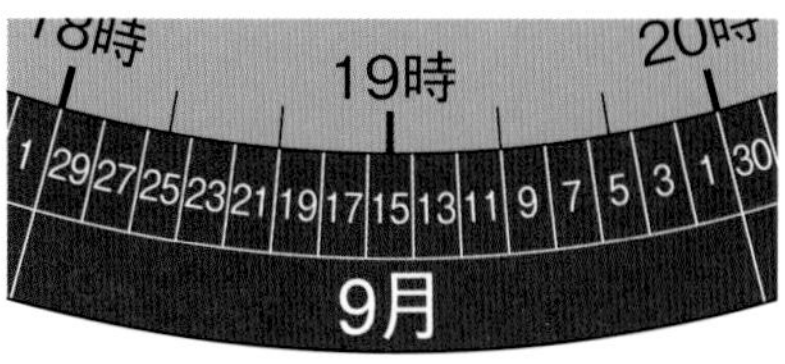

3 ほくと七星を観察しました。

1つ9点(18点)

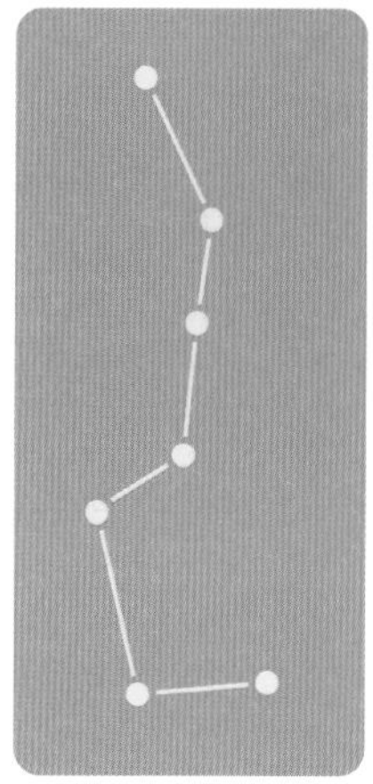

(1) ほくと七星が見られるのは、どの方位(ほうい)の空ですか。正しいものに○をつけましょう。

ア(　　)東の空　イ(　　)西の空

ウ(　　)南の空　エ(　　)北の空

(2) ほくと七星を観察する方位を調べるときに使うものはどれですか。正しいものに○をつけましょう。　技能

ア(　　)方位じしん　イ(　　)星ざ早見

ウ(　　)望遠鏡(ぼうえんきょう)　エ(　　)時計

できたらスゴイ！

4 夏の夜空に見られるさそりざを観察しました。

思考・表現　1つ10点(40点)

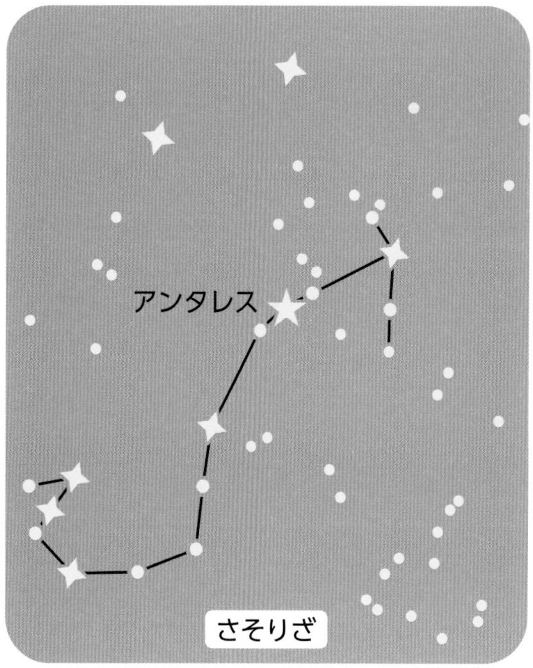

(1) 夏にさそりざを観察するには、どの方位の空を見ればよいですか。正しいものに○をつけましょう。

ア(　　)東の空　イ(　　)西の空

ウ(　　)南の空　エ(　　)北の空

(2) 星ざ早見の使い方から考えて、さそりざが見られる方位はいつも同じですか。正しいほうに○をつけましょう。

ア(　　)さそりざが見られる方位は、いつも同じである。

イ(　　)さそりざが見られる方位は、いつも同じではない。

(3) さそりざのアンタレスは、どのような色に見えましたか。正しいものに○をつけましょう。

ア(　　)白っぽい色に見えた。　イ(　　)青っぽい色に見えた。

ウ(　　)赤っぽい色に見えた。　エ(　　)黄色っぽい色に見えた。

(4) 記述 夜空を観察すると、たくさんの星が見られました。それらの星の「明るさ」と「色」をくらべると、どのようなことがいえますか。

(　　　　　　　　　　　　　　　　　　　　　　　　　　　　)

この本の終わりにある「夏のチャレンジテスト」をやってみよう！

ふりかえり
3の問題がわからなかったときは、30ページの1にもどってたしかめましょう。
4の問題がわからなかったときは、30ページの1にもどってたしかめましょう。

ぴったり1 じゅんび

3分でまとめ

6. 月や星の見え方

①月の見え方

学習日　　月　　日

めあて

時こくによる、月の見える位置の変化をかくにんしよう。

教科書 79～85ページ　答え 18ページ

次の（　）にあてはまる言葉をかくか、あてはまるものを〇でかこもう。

1 月の見える位置は、時こくによって、どのように変わっていくのだろうか。　教科書 79～85ページ

- 月は、日によって（①　　　　）が変わって見える。
- 半円の形に見える月を（②　　　　）という。
- 円の形に見える月を（③　　　　）という。

半月

満月

- 月の見える位置は、時こくによって、（④　　　　）から（⑤　　　　）、（⑥　　　　）へと変わる。
- 月の見える位置は、どのような形に見えるときでも、（⑦　同じ　・　ちがう　）ような変わり方をする。

半月の動き

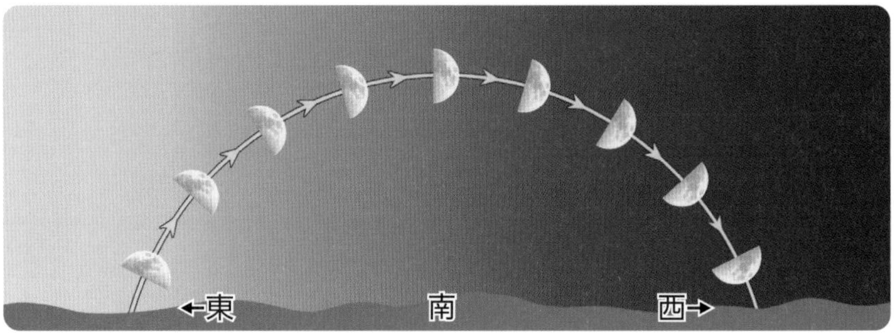

満月の動き

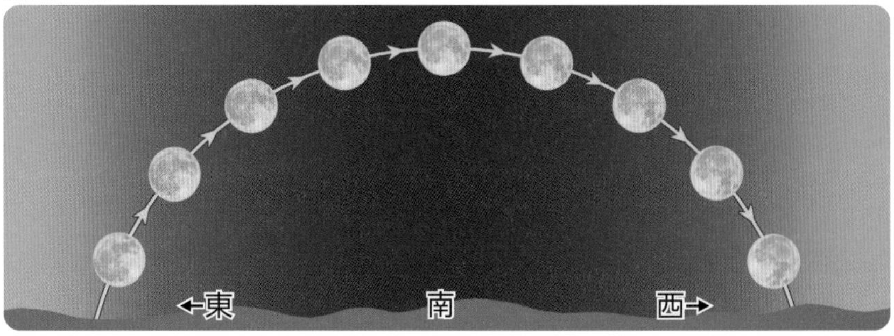

月の形によって、同じ位置にあるときの時こくがちがうよ。

ここが だいじ!
①月は、日によって形が変わって見える。
②月の見える位置は、時こくによって、東から南、西へと変わる。

ぴたトリビア　月の形は毎日少しずつ変わり、およそ1か月でもとの形にもどります。

6. 月や星の見え方

①月の見え方

学習日　　月　　日

教科書 79〜85ページ　答え 18ページ

1 ある年のちがう日に月を観察し、そのスケッチをしました。

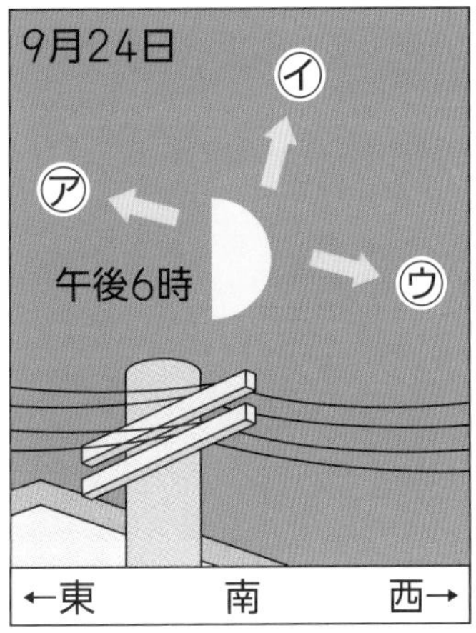

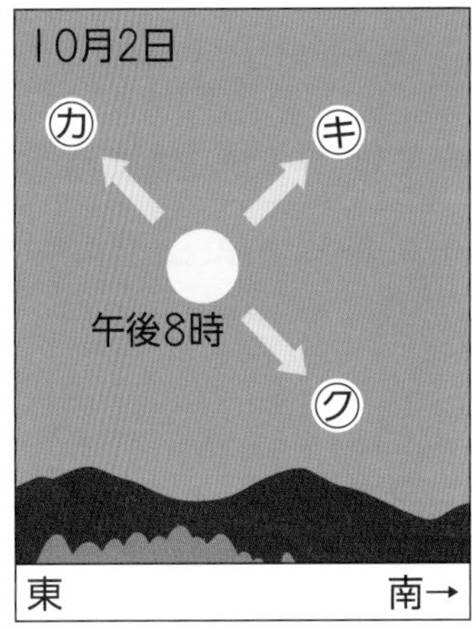

(1) 9月24日と10月2日に見られた月の名前を、それぞれかきましょう。

9月24日(　　　　　)
10月2日(　　　　　)

(2) 1時間後、それぞれの月は、㋐〜㋒、㋕〜㋗のどの向きに動きますか。

9月24日(　　　)
10月2日(　　　)

2 月の見える位置の変わり方をまとめました。

半月の動き

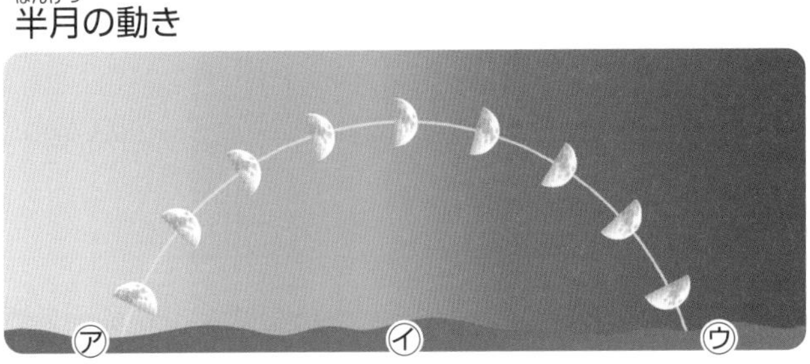

満月の動き

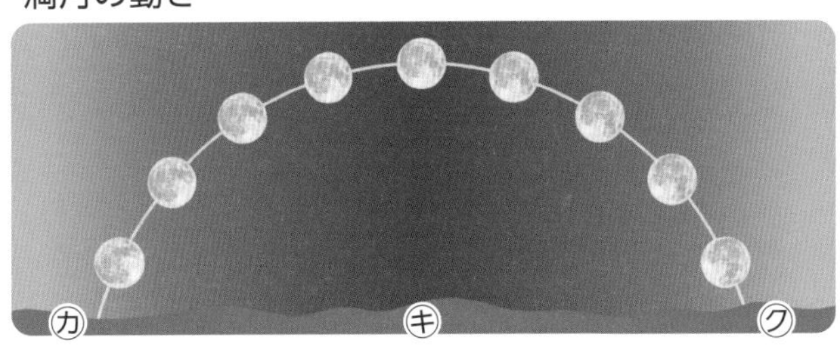

(1) 図で、東はどれですか。㋐〜㋒、㋕〜㋗からそれぞれ1つずつ選びましょう。

半月(　　　)　満月(　　　)

(2) 月が見える方位はどう変わりますか。それぞれ正しいほうに○をつけましょう。

①半月　ア(　　)㋐→㋑→㋒　イ(　　)㋒→㋑→㋐

②満月　カ(　　)㋕→㋖→㋗　キ(　　)㋗→㋖→㋕

(3) 半月と満月が南に見えるときの時こくは同じですか、ちがいますか。

(　　　　　)

ヒント ❷ 見える時こくはちがいますが、半月も満月も、太陽と同じように見える位置を変えます。

ぴったり1 じゅんび

6. 月や星の見え方

②星の見え方

学習日　月　日

めあて
時こくによる、星や星ざの見える位置やならび方をかくにんしよう。

教科書 86～88ページ　答え 19ページ

次の(　)にあてはまる言葉をかくか、あてはまるものを〇でかこもう。

1 星や星ざは、時こくによって、見える位置(いち)やならび方が変(か)わるのだろうか。

教科書 86～88ページ

〈夏の大三角〉

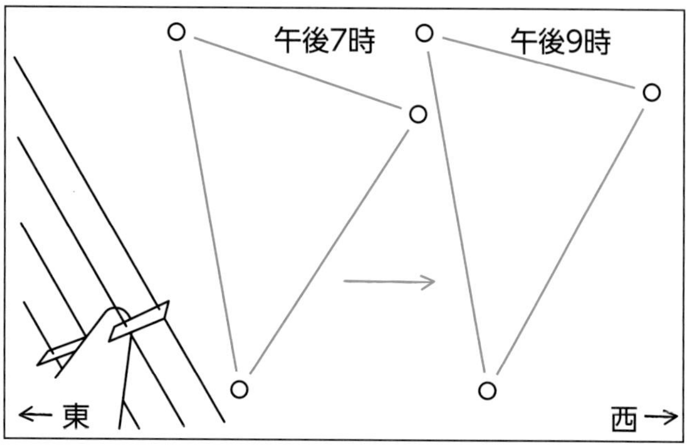

- 午後９時に観察(かんさつ)された夏の大三角を表す星を、黄色くぬりましょう。
- 夏の大三角は、(①　　　　)から(②　　　　)へ見える位置が変わった。
- 時間と夏の大三角
  - 星の見える位置
    時間がたつと
    (③　変わる　・　変わらない　)。
  - 星のならび方
    時間がたつと(④　変わる　・　変わらない　)。
- 東の空の星は(⑤　　　　)の空の方へ、南の空の星は(⑥　　　　)の空の方へ動いているように見える。

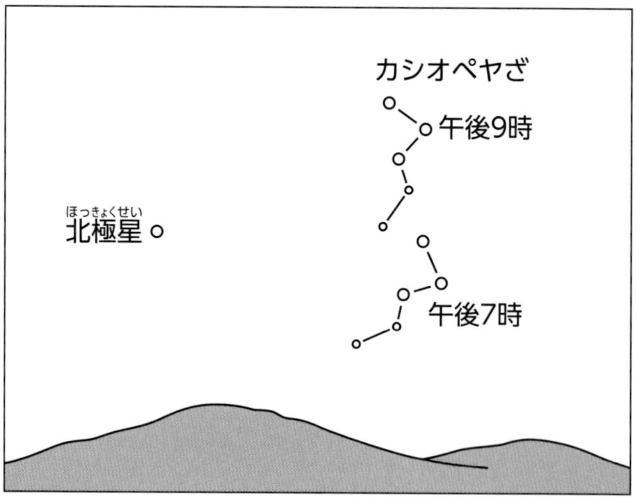

- 午後９時に観察されたカシオペヤざを表す星を、黄色くぬりましょう。
- 時間とカシオペヤざ
  - 星の見える位置
    時間がたつと
    (⑦　変わる　・　変わらない　)。
  - 星のならび方
    時間がたつと
    (⑧　変わる　・　変わらない　)。
- カシオペヤざは、(⑨　　　　)の空に見える。
- 星や星ざは、時間がたつと、見える位置は(⑩　　　　)が、ならび方は(⑪　　　　)。

ここがだいじ！
①星や星ざは、時間がたつと、見える位置(いち)は変(か)わるが、ならび方は変わらない。

ぴたトリビア
夏の大三角にふくまれる星の「デネブ」はアラビア語で「(めんどりの)お」という意味で、はくちょうざのちょうどおの位置(いち)にあります。

1 夏の大三角を、午後７時に観察しました。

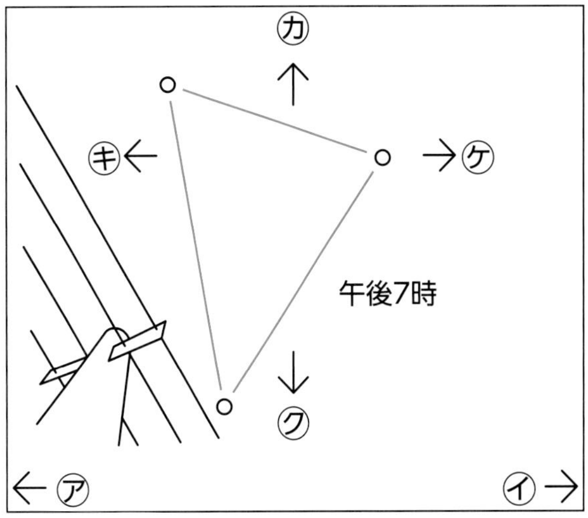

(1) ㋐の方位は何ですか。正しいものに○をつけましょう。

ア（　　）東　　イ（　　）西
ウ（　　）南　　エ（　　）北

(2) 午後８時に観察すると、夏の大三角はどの向きに動いていますか。㋕〜㋘から選びましょう。

（　　　）

(3) 夏の大三角をつくる星の見える位置とならび方は、時間がたつとどうなりますか。それぞれ正しいほうに○をつけましょう。

①星の見える位置

ア（　　）変わる。　　イ（　　）変わらない。

②星のならび方

ア（　　）変わる。　　イ（　　）変わらない。

2 北の空の星を観察しました。

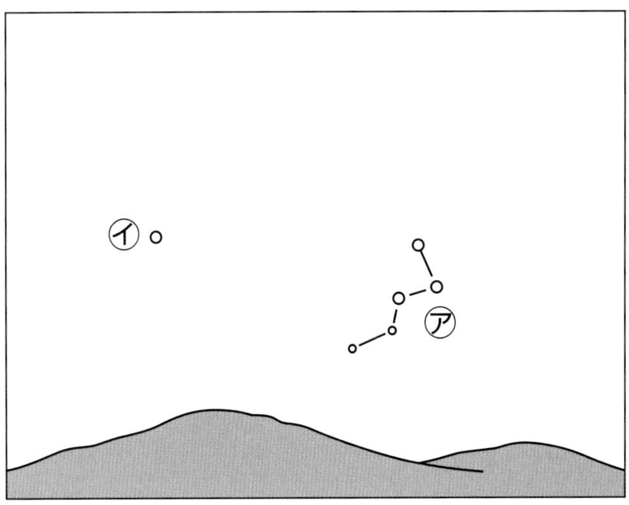

(1) 星ざ㋐を何といいますか。

（　　　　　　）

(2) 星㋑を何といいますか。

（　　　　　　）

(3) ㋐の星ざをつくる星の見える位置とならび方は、時間がたつとどうなりますか。それぞれ正しいほうに○をつけましょう。

①星の見える位置

ア（　　）変わる。　　イ（　　）変わらない。

②星のならび方

ア（　　）変わる。　　イ（　　）変わらない。

6. 月や星の見え方

時間 30分

／100

合格 70点

教科書 78～91ページ　答え 20ページ

よく出る

1 月の形と、見える位置の変わり方について調べました。

1つ6点(30点)

(1) ㋐、㋑の形の月の名前は何ですか。

㋐(　　　　)
㋑(　　　　)

㋐

㋑

(2) 月が見える方位を、右のように調べました。　技能

①このときに使った道具は何ですか。
(　　　　)

②月が見えた方位は何ですか。
(　　　　)

(3) 夕方に、㋐が東からのぼってきました。真夜中の㋐は、どの空に見られますか。正しいものに○をつけましょう。

ア(　)東の空　イ(　)西の空　ウ(　)南の空　エ(　)北の空

2 月の見える位置の変わり方を調べました。

1つ5点(15点)

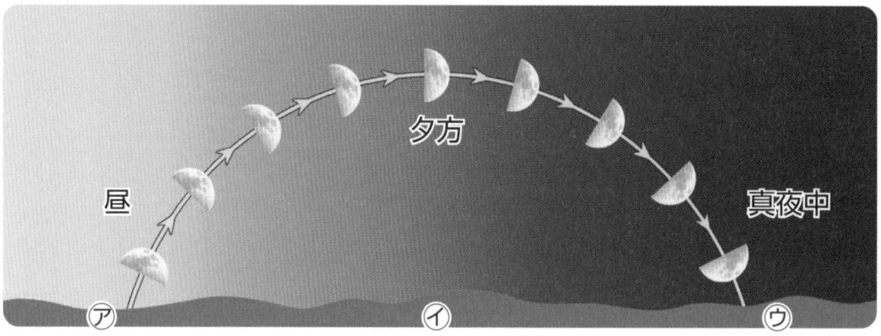

㋐～㋒に入る方位をそれぞれ選び、○をつけましょう。

㋐ア(　)東　イ(　)西　ウ(　)南　エ(　)北
㋑ア(　)東　イ(　)西　ウ(　)南　エ(　)北
㋒ア(　)東　イ(　)西　ウ(　)南　エ(　)北

よく出る

3 9月15日の午後7時に、W字形の星ざが見られました。

1つ5点(15点)

(1) この星ざは何ですか。正しいものに○をつけましょう。

ア(　　)はくちょうざ
イ(　　)ことざ
ウ(　　)カシオペヤざ
エ(　　)わしざ

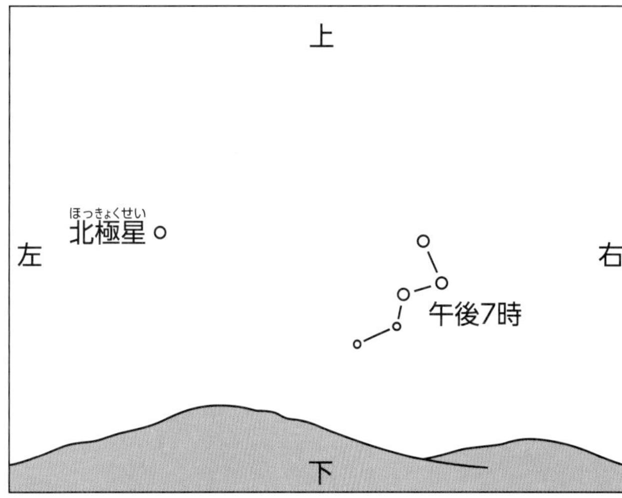

(2) 9月15日の午後7時に、この星ざはどの方位に見られましたか。正しいものに○をつけましょう。

ア(　　)東　イ(　　)西　ウ(　　)南　エ(　　)北

(3) 2時間後の午後9時に、この星ざはどの方向に動いていましたか。いちばん近いものを、図の上下左右から選びましょう。(　　　　)

できたらスゴイ!

4 月と星の動き方を調べました。

思考・表現　1つ10点(40点)

(1) いちばん高い位置に満月が見られるのは、どの方位にあるときですか。正しいものに○をつけましょう。

ア(　　)東　イ(　　)西　ウ(　　)南　エ(　　)北

(2) 満月と半月の動き方をくらべると、どのようなことがいえますか。正しいものに○をつけましょう。

ア(　　)いちばん高く見える方位も時こくも同じ。
イ(　　)いちばん高く見える方位は同じで、時こくはちがう。
ウ(　　)いちばん高く見える方位はちがうが、時こくは同じ。
エ(　　)いちばん高く見える方位も時こくもちがう。

(3) 夜空に夏の大三角であるデネブとベガが見られ、デネブは矢印の向きに動いていきました。

①ベガはどの向きに動いていきましたか。図の㋐～㋓から選びましょう。(　　　)

②記述 ①で、その向きを選んだ理由をかきましょう。

(　　　　　　　　　　　　　　　　　　)

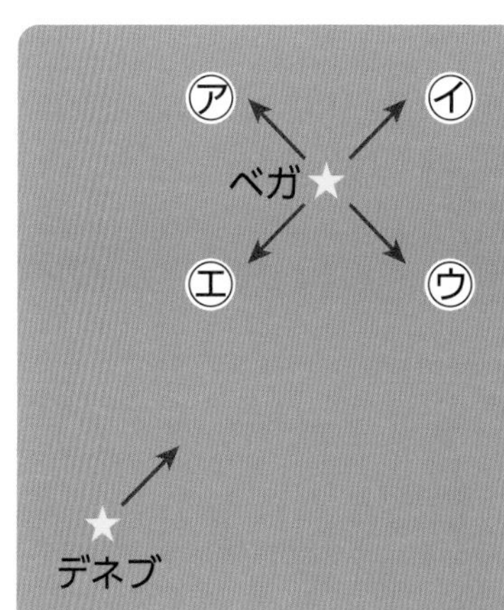

ふりかえり
1の問題がわからなかったときは、34ページの1にもどってたしかめましょう。
4の問題がわからなかったときは、34ページの1と36ページの1にもどってたしかめましょう。

7. 自然のなかの水のすがた

3分でまとめ

①水のゆくえ
②空気中にある水

学習日　　月　　日

めあて
水は、じょう発することや結ろすることをかくにんしよう。

教科書 93～98ページ　答え 21ページ

次の（　）にあてはまる言葉をかくか、あてはまるものを○でかこもう。

1 水は、空気中に出ていくのだろうか。　教科書 93～96ページ

▶入れ物の水が空気中に出ていくのか調べる。

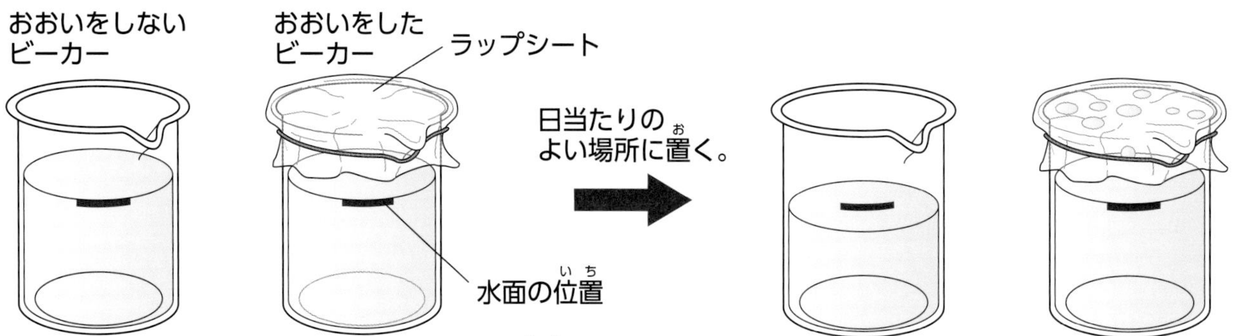

- おおいをしないビーカーは、水の量が（①　　　）。
- おおいをしたビーカーは、水の量は、ほとんど（②　　　）。
  また、ビーカーやおおいの内側に、（③　　　）がついた。

▶水は、（④　　　）中に出ていく。

▶水は、空気中に出ていくとき、目に（⑤　見える　・　見えない　）すがたに変わる。
このことを、（⑥　　　）という。

▶水は、表面からじょう発し、空気中に出ていく。

2 じょう発した水は、ふたたび目に見えるすがたにもどるのだろうか。　教科書 97～98ページ

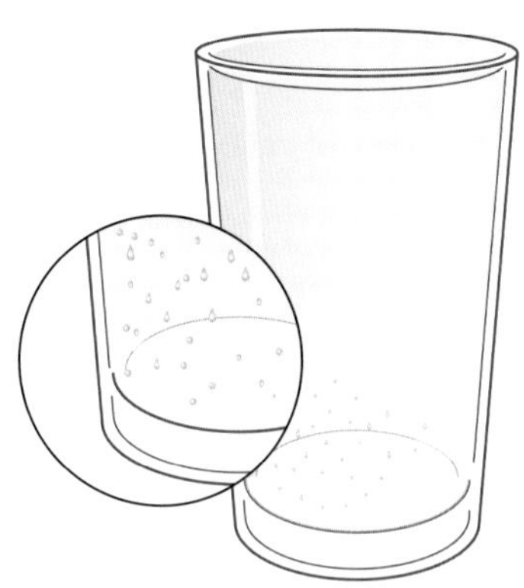

▶よく冷やしたコップに水てきがついたのは、空気中の目に（①　見える　・　見えない　）すがたの水が冷やされて、目に（②　見える　・　見えない　）すがたにもどったからである。

▶空気中にある、目に見えないすがたに変わった水を、（③　　　）という。

▶空気中の（③）が、冷たい物の表面で冷やされて目に見えるすがたの水にもどることを、（④　　　）という。

▶水は、自然のなかで、じょう発して（③）になったり、（④）して目に見えるすがたの水にもどったりしている。

ここが だいじ！
①水は、表面からじょう発し、空気中に出ていく。
②空気中の水じょう気が冷やされると、目に見えるすがたの水にもどる。

ぴたトリビア
自然のなかでは、水はたえずじょう発しています。水じょう気は、空の高いところで冷えて、小さな水や氷のつぶになります。これが雲の正体です。

ぴったり2 練習

7. 自然のなかの水のすがた

①水のゆくえ

②空気中にある水

学習日　　月　　日

教科書 93～98ページ　答え 21ページ

1 図のように、２つのビーカー㋐、㋑に同じ量の水を入れ、水面の位置に印をつけました。㋑のビーカーにはラップシートでおおいをして、それぞれ日当たりのよい場所に置きました。

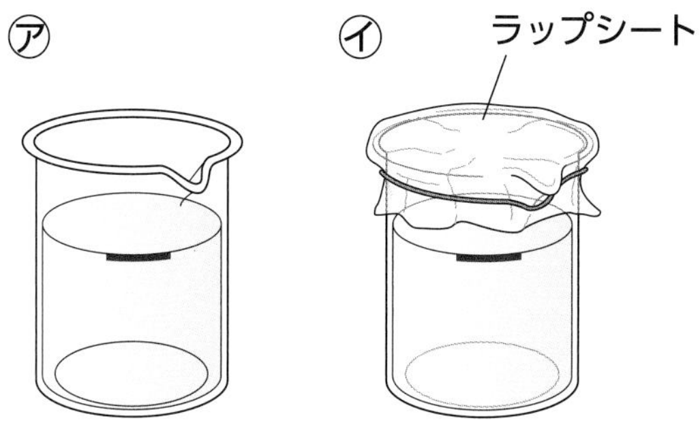

(1) ３～４日後、ビーカーの中の水面が大きく下がったのは、㋐、㋑のどちらですか。

(　　　)

(2) ３～４日後、㋑のラップシートには、どのような変化が見られましたか。正しいものに○をつけましょう。

ア(　　)ラップシートの内側だけに、水てきがついた。

イ(　　)ラップシートの外側だけに、水てきがついた。

ウ(　　)ラップシートの内側にも外側にも、水てきがついた。

エ(　　)ラップシートには、変化が見られなかった。

(3) 水が空気中に出ていくとき、目に見えないすがたに変わることを何といいますか。

(　　　　　)

2 冷ぞう庫の中でよく冷やした空のコップを外に出して、観察しました。

(1) コップの表面はどうなりましたか。正しいほうに○をつけましょう。

ア(　　)何も変わらなかった。

イ(　　)水てきがついた。

(2) 目に見えないすがたに変わった水を、何といいますか。

(　　　　　)

(3) 水は自然のなかで、どのようになっていますか。次の文の(　　)にあてはまる言葉をかきましょう。

水は、(①　　　　　)して目に見えない(2)になったり、(②　　　　　)して目に見えるすがたの水にもどったりしている。

7. 自然(しぜん)のなかの水のすがた

時間 30 分

／100

合格 70 点

教科書 92〜101ページ　答え 22ページ

よく出る

1 入れ物の水が、空気中に出ていくのか調べました。

1つ10点(30点)

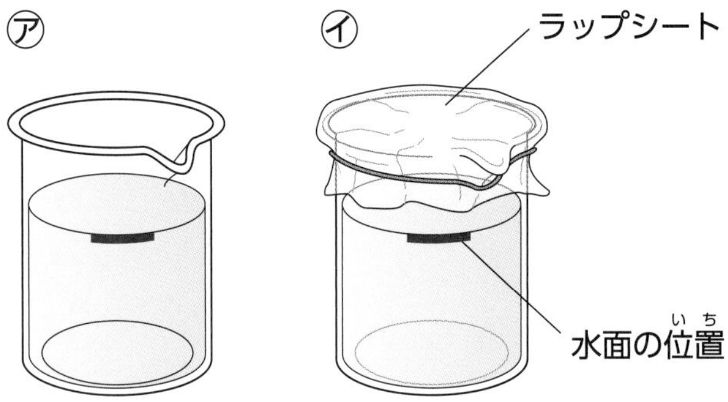

(1) 2つのビーカーはどこに置(お)くとよいですか。正しいほうに○をつけましょう。

ア(　　)日当たりのよい場所

イ(　　)日当たりがよくない場所

(2) 記述 水面の位置に印(しるし)をつけたのは、なぜですか。

(　　　　　　　　　　)

(3) 3〜4日後、㋐、㋑のビーカーの水はどうなっていましたか。正しいものに○をつけましょう。

ア(　　)㋐も㋑も水の量(りょう)がへった。

イ(　　)㋐は水の量がへったが、㋑は水の量がほとんど変(か)わらなかった。

ウ(　　)㋐は水の量がほとんど変わらなかったが、㋑は水の量がへった。

エ(　　)㋐も㋑も水の量はほとんど変わらなかった。

2 冷(れい)ぞう庫の中でよく冷(ひ)やした空(から)のコップを外に出したところ、コップの表面に水てきがつきました。

1つ10点(20点)

(1) 目に見えないすがたに変わった水のことを、何といいますか。

(　　　　　)

(2) 記述 コップの表面に水てきがついたのはなぜですか。

(　　　　　　　　　　)

❸ 水そうをしばらく置いておくと、中の水がへっていました。

1つ10点(20点)

(1) 水そうにラップシートでふたをするとどうなると考えられますか。正しい人の意見に○をつけましょう。

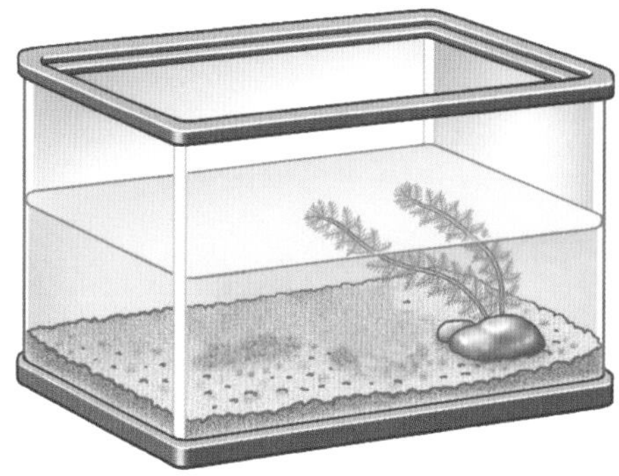

ふたの外側に
水てきがつくよ。
ふたの内側に
水てきがつくよ。
ふたの外側と内側に
水てきがつくよ。
ふたには何も
つかないよ。
PITA

①(　　)　②(　　)　③(　　)　④(　　)

(2) 水そうに顔を近づけると、水そうのガラスが息でくもりました。このときの水のすがたはどうなりましたか。正しいほうに○をつけましょう。

ア(　　)息にふくまれていた目に見えるすがたの水が、集まってガラスについた。

イ(　　)息にふくまれていた水じょう気が、目に見えるすがたの水になってガラスについた。

できたらスゴイ！

❹ 空気と水のかかわりについて考えましょう。

思考・表現　1つ15点(30点)

(1) せんたく物がはやくかわくのは、どのようなところにほしたときですか。正しいものに○をつけましょう。

ア(　　)よく晴れた日の日なた

イ(　　)よく晴れた日の日かげ

ウ(　　)くもった日の日なた

エ(　　)くもった日の日かげ

(2) 記述 気温の低い外からあたたかい部屋に入ったところ、めがねのレンズがくもりました。めがねのレンズがくもったのはなぜですか。説明しましょう。

(　　　　　　　　　　　　　　　　　　　　)

ふりかえり
❶の問題がわからなかったときは、40ページの❶にもどってたしかめましょう。
❹の問題がわからなかったときは、40ページの❶と40ページの❷にもどってたしかめましょう。

★すずしくなると

①植物のようす
②動物のようす　③記録(きろく)の整理

3分でまとめ

学習日　　月　　日

めあて　すずしくなってからの植物や動物のようすの変化をかくにんしよう。

教科書 103〜109ページ　答え 23ページ

次の(　　)にあてはまる言葉をかこう。

1 すずしくなって、植物のようすは、どのように変(か)わっているだろうか。

教科書 103〜105ページ

- ヘチマは、(①　　　　　)がのびなくなり、(②　　　　　)の中に(③　　　　　)をつくり、やがてかれていく。
- サクラなどの木も、(④　　　　　)がかれ落ちていく。

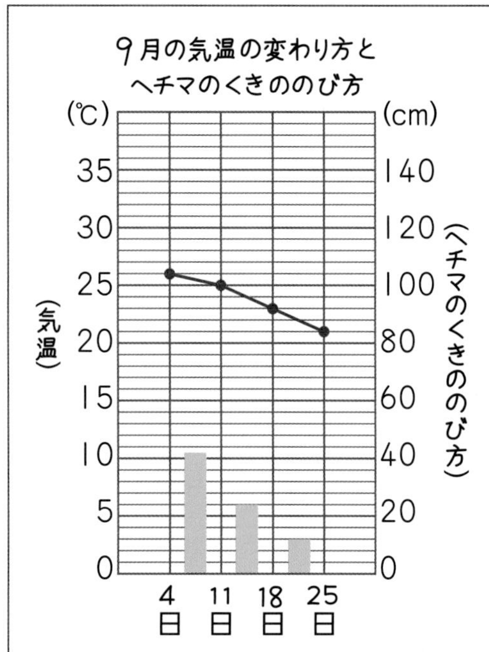

2 すずしくなって、動物のようすは、どのように変わっているだろうか。

教科書 106〜109ページ

- こん虫などの(①　　　　　)には、すがたや活動のようすが、あまり見られなくなるものがいる。
- ツバメは、あたたかい(②　　　　　)の方へ飛(と)び立っていく。
- カブトムシは、土の中でたまごからかえり、(③　　　　　)になっている。
- ヒキガエルは、土のあなの中などでじっとしている。

オオカマキリの観察

10月13日　午前10時　小川いぶき
校庭　　気温 19℃　晴れ

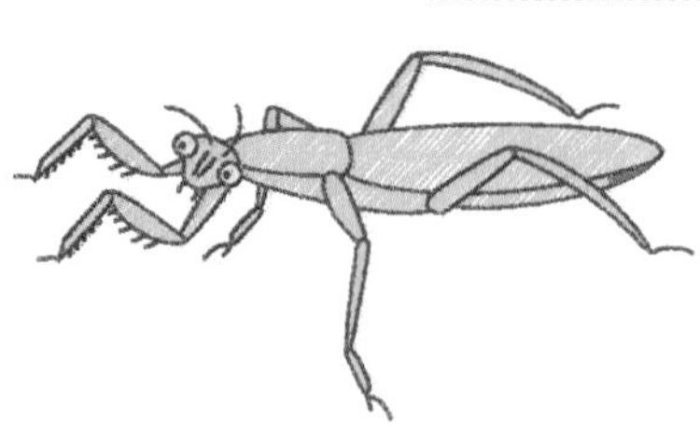

草むらに成虫がいた。大きさは、8cmくらい。じっと、えものをさがしているようだった。
たまごは、いつうむのだろうか。

ここがだいじ!
①秋には、気温や水温が夏とくらべて低(ひく)くなる。
②秋には、植物がかれ始めたり、動物の活動があまり見られなくなったりする。

ぴたトリビア　秋にこう葉(よう)が見られるのは、気温が下がることで植物のなかにある緑色をもつものがなくなり、赤色や黄色をもつものが見えるようになるためです。

✪すずしくなると

①植物のようす
②動物のようす　③記録の整理

教科書 103〜109ページ　答え 23ページ

1 秋にすずしくなってから、ヘチマのようすを観察しました。

(1) 夏とくらべて、気温はどうなりましたか。正しいものに○をつけましょう。

ア（　　）高くなった。　**イ**（　　）低くなった。

ウ（　　）あまり変わらなかった。

(2) 夏とくらべて、ヘチマはどのようになりましたか。次の文の（　　）にあてはまる言葉をかきましょう。

（①　　　　　）がのびなくなり、
実の中に（②　　　　　）をつくり、
やがて（③　　　　　）いく。

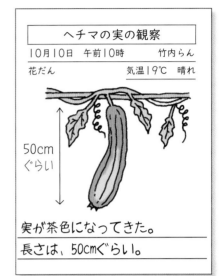

ヘチマの実の観察
10月10日　午前10時　竹内らん
花だん　気温19℃　晴れ

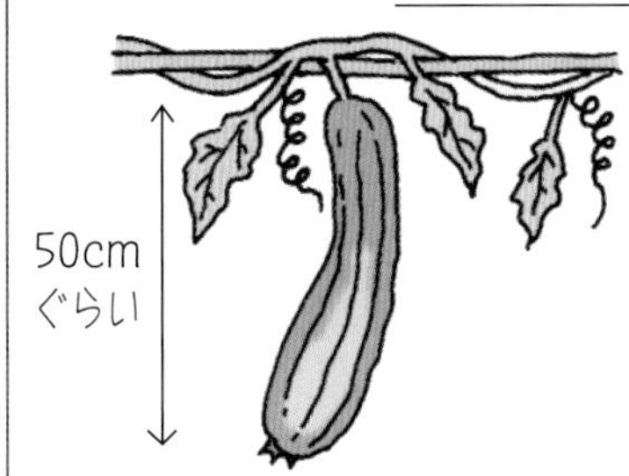

実が茶色になってきた。
長さは、50cmぐらい。

2 すずしくなって、身のまわりの生き物を観察しました。

カブトムシ（たまご）

カブトムシ（よう虫）

ヒキガエル

オオカマキリ

(1) カブトムシのようすはどうでしたか。正しいものに○をつけましょう。

ア（　　）土の上にうんだたまごがかえり、よう虫も土の上で活動する。

イ（　　）土の上にうんだたまごがかえり、よう虫は土の中で活動する。

ウ（　　）土の中にうんだたまごがかえり、よう虫は土の上で活動する。

エ（　　）土の中にうんだたまごがかえり、よう虫は土の中で活動する。

(2) ヒキガエルの活動はどうなっていましたか。正しいものに○をつけましょう。

ア（　　）夏とくらべて活動がおだやかになった。

イ（　　）夏とくらべて活動はあまり変わらなかった。

ウ（　　）夏とくらべて活動が活発になった。

(3) 写真のオオカマキリは何をしていますか。正しいほうに○をつけましょう。

ア（　　）成虫が冬をこすためのすみかをつくっている。

イ（　　）たまごをうんでいる。

ぴったり3

たしかめのテスト

★すずしくなると

時間 30分

／100

合格 70点

教科書 102〜109ページ　答え 24ページ

1 秋に見られる生き物のようすは、それぞれどちらですか。

1つ10点(30点)

(1) サクラ（　　）　(2) カブトムシ（　　）　(3) ヒキガエル（　　）

ア

イ

カ
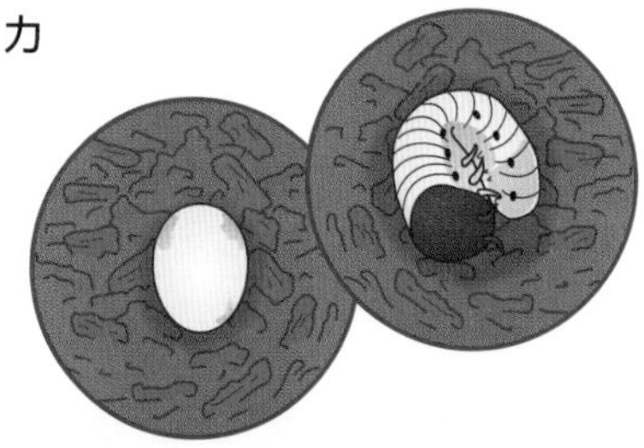

キ
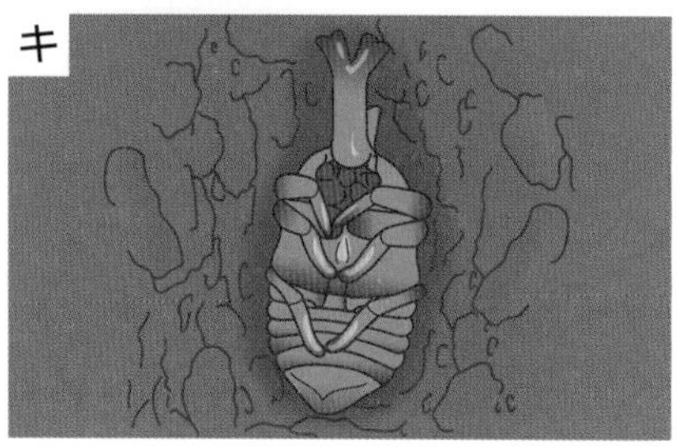

サ

シ
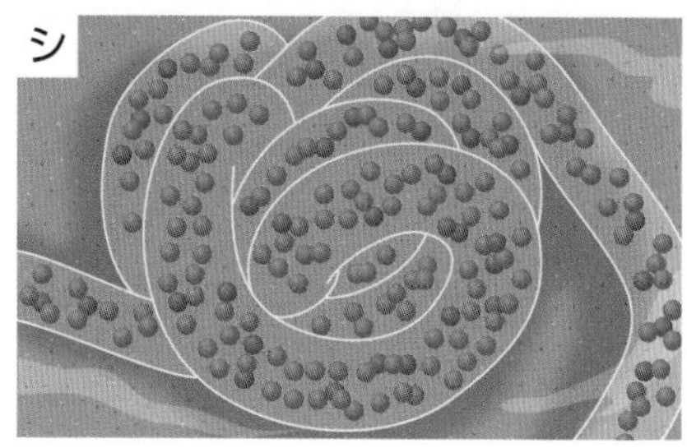

よく出る

2 オオカマキリがたまごをうんでいました。

1つ10点(30点)

(1) 秋になって、オオカマキリの数は夏とくらべてどうなりましたか。正しいほうに○をつけましょう。

ア（　　）多く見られるようになった。

イ（　　）あまり見られなくなった。

(2) 秋になって、オオカマキリの活動は夏とくらべてどうなりましたか。正しいほうに○をつけましょう。

ア（　　）活発になった。

イ（　　）にぶくなった。

(3) 秋になって、オオカマキリが食べていたシオカラトンボなどの数は夏とくらべてどうなりましたか。正しいほうに○をつけましょう。

ア（　　）ふえていた。

イ（　　）へっていた。

オオカマキリがたまごをうんだ

南由美

11月10日 午前10時 晴れ

場所：校庭の草むら 気温18°C

●結果

オオカマキリが、セイタカアワダチソウのくきにたまごをうんでいた。

このあと、成虫とたまごはどうなるのかな。

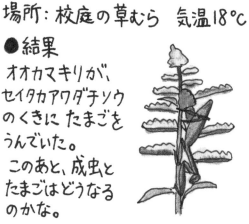

できたらスゴイ!

3 ゆずきさんたちは、育てた植物の秋のようすをくらべました。

思考・表現

1つ10点(40点)

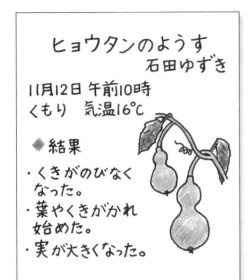

ヒョウタンのようす
石田ゆずき

11月12日 午前10時
くもり　気温16℃

◆結果
・くきがのびなくなった。
・葉やくきがかれ始めた。
・実が大きくなった。

(1) ヘチマとツルレイシのくきののびはどうでしたか。正しいほうに○をつけましょう。

ア(　　)夏のようにのび続(つづ)けていた。

イ(　　)夏とちがってのびなくなった。

(2) ヘチマとツルレイシの葉のようすは、ヒョウタンとくらべてどうでしたか。正しいものに○をつけましょう。

ア(　　)ヘチマもツルレイシも、ヒョウタンのようにかれ始めていた。

イ(　　)ヘチマもツルレイシも、ヒョウタンとちがって、葉をしげらせ始めていた。

(3) 秋になったときのヒョウタンやヘチマ、ツルレイシのようすを観察(かんさつ)すると、どのようなことがわかりますか。正しい人の意見に○をつけましょう。

どれも、同じようにくきや葉の成長(せいちょう)が止まっていました。

①(　　)

どれも、夏と成長のようすがあまり変(か)わっていませんでした。

②(　　)

どれも実が大きくなり、葉の緑色がこくなっていました。

③(　　)

(4) 記述 夏とくらべて、秋にヒョウタンやヘチマ、ツルレイシなどの植物が成長するようすが変わったのはなぜですか。

(　　　　　　　　　　　　　　　　　　　　)

ふりかえり

2の問題がわからなかったときは、44ページの2にもどってたしかめましょう。
3の問題がわからなかったときは、44ページの1にもどってたしかめましょう。

8. とじこめた空気と水

①とじこめた空気
②とじこめた水

学習日　　月　　日

めあて
とじこめた空気と水の、体積や手ごたえをかくにんしよう。

教科書 111～116ページ　答え 25ページ

次の(　)にあてはまる言葉をかくか、あてはまるものを○でかこもう。

1 とじこめた空気は、おされると、どうなるのだろうか。

教科書 111～114ページ

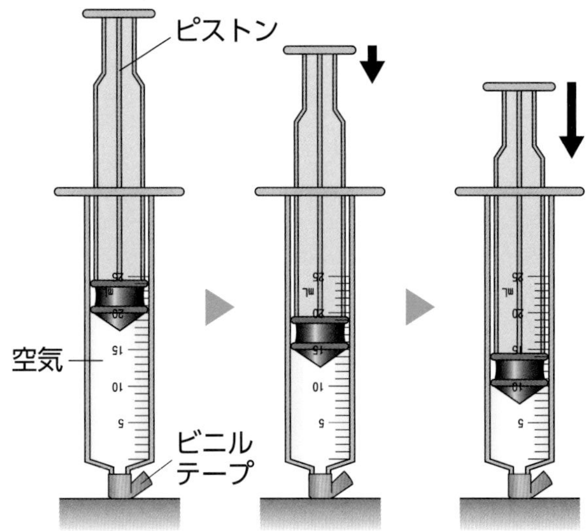

▶とじこめた空気をおして、体積や手ごたえを調べる。
- ピストンをおすと、注しゃ器の中の空気の体積が(① 大きく ・ 小さく)なった。
- ピストンをおし下げるほど、手ごたえが(② 大きく ・ 小さく)なった。
- ピストンをはなすと、ピストンが(③　　　)の位置にもどった。

▶とじこめた空気は、おされると体積が(④　　　)なる。

▶とじこめた空気をおしたとき、空気の体積が小さくなるほど、おし返す力は(⑤　　　)なる。

2 とじこめた水は、おされると、体積が変わるのだろうか。

教科書 115～116ページ

▶とじこめた水をおして、体積が変わるか調べる。
- ピストンをおしても、注しゃ器の中の水の(①　　　)は変わらなかった。

▶とじこめた水は、空気とちがって、おされても(②　　　)は変わらない。

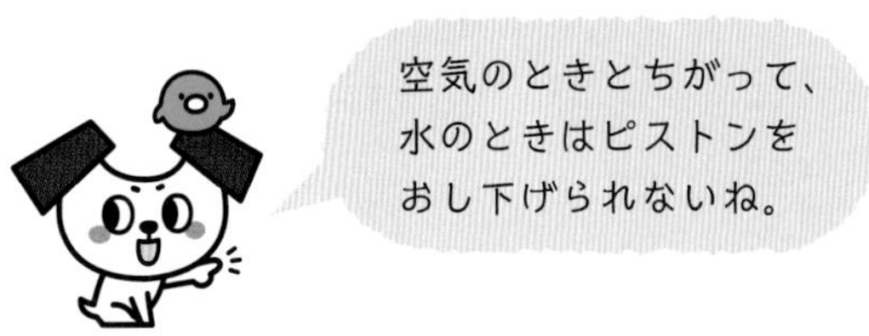

空気のときとちがって、
水のときはピストンを
おし下げられないね。

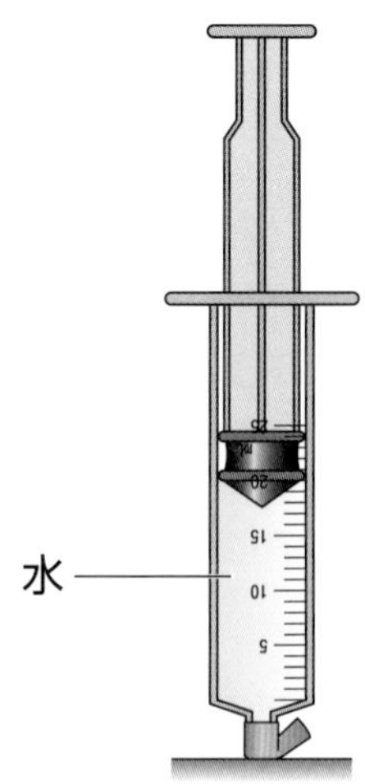

ここが、だいじ!
①とじこめた空気は、おされると体積が小さくなり、小さくなるほど、おし返す力は大きくなる。
②とじこめた水は、空気とちがって、おされても体積は変わらない。

ぴたトリビア 自転車や自動車では、空気入りのタイヤを使うことで、地面からのしん動やしょうげきが伝わるのをやわらげています。

学習日　月　日

8. とじこめた空気と水

①とじこめた空気
②とじこめた水

教科書 111～116ページ　答え 25ページ

1 注しゃ器(き)にとじこめた空気をおしました。

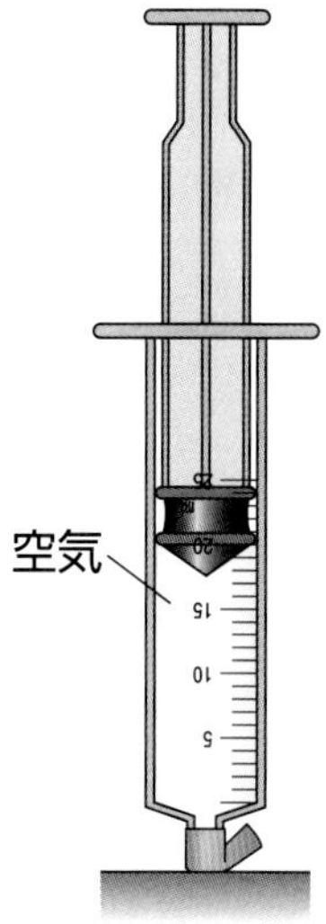

(1) 注しゃ器のピストンをおすと、注しゃ器の中の空気の体積(たいせき)はどうなりますか。正しいものに○をつけましょう。

ア(　　)大きくなる。
イ(　　)小さくなる。
ウ(　　)変(か)わらない。

(2) 注しゃ器のピストンを強くおすと、その手ごたえはどうなりますか。正しいものに○をつけましょう。

ア(　　)大きくなる。
イ(　　)小さくなる。
ウ(　　)変わらない。

(3) ピストンをおした手をはなすと、ピストンはどうなりますか。正しいものに○をつけましょう。

ア(　　)上に上がろうとする。
イ(　　)下に下がろうとする。
ウ(　　)手をはなした位置(いち)から動かない。

2 注しゃ器にとじこめた水をおしました。

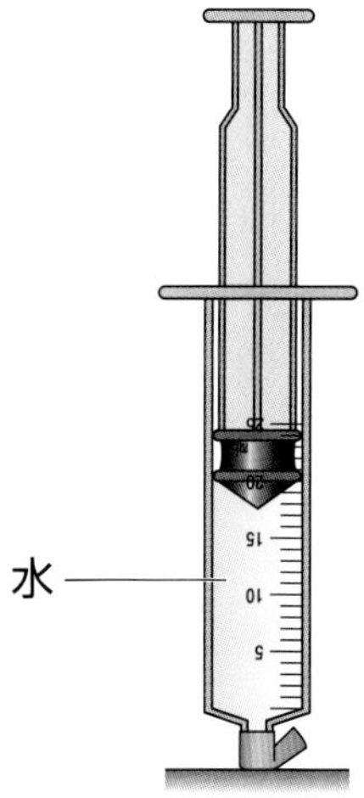

(1) 注しゃ器のピストンをおすと、注しゃ器の中の水の体積はどうなりますか。正しいものに○をつけましょう。

ア(　　)大きくなる。
イ(　　)小さくなる。
ウ(　　)変わらない。

(2) おした手をはなすとピストンはどうなりますか。正しいものに○をつけましょう。

ア(　　)上に上がろうとする。
イ(　　)下に下がろうとする。
ウ(　　)手をはなした位置から動かない。

8. とじこめた空気と水

時間 30 分
／100
合格 70 点

教科書 110〜119ページ　答え 26ページ

1 注しゃ器に空気を 20 mL 入れました。

1つ11点(44点)

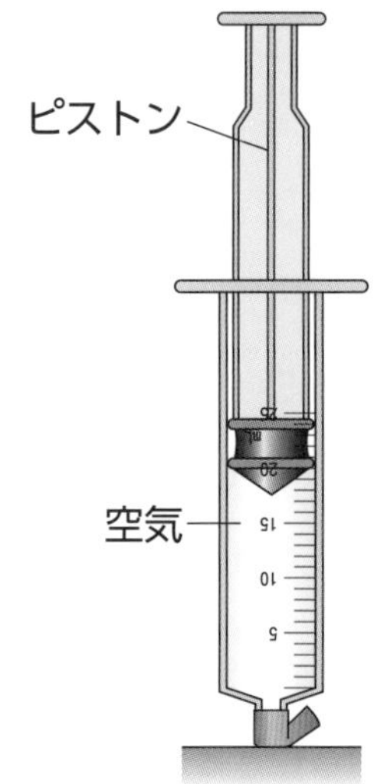

(1) 注しゃ器のピストンをゆっくりと手でおすと、注しゃ器の中の空気の体積はどうなりますか。正しいものに○をつけましょう。

ア(　　) 20 mL のままだった。

イ(　　) 20 mL よりも小さくなった。

ウ(　　) 20 mL よりも大きくなった。

(2) ピストンを(1)よりも強く手でおすと、空気の体積はどうなりますか。正しいものに○をつけましょう。

ア(　　) 20 mL のままだった。

イ(　　) 20 mL よりも小さくなったが、(1)と同じままだった。

ウ(　　)(1)のときよりもさらに小さくなった。

(3) (2)で、ピストンを(1)よりも強く手でおしたとき、(1)とくらべて手ごたえはどうなりましたか。正しいものに○をつけましょう。

ア(　　)手ごたえは小さくなった。

イ(　　)手ごたえは変わらなかった。

ウ(　　)手ごたえは大きくなった。

(4) 記述 ピストンをおした手をはなすと、ピストンはどうなりましたか。

(　　　　　　　　　　　　　　　　　　　　)

よく出る

2 注しゃ器に水を入れ、ピストンをおして体積の変化を調べます。

技能　1つ10点(20点)

(1) 注しゃ器のつつの先にビニルテープをまいたのはなぜですか。正しいものに○をつけましょう。

ア(　　)水がもれないようにするため。

イ(　　)注しゃ器がすべらないようにするため。

ウ(　　)水を注しゃ器に入れやすくするため。

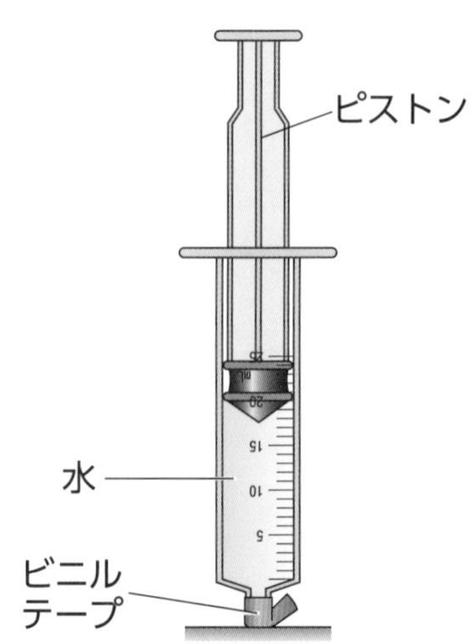

(2) 記述 注しゃ器のピストンをおすと、中の水の体積はどうなりましたか。

(　　　　　　　　　　　　　　　　　　　　)

できたらスゴイ！

3 身のまわりには、空気や水のせいしつを利用(りよう)したものがあります。　思考・表現

1つ12点(36点)

(1) 空気をおして体積を小さくしたときのせいしつを利用しているものはどれですか。正しいものに○をつけましょう。

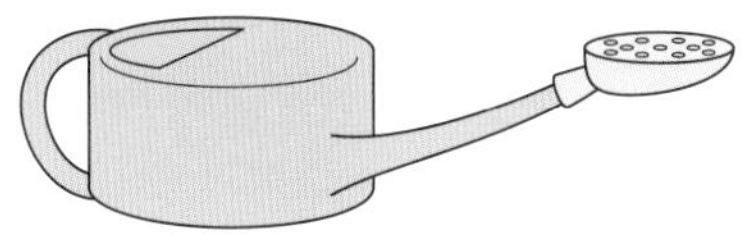
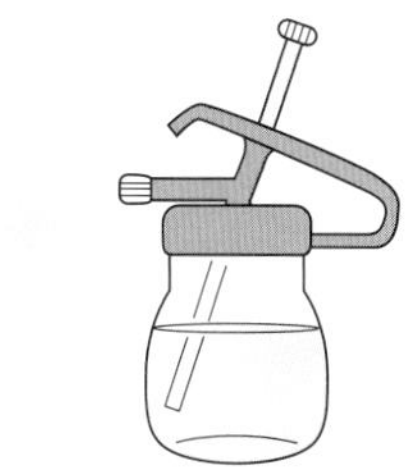

ア(　　)　　イ(　　)　　ウ(　　)

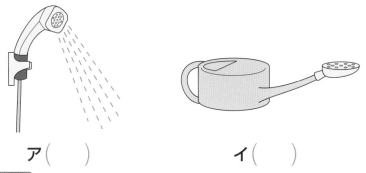

(2) 記述 バスケットボールは、空気が入っていないとはずみませんが、空気でふくらませるとはずむようになります。これは、とじこめられた空気にどのようなせいしつがあるからですか。

(　　　　　　　　　　　　　　　　　　)

(3) 記述 とうふを重ねるとつぶれてしまいますが、水の入ったパックに入れたものは重ねることができます。これは、とじこめられた水にどのようなせいしつがあるからですか。

(　　　　　　　　　　　　　　　　　　)

ぴったり1 じゅんび

3分でまとめ

9. 物の体積と温度

①空気の体積と温度
②水の体積と温度

学習日　　月　　日

めあて
空気と水の、温度の変化による体積の変化をかくにんしよう。

教科書 121～126ページ　答え 27ページ

次の（　）にあてはまる言葉をかくか、あてはまるものを○でかこもう。

1 空気は、あたためられたり冷やされたりすると、体積が変わるのだろうか。 教科書 121～124ページ

▶空気の温度を変えて、体積の変わり方を調べる。

- 試験管の中の空気をあたためると、ガラス管の中の水が、（① 上 ・ 下 ）に動いた。
- 試験管の中の空気を冷やすと、ガラス管の中の水が、（② 上 ・ 下 ）に動いた。

▶空気は、あたためられると、体積が（③　　　　）なる。

▶空気は、冷やされると、体積が（④　　　　）なる。

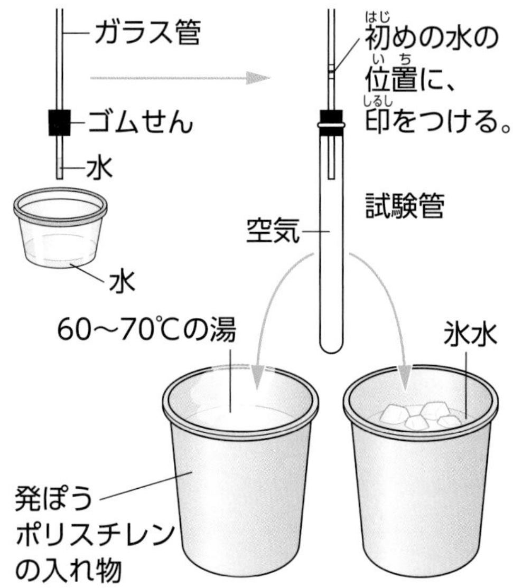

2 水は、あたためられたり冷やされたりすると、体積が変わるのだろうか。 教科書 125～126ページ

▶水の温度を変えて、体積の変わり方を調べる。

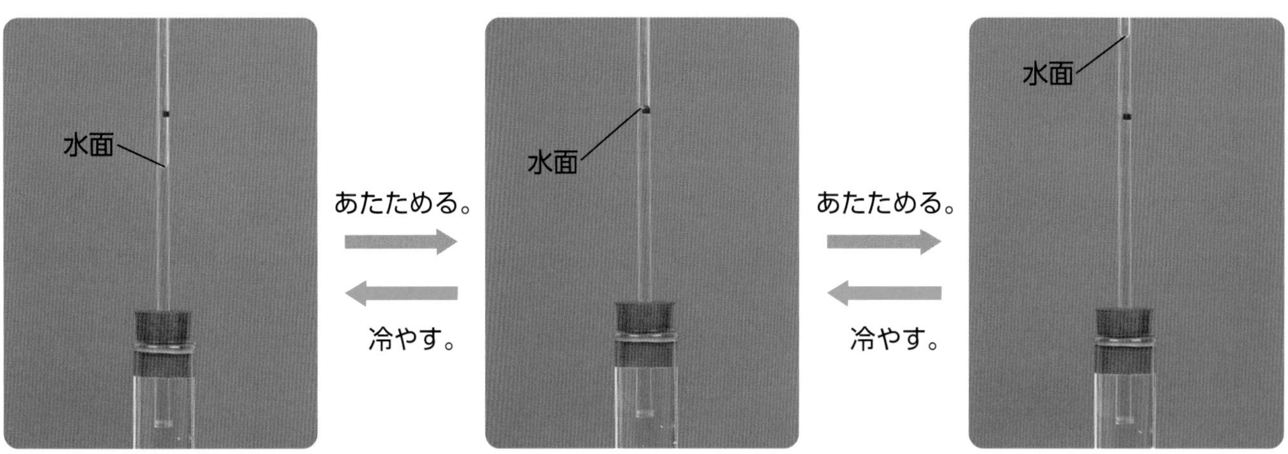

- 試験管の中の水をあたためると、水面が（① 上 ・ 下 ）に動いた。
- 試験管の中の水を冷やすと、水面が（② 上 ・ 下 ）に動いた。

▶水は、あたためられると、体積が（③　　　　）なり、冷やされると、体積が（④　　　　）なる。

▶温度による水の体積の変わり方は、空気にくらべて、ずっと（⑤　　　　）。

ここが、だいじ！
①空気は、あたためられると体積が大きくなり、冷やされると体積が小さくなる。
②水は、あたためられると体積が大きくなり、冷やされると体積が小さくなる。

ぴたトリビア　水は温度が４℃のとき、いちばん体積が小さいです。

9. 物の体積と温度

①空気の体積と温度
②水の体積と温度

教科書 121～126ページ　答え 27ページ

1 空気をあたためたり冷やしたりして、体積の変わり方を調べました。

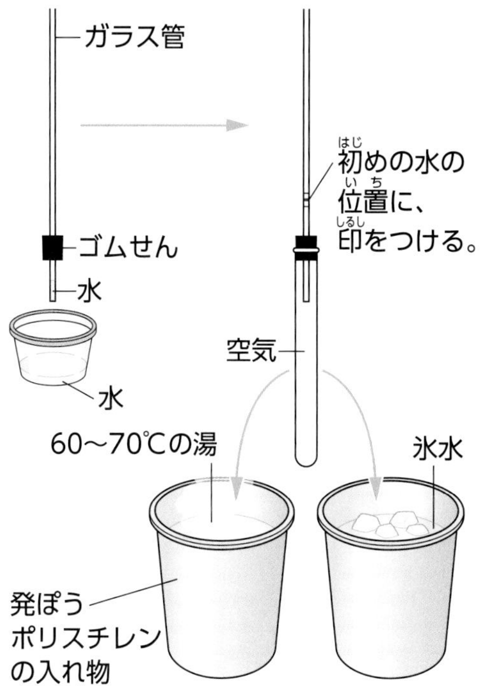

(1) 試験管の中の空気を 60 ～ 70 ℃の湯であたためると、ガラス管の中の水はどうなりますか。正しいものに○をつけましょう。

ア（　　）上に動く。　**イ**（　　）下に動く。
ウ（　　）変わらない。

(2) 試験管の中の空気を氷水で冷やすと、ガラス管の中の水はどうなりますか。正しいものに○をつけましょう。

ア（　　）上に動く。　**イ**（　　）下に動く。
ウ（　　）変わらない。

(3) 空気をあたためたり冷やしたりすると、体積はどうなりますか。正しいものに○をつけましょう。

ア（　　）あたためても冷やしても体積は大きくなる。
イ（　　）あたためると体積は大きくなり、冷やすと体積は小さくなる。
ウ（　　）あたためると体積は小さくなり、冷やすと体積は大きくなる。
エ（　　）あたためても冷やしても体積は小さくなる。

2 水をあたためたり冷やしたりして、体積の変わり方を調べました。

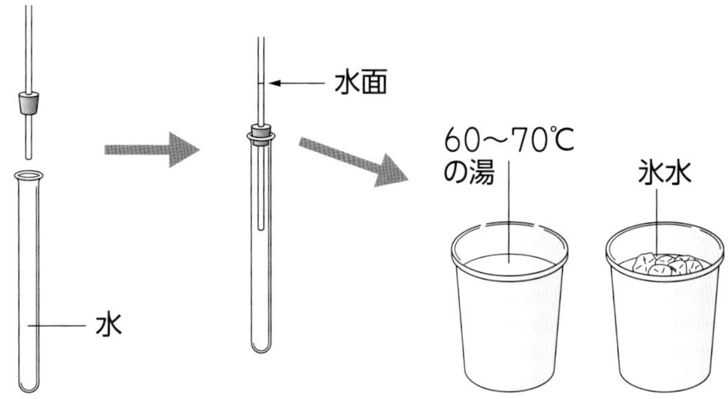

(1) 試験管の中の水を氷水で冷やすと、ガラス管の中の水面はどうなりますか。正しいものに○をつけましょう。

ア（　　）上に動く。
イ（　　）下に動く。
ウ（　　）変わらない。

(2) 試験管の中の水をあたためると、ガラス管の中の水面はどうなりますか。正しいものに○をつけましょう。

ア（　　）上に動く。　**イ**（　　）下に動く。　**ウ**（　　）変わらない。

ぴったり1 じゅんび

9. 物の体積と温度

③金ぞくの体積と温度

学習日　　月　　日

めあて
金ぞくの、温度の変化による体積の変化をかくにんしよう。

教科書 127～130ページ　答え 28ページ

次の(　)にあてはまる言葉をかくか、あてはまるものを○でかこもう。

1 金ぞくは、あたためられたり冷やされたりすると、体積が変わるのだろうか。

教科書 127～130ページ

▶実験用ガスこんろの使い方

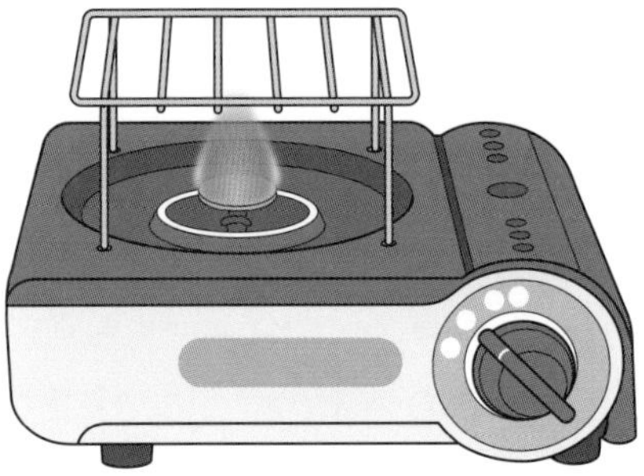

- (① 安定 ・ 不安定)なところに置いてはいけない。
- まわりに、(② もえやすい ・ もえにくい)物を置いてはいけない。
- 火を(③ つけたまま ・消したまま)、持ち歩いてはいけない。
- 火をつけるときは、ガスボンベをとりつけてから、(④　　　　)を回して、火をつけ、(④)を回して、ほのおの大きさを調節する。
- 火を消すときは、(④)を「消」まで回して、火を消し、実験用ガスこんろやガスボンベが(⑤ あたたまったら ・ 冷えたら)、ガスボンベをはずす。その後、(④)を回して火をつけ、火が消えたら、(④)を「消」まで回す。

▶金ぞくの温度を変えて、体積の変わり方を調べる。

冷やすと、金ぞくの球が輪を通った。

熱する。→
←冷やす。

熱すると、金ぞくの球が輪を通らなかった。

▶金ぞくは、熱せられると、体積が(⑥　　　　)なり、冷やされると、体積が(⑦　　　　)なる。

▶温度による体積の変わり方は、空気、水、金ぞくの順に(⑧　　　　)。

ここがだいじ!
①金ぞくは、熱せられると体積が大きくなり、冷やされると体積が小さくなる。
②温度による体積の変わり方は、空気、水、金ぞくの順に大きい。

ぴたトリビア
鉄道のレールは金ぞくでできているので、温度が高い夏は体積が大きくなり、温度が低い冬は体積が小さくなります。このことを考えて、レールとレールの間にすき間があります。

9. 物の体積と温度

③金ぞくの体積と温度

教科書 127～130ページ　答え 28ページ

1 実験用ガスこんろを使います。

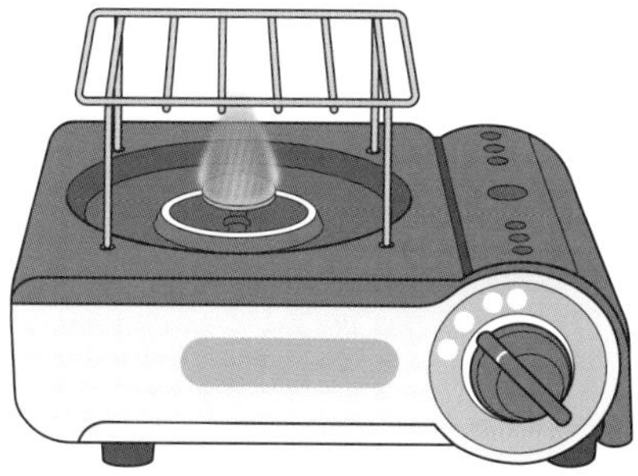

(1) 実験用ガスこんろを使うときに注意することは何ですか。それぞれ正しいものを○でかこみましょう。

①（ 安定 ・ 不安定 ）なところに置いてはいけない。

②まわりに、（ もえやすい ・ もえにくい ）物を置いてはいけない。

③火を（ つけたまま ・消したまま ）、持ち歩いてはいけない。

(2) 火をつけるときにはどうしますか。次の文の（ ）にあてはまる言葉をかきましょう。

○（　　　　　）を回して、火をつけ、ほのおの大きさを調節する。

2 輪をぎりぎり通れる金ぞくの球を熱しました。

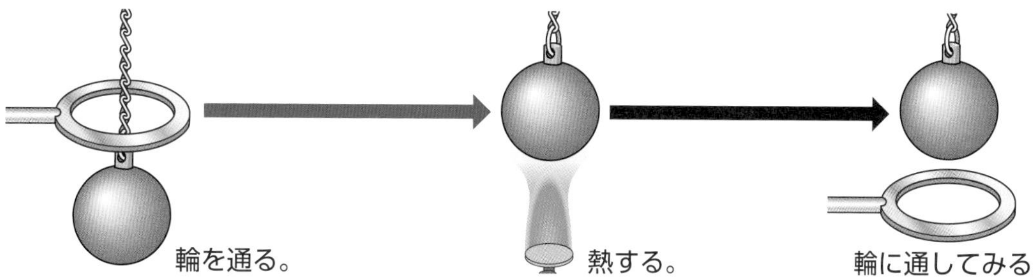

(1) じゅうぶんに熱した金ぞくの球は、輪を通りますか。正しいほうに○をつけましょう。

ア（　）通る。　イ（　）通らない。

(2) 熱した金ぞくの球を水でじゅうぶんに冷やすと、金ぞくの球は輪を通りますか。正しいほうに○をつけましょう。

ア（　）通る。　イ（　）通らない。

(3) 温度を変えたときの、空気、水、金ぞくの体積の変わり方をくらべると、いちばん小さいものと大きいものはどれですか。正しいものに○をつけましょう。

ア（　）空気が小さく金ぞくが大きい。　イ（　）空気が小さく水が大きい。

ウ（　）金ぞくが小さく空気が大きい。　エ（　）金ぞくが小さく水が大きい。

オ（　）水が小さく金ぞくが大きい。　カ（　）水が小さく空気が大きい。

ヒント 2 金ぞくの体積は、見た目ではわかりませんが、温度によって変化しています。

9. 物の体積(たいせき)と温度

時間 30分
／100
合格 70点

教科書 120〜133ページ　答え 29ページ

よく出る

1 ゴムせんをつけたガラス管(かん)の先に水をつけ、試験管(しけんかん)にさしこみました。

1つ6点(24点)

(1) 試験管の中の空気を 60 ～ 70 ℃の湯であたためると、ガラス管の中の水はどうなりますか。

(　　　　　　　)

(2) 試験管の中の空気を氷水で冷(ひ)やすと、ガラス管の中の水はどうなりますか。

(　　　　　　　)

(3) 空気は、あたためられたり冷やされたりすると、体積がどうなりますか。次の文の(　　)にあてはまる言葉をかきましょう。

空気は、あたためられると、体積が(①　　　　　　)なり、冷やされると、体積が(②　　　　　　)なる。

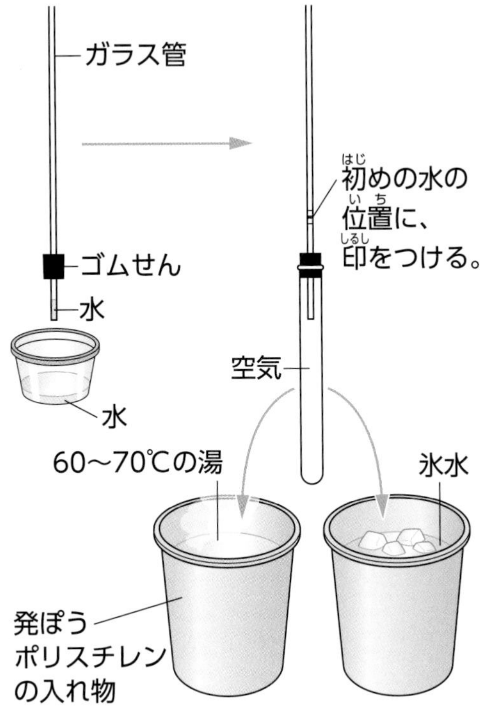

2 丸底(まるぞこ)フラスコに水を入れ、ガラス管つきゴムせんをはめました。

1つ6点(24点)

(1) 水面を㋐の位置にするには、フラスコをどうすればよいですか。正しいほうに〇をつけましょう。

ア(　　)あたためる。　**イ**(　　)冷やす。

(2) 水面を㋑の位置にするには、フラスコをどうすればよいですか。正しいほうに〇をつけましょう。

ア(　　)あたためる。　**イ**(　　)冷やす。

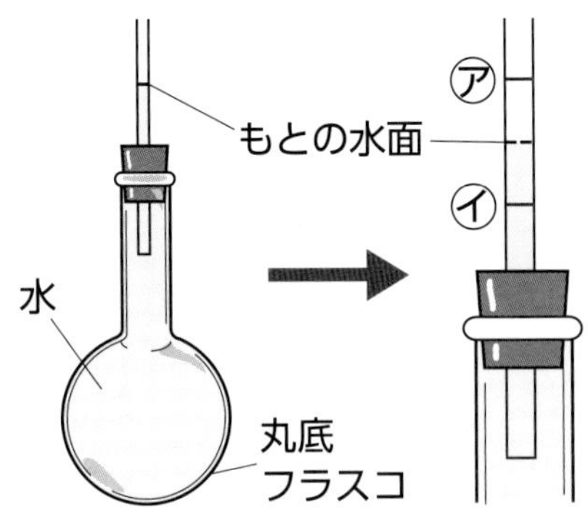

(3) 水は、あたためられたり冷やされたりすると、体積がどうなりますか。次の文の(　　)にあてはまる言葉をかきましょう。

水は、あたためられると、体積が(①　　　　　　)なり、冷やされると、体積が(②　　　　　　)なる。

3 金ぞくの球が、ぎりぎり輪(わ)を通ることをたしかめてから熱(ねっ)しました。 1つ4点(28点)

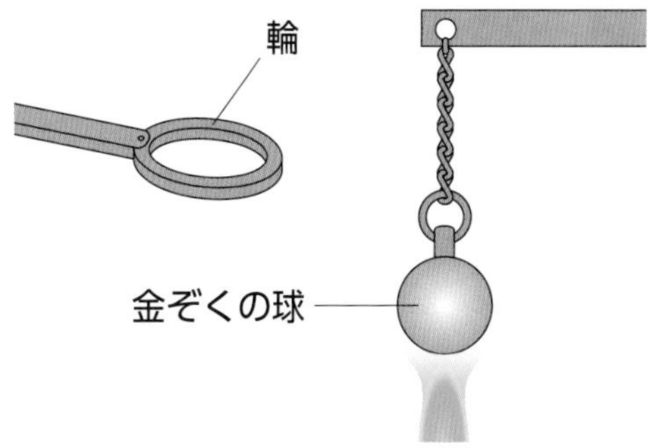

(1) じゅうぶんに熱した金ぞくの球は、輪を通りますか。正しいほうに○をつけましょう。

ア(　　)通る。　イ(　　)通らない。

(2) 熱した金ぞくの球をじゅうぶんによく冷やしました。体積はどうなりましたか。正しいほうに○をつけましょう。

ア(　　)小さくなる。　イ(　　)大きくなる。

(3) 金ぞくは、熱せられたり冷やされたりすると、体積がどうなりますか。次の文の(　　)にあてはまる言葉をかきましょう。

金ぞくは、熱せられると、体積が(①　　　　　)なり、冷やされると、体積が(②　　　　　)なる。空気、水、金ぞくを、温度による体積の変(か)わり方の大きい順(じゅん)にならべると、(③　　　　　)、(④　　　　　)、(⑤　　　　　)となる。

できたらスゴイ!

4 写真の温度計には、ガラスの管(くだ)に液(えき)(灯油(とうゆ))が入っています。 思考・表現 1つ8点(24点)

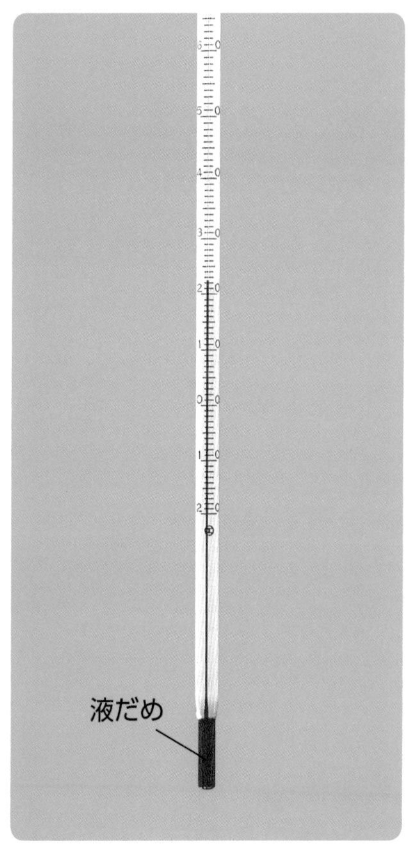

(1) 記述 温度計で温度がはかれるのは、液の温度によって、体積がどのように変わるからですか。

(　　　　　　　　　　)

(2) 身のまわりで、物の温度と体積の変わり方にかかわりの深いものはどれですか。2つに○をつけましょう。

ア(　　)鉄道のレールのつなぎ目にすき間がある。

イ(　　)植物のくきは夏によくのびるものが多い。

ウ(　　)しめった地面がかわくとかたくなる。

エ(　　)電柱の間の電線が夏になるとたるむ。

ふりかえり
3の問題がわからなかったときは、52ページの1にもどってたしかめましょう。
4の問題がわからなかったときは、52ページの2と54ページの1にもどってたしかめましょう。

3分でまとめ

10. 物のあたたまり方

①金ぞくのあたたまり方

学習日　月　日

めあて
金ぞくは、どのようにあたたまるのかをかくにんしよう。

教科書 135〜138ページ　答え 30ページ

次の(　)にあてはまる言葉をかこう。

1 金ぞくは、どのようにあたたまるのだろうか。

教科書 135〜138ページ

▶およそ40℃で青色からピンク色に変(か)わる(①　　　　　)というインクを使って、金ぞくのあたたまり方を調べる。(①)には、ぬって使う物や、水でうすめて使う物がある。

▶金ぞくのぼうのあたたまり方を調べる。
- 金ぞくのぼうにし温インクをぬる。ただし、(②　　　　)が直せつ当たる部分には、ぬらない。
- 金ぞくのぼうの一方のはしを熱(ねっ)すると、(③　　　　)ところから順(じゅん)に、し温インクの色が(④　　　　)色から(⑤　　　　)色に変化(へんか)した。

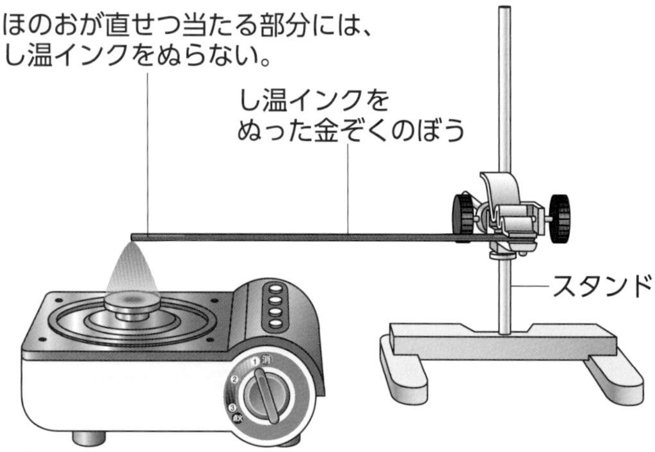

▶金ぞくの板のあたたまり方を調べる。
- 金ぞくの板にし温インクをぬる。
- 金ぞくの板の角を熱すると、熱したところから(⑥　　　　)に広がるように、し温インクの色が青色からピンク色に変化した。

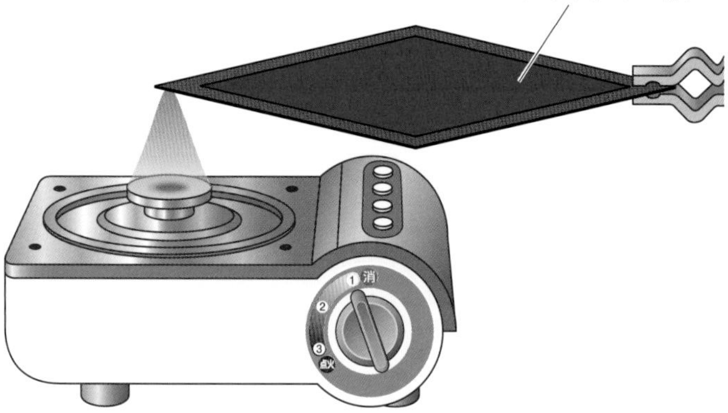

▶金ぞくは、(⑦　　　　　)ところから、順にあたたまっていき、やがて(⑧　　　　)があたたまる。

ここがだいじ!
①金ぞくは、熱(ねっ)せられたところから順(じゅん)にあたたまっていき、やがて全体があたたまる。

ぴたトリビア
物の種類(しゅるい)によって、あたたまり方にちがいがあります。例(たと)えば、木やプラスチックは、金ぞくよりもあたたまりにくいです。

10. 物のあたたまり方

①金ぞくのあたたまり方

教科書 135〜138ページ　答え 30ページ

1 図のようにして、金ぞくのぼうのあたたまり方を調べました。

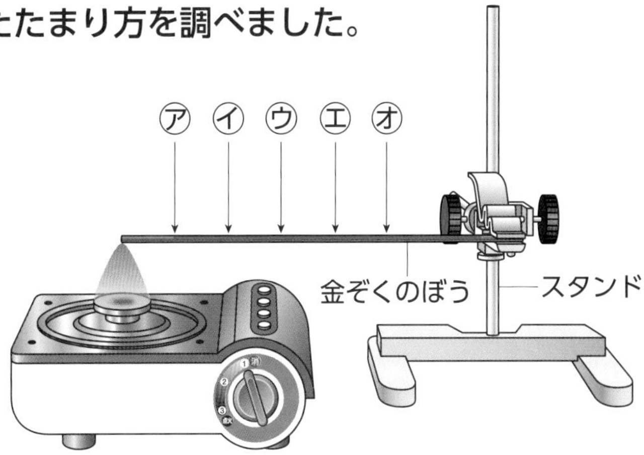

(1) あたたまり方を調べるために、金ぞくのぼうにぬった、ある温度で色が変わるインクを何といいますか。

(　　　　　　)

(2) (1)のインクはどのようにぬりましたか。正しいものに○をつけましょう。

ア(　　)ほのおが直せつ当たる部分にだけインクをぬった。

イ(　　)ほのおが直せつ当たる部分にだけインクをぬらなかった。

ウ(　　)金ぞくのぼう全体にインクをぬった。

(3) ぼうを熱したとき、インクの色が変わる順に㋐〜㋔をならべましょう。

(　　)→(　　)→(　　)→(　　)→(　　)

2 金ぞくの板にし温インクをぬり、図のように熱しました。

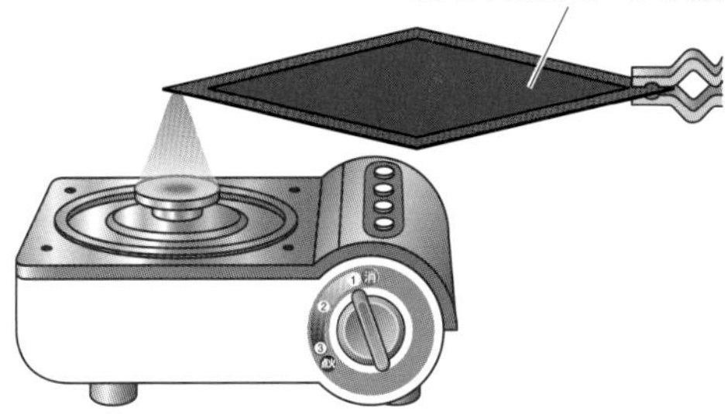

(1) 板を熱したとき、インクの色はどのように変わりましたか。正しいものに○をつけましょう。

ア(　　)

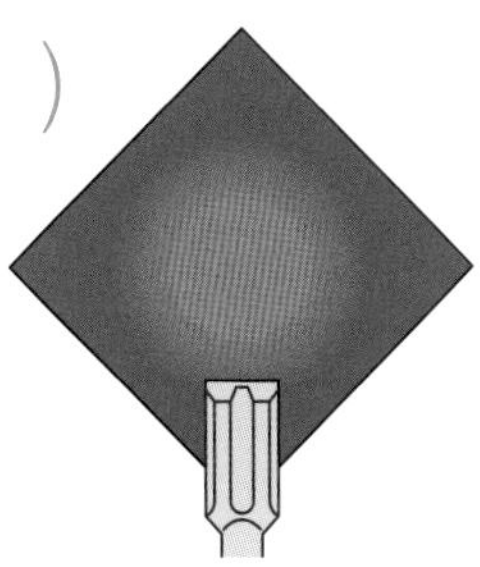

イ(　　)

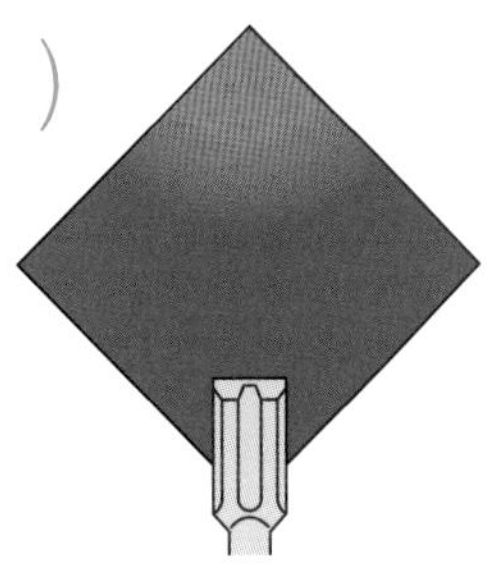

ウ(　　)

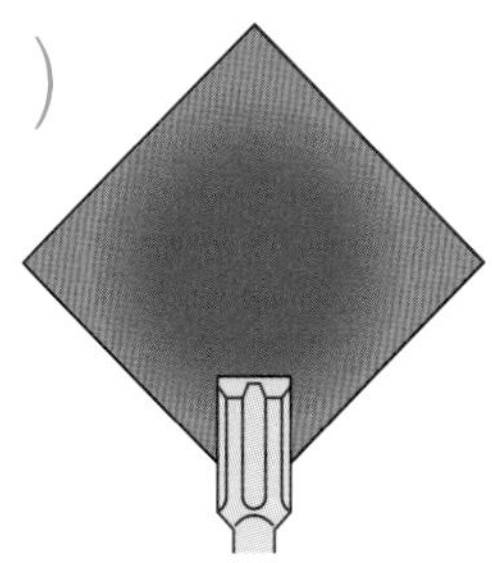

(2) 金ぞくはどのようにあたたまりますか。次の文の(　　)にあてはまる言葉をかきましょう。

金ぞくは、(①　　　　　)ところから順にあたたまっていき、やがて(②　　　　)があたたまる。

学習日　　月　　日

10. 物のあたたまり方

②空気のあたたまり方
③水のあたたまり方

めあて
空気と水は、どのようにあたたまるのかをかくにんしよう。

教科書 139〜144ページ　答え 31ページ

次の（　）にあてはまる言葉をかくか、あてはまるものを○でかこもう。

1 空気は、どのようにあたたまるのだろうか。

教科書 139〜141ページ

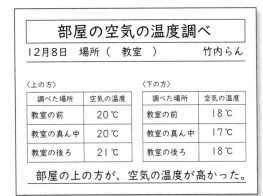

部屋の空気の温度調べ

12月8日　場所（　教室　）　竹内らん

〈上の方〉

調べた場所	空気の温度
教室の前	20℃
教室の真ん中	20℃
教室の後ろ	21℃

〈下の方〉

調べた場所	空気の温度
教室の前	18℃
教室の真ん中	17℃
教室の後ろ	18℃

部屋の上の方が、空気の温度が高かった。

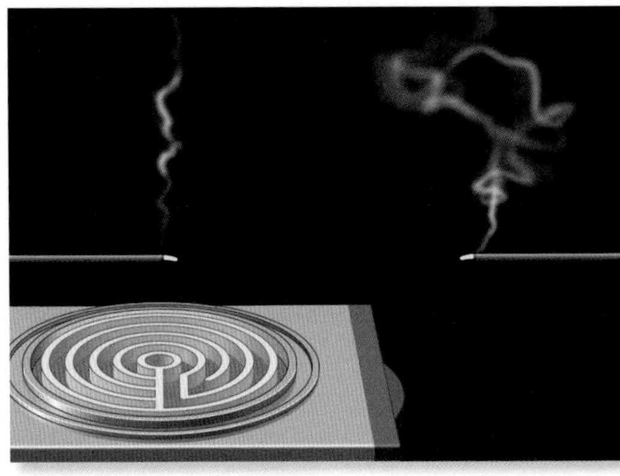

- （①　　　　　　）を使うと、けむりの動き方から、空気の動きのようすがわかる。
- だんぼうしている部屋では、上の方が、空気の温度が（②　高かった　・　低かった　）。
- 電熱器（でんねつき）に線こうのけむりを近づけると、けむりが速く（③　上　・　下　）に動いた。
- あたためられた空気は、（④　　　　　　）に動く。
- 空気は、（⑤　　　　　　）ながら全体があたたまっていく。

2 水は、どのようにあたたまるのだろうか。

教科書 142〜144ページ

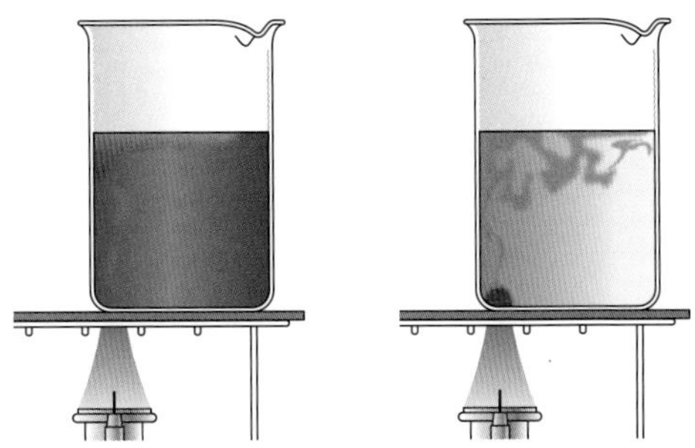

- 水のあたたまり方を調べる。
  - し温インクを入れた水を下から熱（ねっ）すると、（①　上　・　下　）の方からだんだんと、色が変（か）わった。
  - ビーカーの底（そこ）に絵の具を入れた水を、下から熱すると、絵の具が（②　上　・　下　）に動いた。
- あたためられた水は、（③　　　　　　）に動く。
- 水は、（④　　　　　　）と同じように、動きながら全体があたたまっていく。

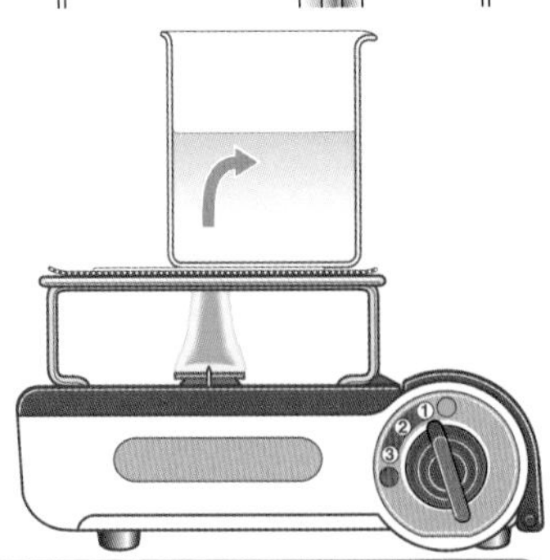

ここが だいじ!
①空気をあたためると、上に動きながら全体があたたまっていく。
②水をあたためると、上に動きながら全体があたたまっていく。

ぴたトリビア だんぼうしている部屋では上の方だけがあたたかくなったり、れいぼうしている部屋では下の方だけがすずしくなったりすることがあります。

10. 物のあたたまり方

②空気のあたたまり方

③水のあたたまり方

学習日　　月　　日

教科書 139〜144ページ　答え 31ページ

1 だんぼうしている部屋で、上の方と下の方の空気の温度をはかりました。

(1) 温度を3回ずつはかった結果は、次のようになりました。部屋の上の方をはかった結果はどちらですか。正しいほうに○をつけましょう。

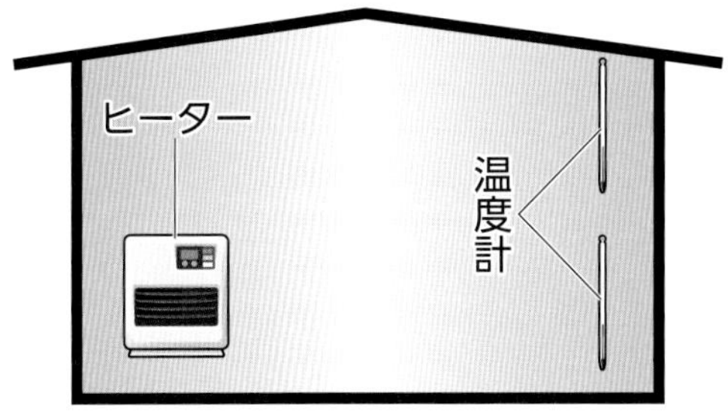

ア(　　) 23℃、22℃、24℃

イ(　　) 17℃、17℃、16℃

(2) 空気は、どのようにあたたまりますか。正しいものに○をつけましょう。

ア(　　)あたためられたところから、順にあたたまっていく。

イ(　　)あたためられた空気が上へ動き、全体があたたまっていく。

ウ(　　)あたためられた空気が下へ動き、全体があたたまっていく。

2 絵の具と水を入れたビーカーの底のはしを熱しました。

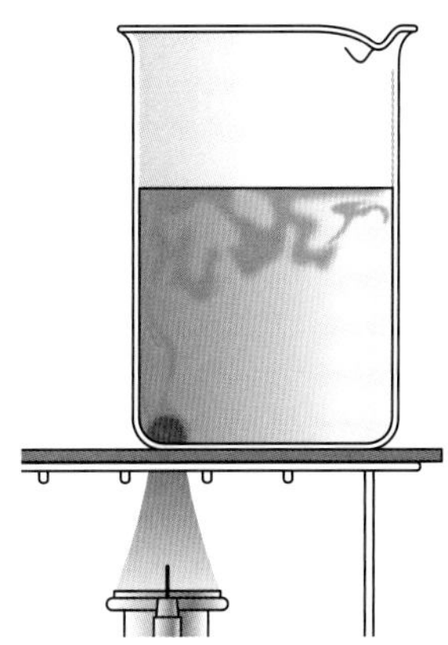

(1) 水に絵の具を入れたのはなぜですか。正しいものに○をつけましょう。

ア(　　)水の温度が急に上がるのをふせぐため。

イ(　　)水がふっとうしないようにするため。

ウ(　　)水の動きをわかりやすくするため。

エ(　　)ビーカーがわれないようにするため。

(2) ビーカーの中の水は、どのように動きましたか。正しいものに○をつけましょう。

ア(　　)　イ(　　)　ウ(　　)　エ(　　)(動かない)

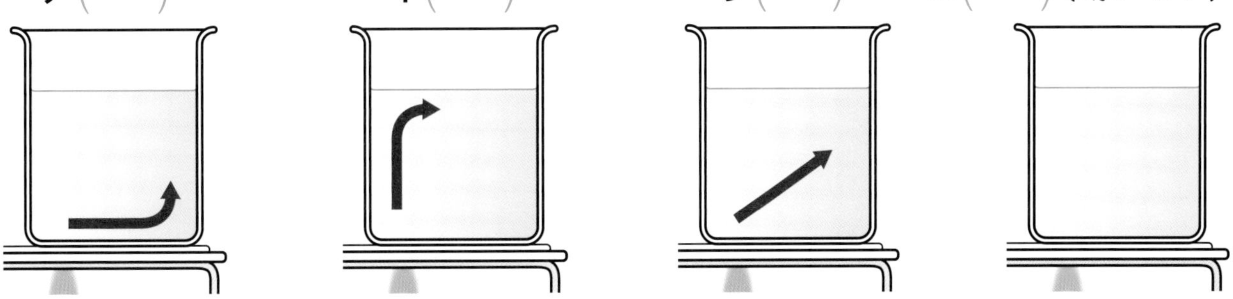

(3) 水のあたたまり方について、どのようなことがいえますか。正しいほうに○をつけましょう。

ア(　　)金ぞくと同じようにあたたまる。　イ(　　)空気と同じようにあたたまる。

ヒント 2 (3) 金ぞくは、熱せられたところから順にあたたまっていきます。

10. 物のあたたまり方

時間 30 分　／100　合格 70 点

教科書 134～147ページ　答え 32ページ

1 等間かくで印をつけた金ぞくのぼうに、し温インクをぬって熱しました。

1つ9点(18点)

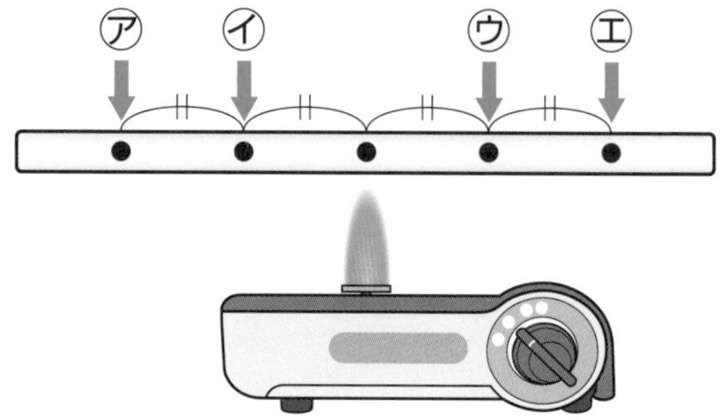

(1) ぼうを水平にして、その真ん中を熱したときのようすはどうなりますか。正しいものに○をつけましょう。

ア(　　)㋐のほうが先に色が変化する。

イ(　　)㋓のほうが先に色が変化する。

ウ(　　)㋐と㋓は同時に色が変化する。

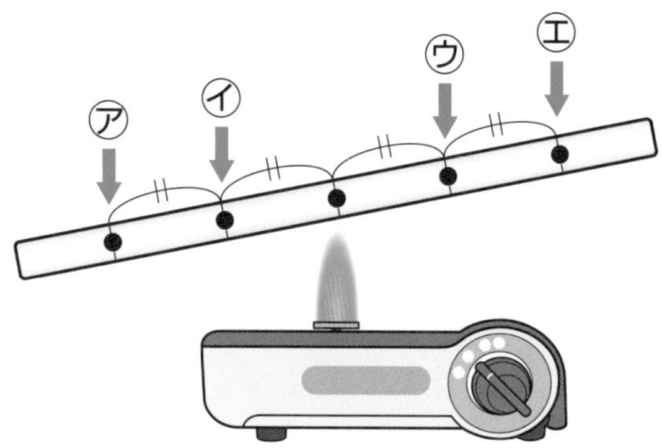

(2) ぼうをかたむけて、その真ん中を熱したときのようすはどうなりますか。正しいものに○をつけましょう。

ア(　　)㋐のほうが先に色が変化する。

イ(　　)㋓のほうが先に色が変化する。

ウ(　　)㋐と㋓は同時に色が変化する。

2 ヒーターを使って、教室をだんぼうしました。

1つ8点(24点)

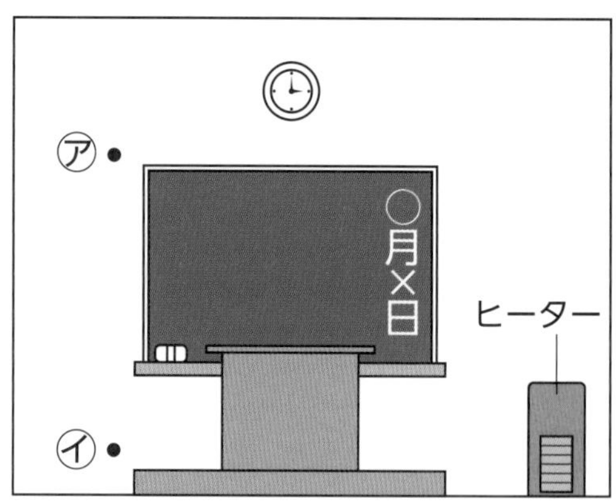

(1) ヒーターをつけてしばらくしてから、高さのちがう㋐と㋑で温度をはかりました。どちらのほうが温度が高くなりますか。

(　　　)

(2) 教室をだんぼうするとき、ヒーターと組み合わせて使うとよい電気器具はどれですか。正しいものに○をつけましょう。　思考・表現

ア(　　)電灯

イ(　　)アイロン

ウ(　　)冷ぞう庫

エ(　　)せんぷう機

(3) 空気と同じようにあたたまるのは、金ぞくと水のどちらですか。

(　　　)

よく出る

③ し温インクを使って、ビーカーの水のあたたまり方を調べました。

技能

1つ9点(18点)

(1) ビーカーの底のはしを熱すると、し温インクの色はどのように変わりましたか。上の㋐～㋒を正しい順にならべてかきましょう。

(　　　)→(　　　)→(　　　)

(2) ビーカーの水はどのようにあたたまりましたか。正しいものに○をつけましょう。

ア(　　)水を熱した部分から順に熱が伝わるので、下の方からあたたまる。

イ(　　)あたためられた水は上の方に動くので、上の方からあたたまる。

ウ(　　)ガラスから熱が伝わるので、まわりの方からあたたまる。

できたらスゴイ!

④ 金ぞくの板にし温インクをぬり、×印のところを熱しました。

1つ10点(40点)

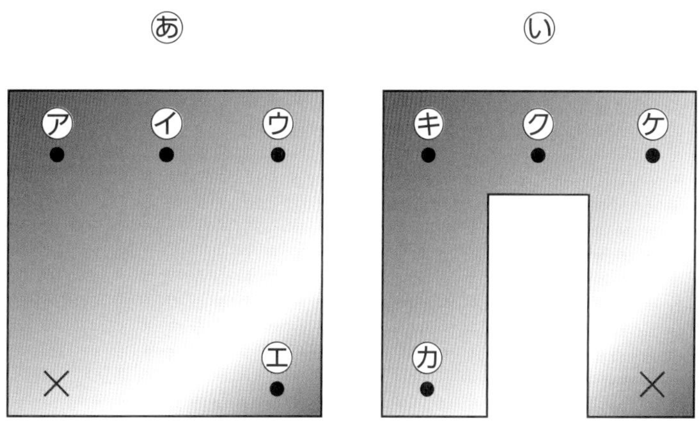

(1) あの板の×印のところを熱したとき、し温インクの色が変わるのが、いちばんおそいのは、㋐～㋓のどこですか。

(　　　)

(2) いの板の×印のところを熱したとき、し温インクは、どのように色が変わっていきますか。し温インクの色が変わっていく順に㋕～㋘をならべましょう。

(　　　)→(　　　)→(　　　)→(　　　)

(3) あの㋐～㋓にぬったし温インクと、いの㋕～㋘にぬったし温インクの色が全部変わるのがいちばん早いのは、それぞれどこを熱したときですか。㋐～㋓と㋕～㋘から1つずつ選びましょう。

思考・表現

あ(　　　)　い(　　　)

この本の終わりにある「冬のチャレンジテスト」をやってみよう！

ふりかえり
③の問題がわからなかったときは、60ページの②にもどってたしかめましょう。
④の問題がわからなかったときは、58ページの①にもどってたしかめましょう。

ぴったり1 じゅんび

★冬の星

3分でまとめ

学習日　月　日

めあて
冬の星の明るさや色などはどのようになっているのかをかくにんしよう。

教科書 149～151ページ　答え 33ページ

次の(　)にあてはまる言葉をかこう。

1 冬に見られる星の明るさや色、見える位置(いち)やならび方は、どのようになっているのだろうか。　教科書 149～151ページ

- ベテルギウス、シリウス、プロキオンは、どれも(②　　)等星(とうせい)である。
- ベテルギウスとリゲルは(③　　)ざの星である。
- 冬の大三角を形づくる星のなかで、いちばん明るいものは(④　　)である。
- オリオンざの１等星のうち、赤い星は(⑤　　)で、青白い星は(⑥　　)である。
- 冬に見られる星も、明るさや(⑦　　)にちがいがある。
- 冬に見られる星や星ざも、時間がたつと、見える(⑧　　)は変(か)わるが、(⑨　　)は変わらない。

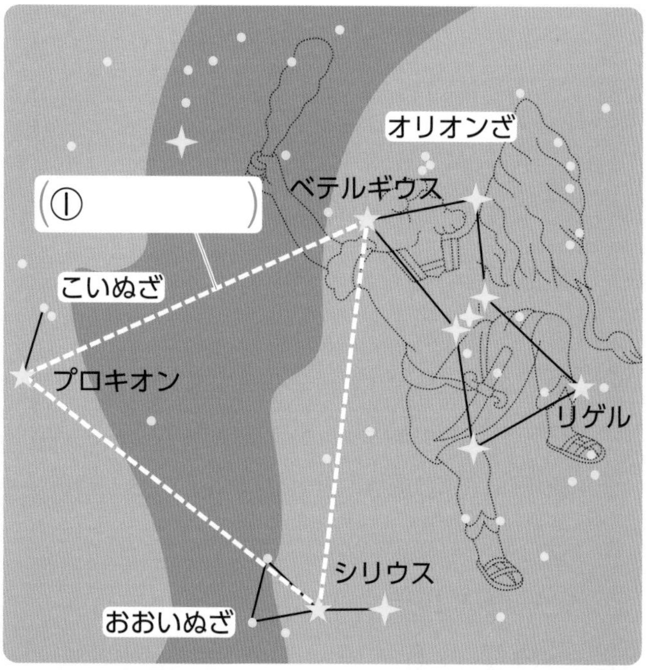

夏の夜空に見られる星とくらべてみよう。

ここがだいじ!
①冬に見られる星も、明るさや色にちがいがある。
②冬に見られる星や星ざも、時間がたつと、見える位置(いち)は変(か)わるが、ならび方は変わらない。

ぴたトリビア　ギリシャ神話で、オリオンはさそりにさされて死んだので、さそりをおそれ、オリオンざはさそりざと同時に空にのぼらないといわれています。

1 冬の夜空に、図のような星が見られました。

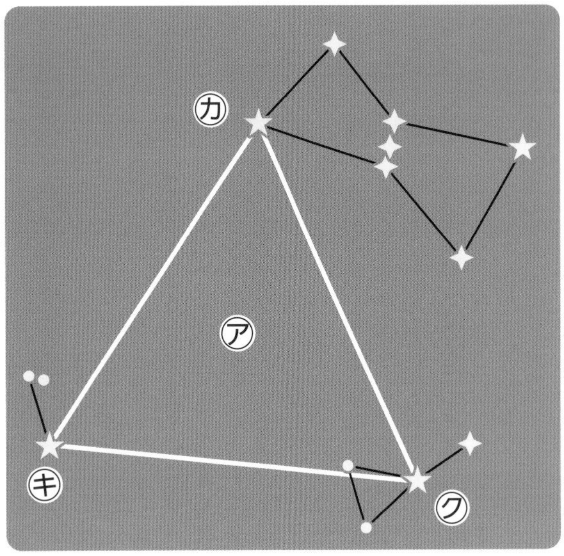

(1) 3つの星カ、キ、クを結(むす)んでできる三角形アを何といいますか。
( )

(2) 3つの星カ、キ、クの名前は、それぞれ次のどれですか。正しいものを選(えら)びましょう。
① ベテルギウス ( )
② プロキオン ( )
③ シリウス ( )

(3) リゲルは何の星(せい)ざを形づくる星ですか。
ア( )おおいぬざ
イ( )こいぬざ ウ( )オリオンざ

2 1月12日の午後8時に、図のような星ざが見られました。

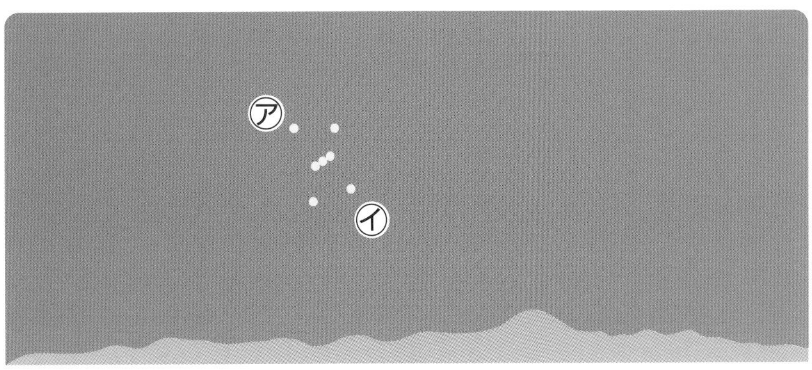

(1) イの星の名前をかきましょう。
( )

(2) アとイの星の明るさはどうなっていますか。正しいものに○をつけましょう。
ア( )どちらも1等星(とうせい)である。
イ( )アは1等星で、イは2等星である。
ウ( )どちらも2等星である。
エ( )アは2等星で、イは1等星である。

(3) アとイの星の色はどうでしたか。正しいものに○をつけましょう。
ア( )どちらも赤い。 イ( )アは赤く、イは青白い。
ウ( )どちらも青白い。 エ( )アは青白く、イは赤い。

(4) 1月12日の午後9時に、星ざは西の方へ動いていました。星のならび方は変(か)わりますか。変わりませんか。
( )

ぴったり3

たしかめのテスト

★冬の星

時間 30分

／100

合格 70点

教科書 148～151ページ　答え 34ページ

よく出る

1 夜空に見られる星の集まりのスケッチをまとめました。　1つ10点(40点)

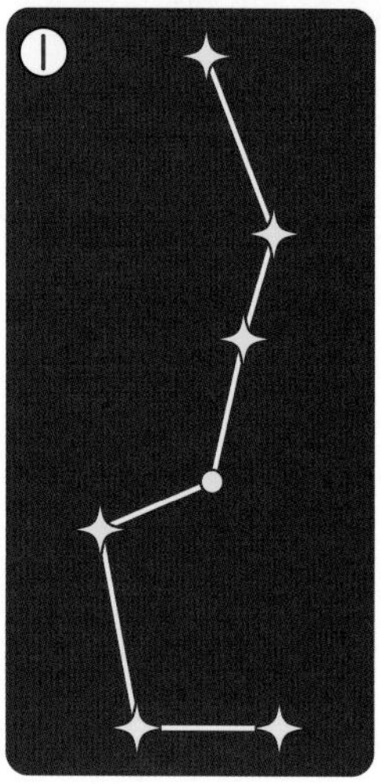

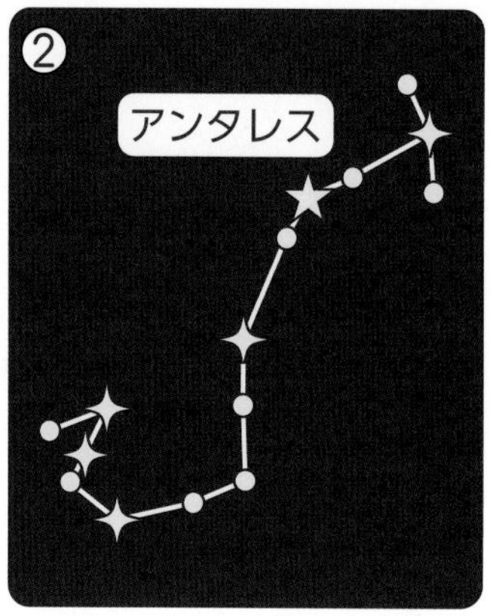

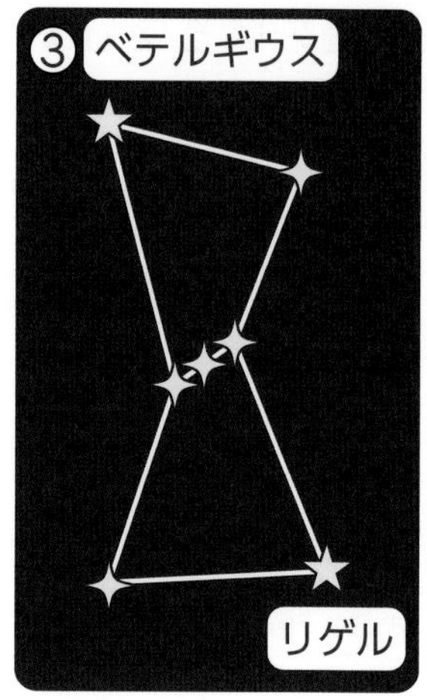

(1) 上のスケッチにかかれた星の集まりのことを、それぞれ何といいますか。次の[　　]の中から、１つずつ選びましょう。

①(　　　　　　　)
②(　　　　　　　)
③(　　　　　　　)

カシオペヤざ	オリオンざ	こいぬざ	ことざ	冬の大三角
はくちょうざ	おおいぬざ	さそりざ	わしざ	ほくと七星

(2) ベテルギウスとリゲルの明るさや色をくらべると、どのようなことがいえますか。正しいものに○をつけましょう。

ア(　　)どちらも１等星で、青白く見える。
イ(　　)どちらも１等星で、赤く見える。
ウ(　　)どちらも１等星で、青白く見える星と赤く見える星がある。
エ(　　)１等星と２等星があり、どちらも青白く見える。
オ(　　)１等星と２等星があり、どちらも赤く見える。
カ(　　)１等星と２等星があり、青白く見える星と赤く見える星がある。

2 星の観察をしました。

技能　1つ10点(20点)

(1) 観察をするとき、星をさがすのに使った㋐は何ですか。

(　　　　　　)

(2) 星の動きを観察するときは、どうしますか。正しいほうに○をつけましょう。

ア(　　)星の位置にかかわらず、観察する向きを変えないで行う。

イ(　　)星の位置に合わせて、観察する向きを変えて行う。

できたらスゴイ!

3 下の図は、冬の大三角とその近くの星を記録したものです。

思考・表現　1つ10点(40点)

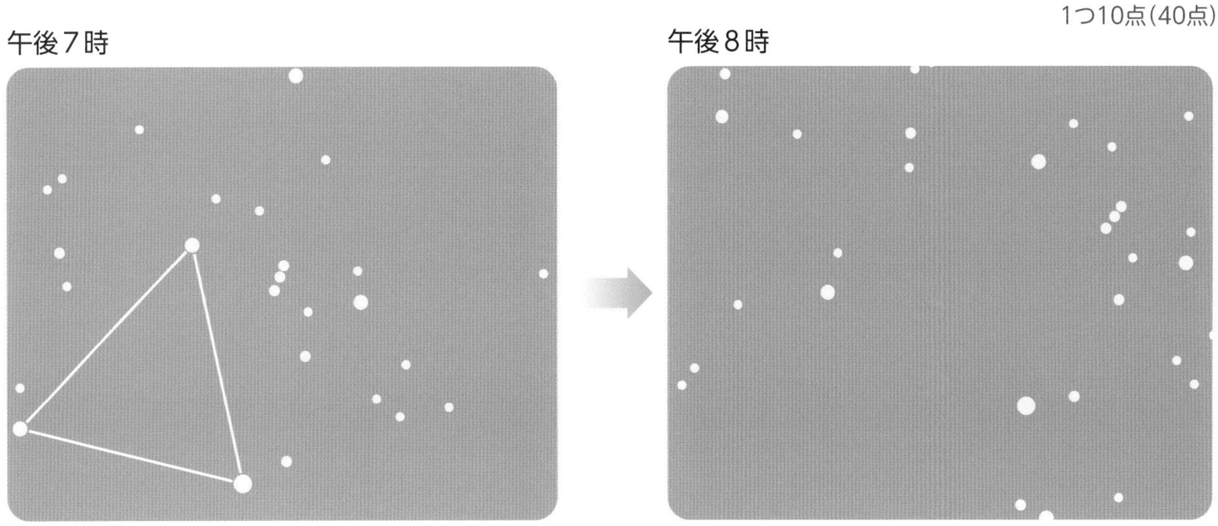

(1) 作図 午後８時には、冬の大三角はどの位置にありますか。線で結びましょう。

(2) 冬の大三角をつくっている星は、どれも１等星です。１等星の明るさは、どれも同じだといえますか。

(　　　　　　)

(3) 記述 星の見える位置は、時間がたつとどうなるといえますか。

(　　　　　　　　　　　　　　　　)

(4) 記述 星のならび方は、時間がたつとどうなるといえますか。

(　　　　　　　　　　　　　　　　)

ふりかえり
1の問題がわからなかったときは、64ページの1にもどってたしかめましょう。
3の問題がわからなかったときは、64ページの1にもどってたしかめましょう。

★寒くなると

①植物や動物のようす
②記録の整理

学習日　　月　　日

めあて
寒くなってからの植物や動物のようすの変化をかくにんしよう。

教科書 153～157ページ　答え 35ページ

次の（　）にあてはまる言葉をかこう。

1 冬になって寒くなると、植物や動物のようすは、どのように変わっているだろうか。

教科書 153～157ページ

- ヘチマは、（①　　　　）もくきも根もかれて、（②　　　　）で冬をこす。
- サクラは、葉がかれ落ちても、（③　　　　）はかれずに、えだに（④　　　　）をつけて、冬をこす。冬がすぎてあたたかくなると、ふたたび成長を始める。
- 気温をはかり、温度計が右の図のようになった場合、0から下に数えて、「れい下3度」または「（⑤　　　　）3度」と読み、「（⑥　　　　）」とかく。

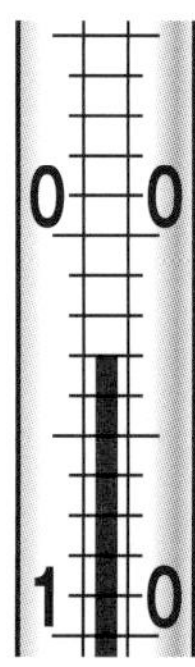

サクラのえだの先の観察
1月15日　午前10時　竹内らん
校庭　気温6℃　くもり

えだにできている芽が、秋より少し大きくなった。

葉はかれて、ほとんど落ちてしまった。
春になったら、また、花や葉が出てくるのかな。

アゲハ

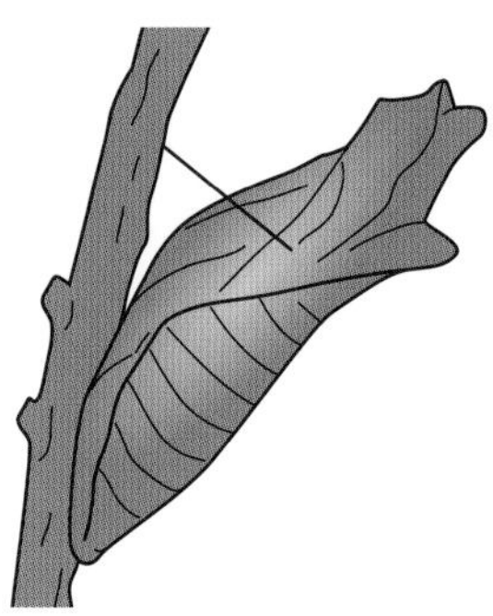

オオカマキリ

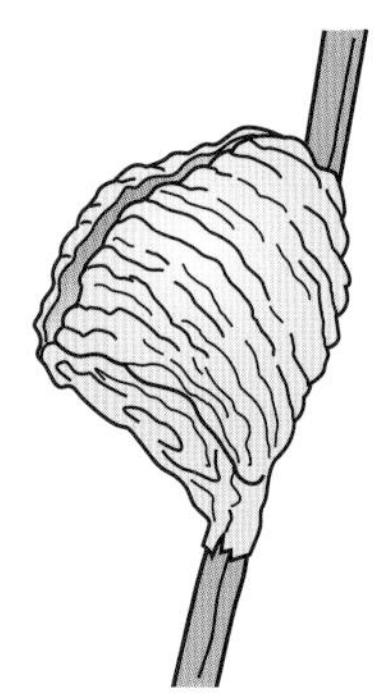

カブトムシ

ナナホシテントウ

- アゲハは、（⑦　　　　）で冬をこす。
- オオカマキリは、（⑧　　　　）で冬をこす。
- カブトムシは、（⑨　　　　）で冬をこす。
- ナナホシテントウは、（⑩　　　　）で冬をこす。
- こん虫などの動物のすがたは、あまり見られなくなる。寒い冬の間、動物は、いろいろな（⑪　　　　）で冬をこす。

ここがだいじ！
①ヘチマはたねで冬をこし、サクラはえだに芽をつけて冬をこす。
②動物は、いろいろなすがたで冬をこす。

ぴたトリビア　動物が長い間じっとして冬をこす理由は、冬はじゅうぶんな食べ物がないことや、動物によっては体温が下がって活動しにくくなることが考えられます。

★寒くなると

①植物や動物のようす
②記録の整理

教科書 153〜157ページ　答え 35ページ

1 温度計の目もりが、次のようになりました。

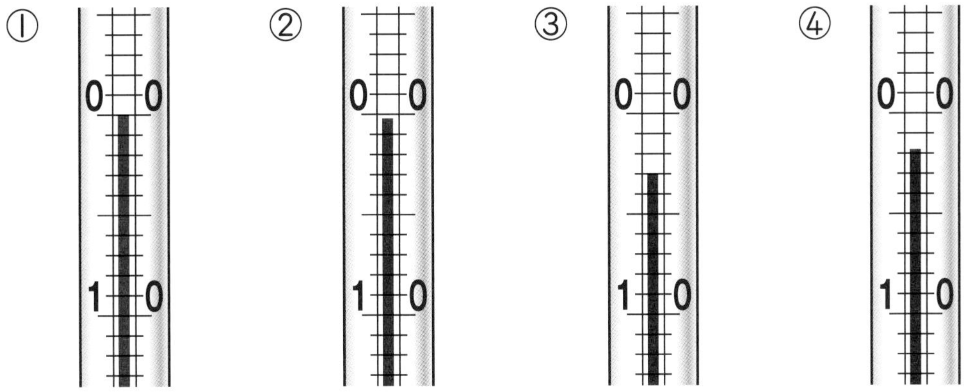
①
②
③
④
0
10

(1) ①〜④の温度計がしめしている温度を、それぞれ何度と読みますか。

①(　　　　)　②(　　　　)
③(　　　　)　④(　　　　)

(2) ①〜④の温度計がしめしている温度を、それぞれどのようにかきますか。

①(　　　　)　②(　　　　)
③(　　　　)　④(　　　　)

2 冬の生き物のようすを調べました。

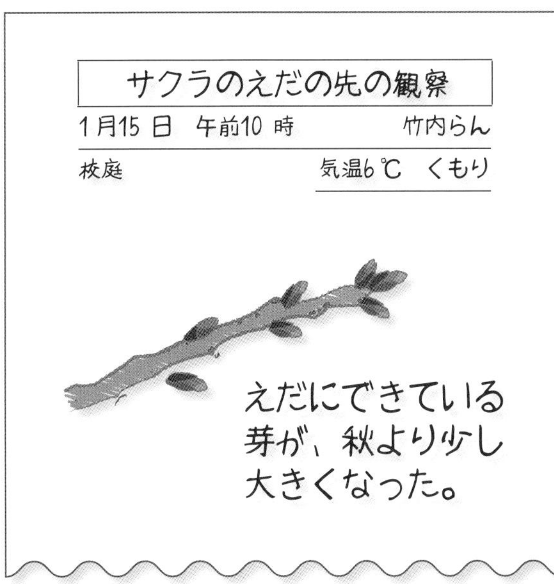
サクラのえだの先の観察
1月15日　午前10時　竹内らん
校庭　気温6℃　くもり
えだにできている芽が、秋より少し大きくなった。

(1) 冬の気温は、秋とくらべて、どうなりましたか。正しいものに○をつけましょう。

ア(　　)高くなった。
イ(　　)低くなった。
ウ(　　)あまり変わらなかった。

(2) 冬のころの植物や動物は、どのようなようすでしたか。正しいものに○をつけましょう。

ア(　　)多くの植物はかれて、こん虫はあまり見られなくなった。
イ(　　)かれた植物の下では、すべてのこん虫が冬をこそうとしていた。
ウ(　　)植物の上の方はかれていたが、地面の近くでは、緑色の葉が多く見られた。

ヒント ❶ 0℃より低い温度をかき表すときには、ー(マイナス)を使います。

ぴったり3

たしかめのテスト ★寒くなると

時間 30分

／100

合格 70点

教科書 152～157ページ　答え 36ページ

よく出る

1 冬に見られる生き物のようすは、それぞれどちらですか。

1つ10点(30点)

(1) イチョウ　(　　)　(2) オオカマキリ　(　　)　(3) ナナホシテントウ　(　　)

ア

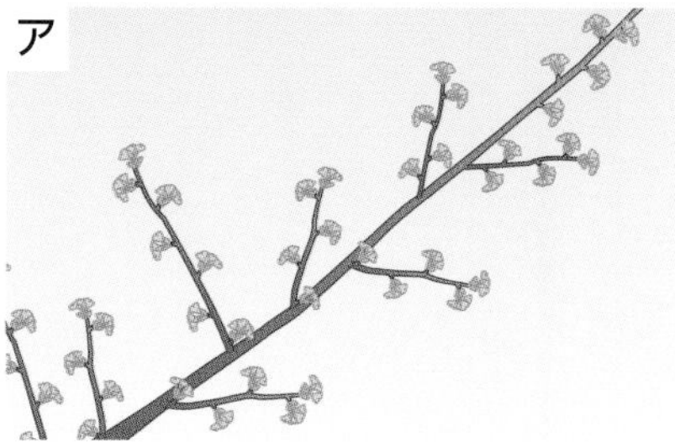

カ

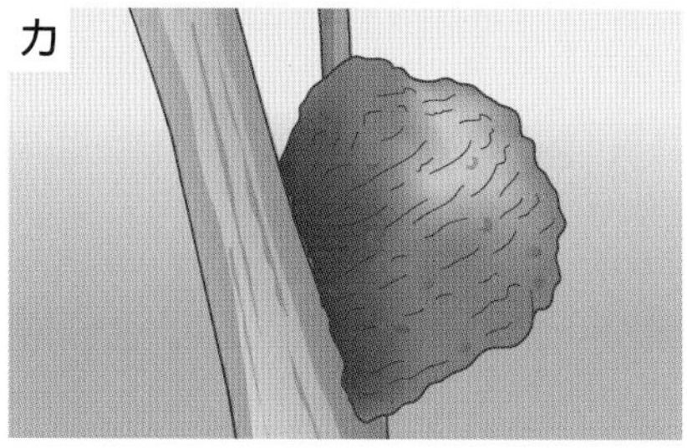

サ

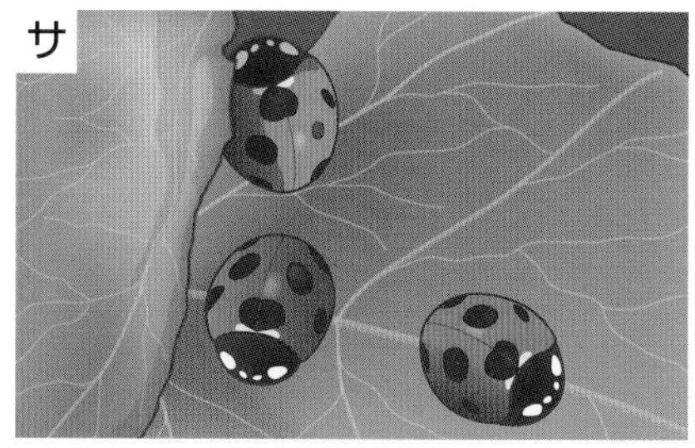

イ

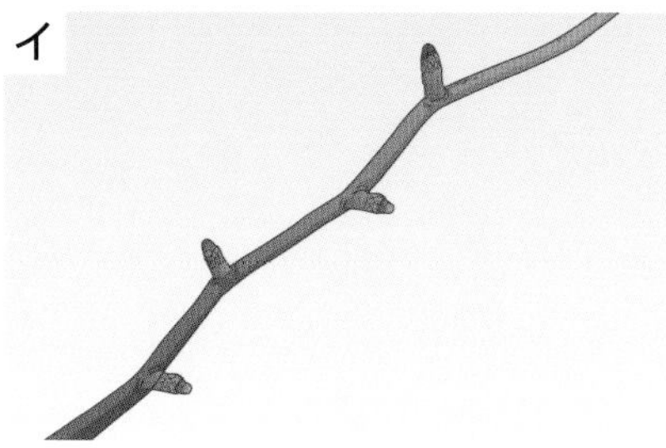

キ

シ

2 冬に、アゲハのさなぎを見つけました。図は、そのようすを記録(きろく)したものです。

技能　1つ10点(30点)

(1) □にあてはまる言葉はどれですか。正しいものに○をつけましょう。

ア(　　)たまご　イ(　　)よう虫

ウ(　　)さなぎ

(2) 秋に見られたアゲハの成虫(せいちゅう)は、冬になってどうなりましたか。正しいほうに○をつけましょう。

ア(　　)かれ葉の下でじっとしている。

イ(　　)死んでしまった。

(3) カブトムシはどのようなすがたで冬をこしますか。正しいものに○をつけましょう。

ア(　　)たまご

イ(　　)よう虫

ウ(　　)さなぎ

エ(　　)成虫

アゲハ　小川しぶき

1月22日　午前10時 晴れ

校庭の サンショウの木　気温5℃

さなぎ

さなぎを見つけた。たまごも、よう虫も、成虫も、見つからない。

アゲハは、□で冬をこすのだと思う。

できたらスゴイ！

3 寒くなると、ヘチマの実がかれました。

思考・表現　1つ10点(40点)

(1) ヘチマの実はかれましたが、中に何ができていましたか。

(　　　　　)

(2) 冬になって、ヘチマの根、くき、葉は、どのようになっていましたか。正しいものに○をつけましょう。

葉はかれてしまったけれど、つけ根のところのくきと、根はかれていなかったよ。
地面の上の葉とくきはかれてしまったけれど、根はかれていないよ。
タンポポのように、葉が地面にはりついたようになっていたよ。
根、くき、葉の全体がかれてしまったよ。

①(　　)　②(　　)　③(　　)　④(　　)

(3) 記述 ヘチマは冬をこすとき、どのようになっていますか。

(　　　　　　　　　　　　　　　　　　　　)

(4) 記述 サクラの木は冬をこすとき、どのようになっていますか。

(　　　　　　　　　　)

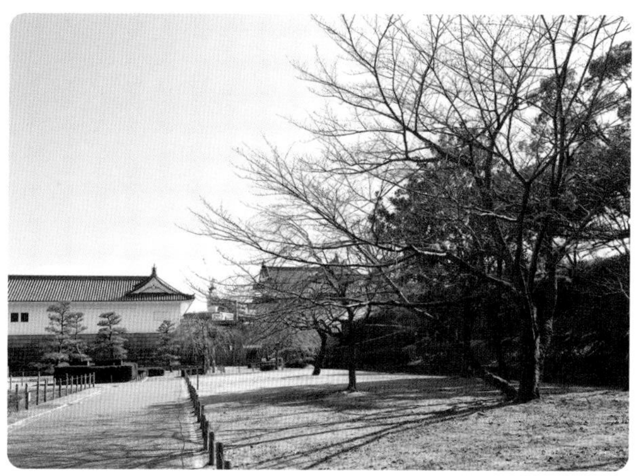

ふりかえり
1 の問題がわからなかったときは、68ページの 1 にもどってたしかめましょう。
3 の問題がわからなかったときは、68ページの 1 にもどってたしかめましょう。

3分でまとめ

11. 水のすがたと温度

①水を熱したとき
②湯気とあわの正体

学習日　月　日

めあて
水を熱したときの、水の温度やようすの変化をかくにんしよう。

教科書 159～167ページ　答え 37ページ

次の(　)にあてはまる言葉をかくか、あてはまるものを○でかこもう。

1 水を熱すると、水の温度やようすは、どのように変わるのだろうか。

教科書 159～162ページ

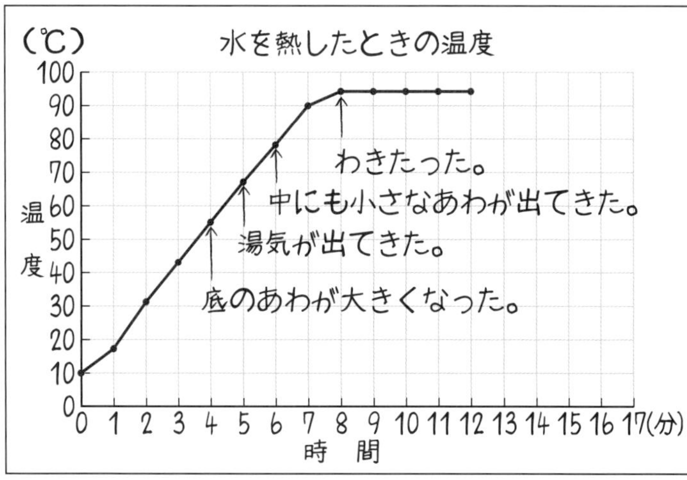

- 熱い湯がふき出すのをふせぐため、熱する水に(①　　　)を2～3こ入れる。
- 水を熱すると、水の(②　　　)が100℃近くまで上がる。
- 水を熱すると、(③　　　)が出てきたり、中からあわが出てきたりする。
- 水が熱せられて(④　　　)℃近くになり、中からさかんにあわを出すことを、(⑤　　　)という。
- 水がふっとうしている間、水の温度は(⑥　　　)。

2 水を熱したときに出てくる湯気やあわの正体は、何だろうか。

教科書 163～167ページ

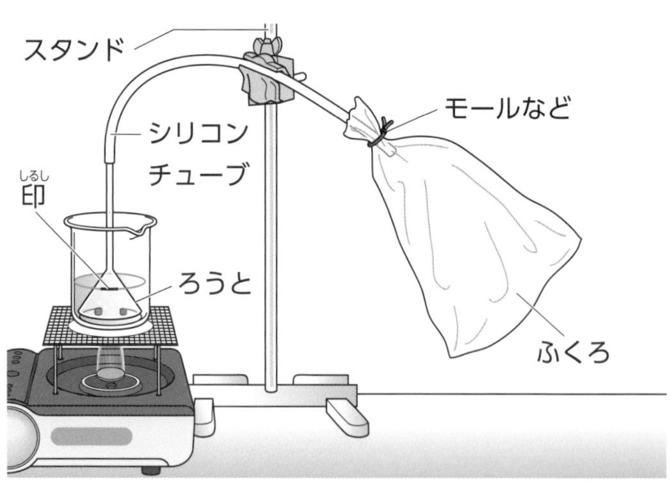

- 水を熱すると、ビーカーの中の水の量が(①　ふえた　・　へった　)。
- 水を熱したときに出てくる湯気は(②　　　)の小さいつぶで、あわは(③　　　)である。
- 水がふっとうしているとき、水はさかんに(④　　　)して、(③)に変化している。
- 水じょう気のように、目に見えず、形を変えられるようなすがたを(⑤　　　)という。
- 水のように、目に見えて、形を変えられるようなすがたを(⑥　　　)という。

ここが だいじ!
①水を熱すると湯気が出て、100℃近くになるとふっとうする。
②水じょう気のようなすがたを気体、水のようなすがたを液体という。

ぴたトリビア　水を約100℃まであたためると液体から気体になりますが、このとき、体積は約1700倍になります。

11. 水のすがたと温度

①水を熱したとき
②湯気とあわの正体

教科書 159～167ページ　答え 37ページ

1 水を熱したときの温度の変わり方と、そのようすを調べました。

(1) 水を熱するとき、熱い湯がふき出すのをふせぐために、水に入れておくものは何ですか。
（　　　　　）

(2) 水を熱し続けたとき、水面から出てくる白く見えるものを何といいますか。
（　　　　　）

(3) 水を熱して温度が上がったとき、中からさかんにあわを出すことを何といいますか。
（　　　　　）

(4) 水を熱したときの、温度の変わり方を表したグラフはどれですか。正しいものに○をつけましょう。

ア（　　）

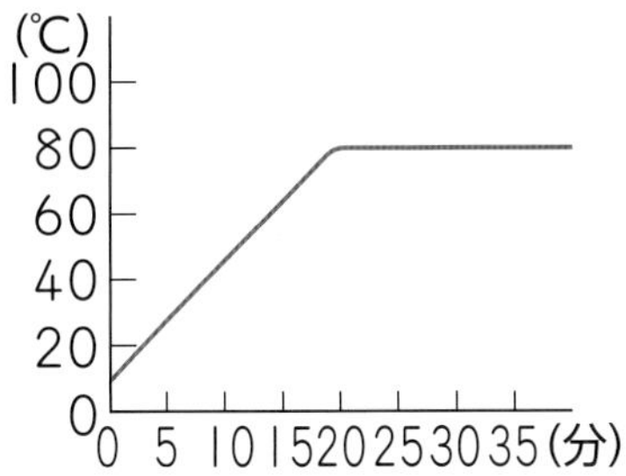

イ（　　）

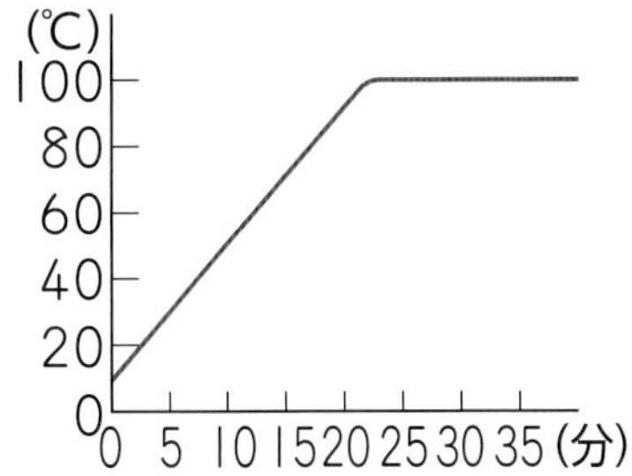

ウ（　　）

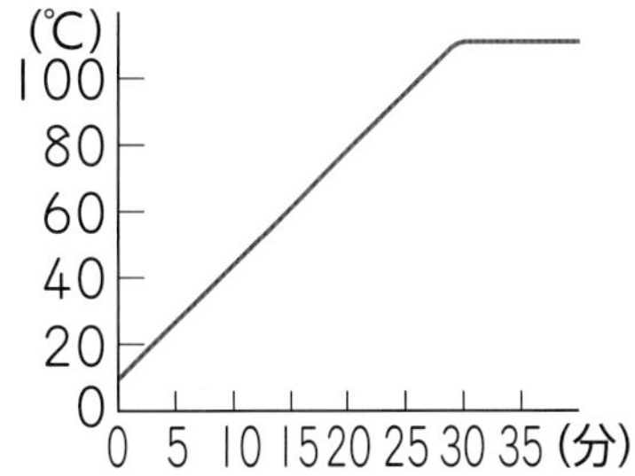

2 ビーカーの水を熱したときに出てくるあわを、ポリエチレンのふくろに集めました。

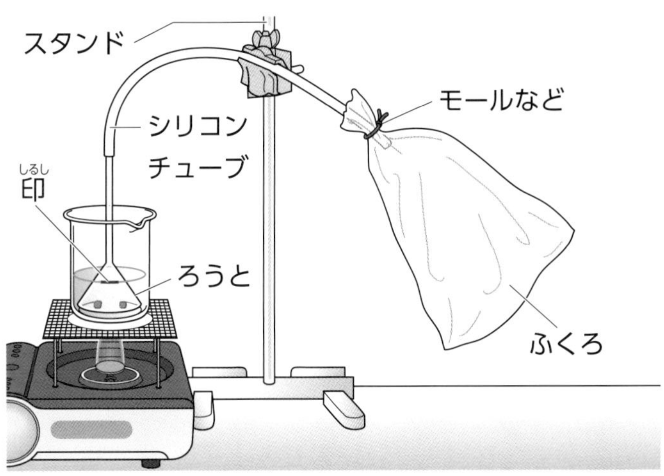

(1) ビーカーの水を熱し続けると、ビーカーの中の水の量はどうなりますか。正しいものに○をつけましょう。

ア（　　）へる。　イ（　　）ふえる。
ウ（　　）変わらない。

(2) 水を熱したときに出てくるあわは、水が目に見えないすがたに変わったものです。これを何といいますか。
（　　　　　）

(3) 次のものはそれぞれ、どちらのすがたですか。正しいほうに○をつけましょう。

①水　ア（　　）気体　イ（　　）液体
②水じょう気　ア（　　）気体　イ（　　）液体

11. 水のすがたと温度

③水を冷やしたとき

めあて
水が冷えて氷になるときの、水の温度やようすの変化をかくにんしよう。

教科書 168〜170ページ　答え 38ページ

次の(　)にあてはまる言葉をかくか、あてはまるものを○でかこもう。

1 水が冷えて氷になるとき、水の温度やようすは、どのように変わるのだろうか。

教科書 168〜170ページ

▶水を冷やしたときの温度の変わり方と、水のようすを調べる。

- (①　　　　)が見やすいように、試験管をビーカーの内側につける。
- 冷やす前に、(②　　　　)の位置に印をつける。
- 温度計がわれないように、その先に(③　　　　)をつけておく。
- 試験管を冷やす物のつくり方は、氷に、(④　　　　)と水をかきまぜた物を入れ、かきまぜる。
- 水の温度の変わり方を、折れ線グラフに表す。

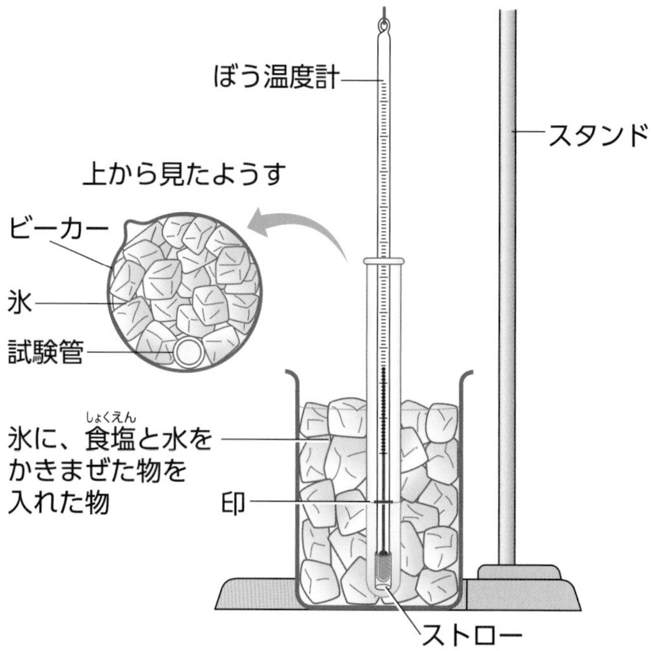

▶水を冷やすと、水の温度が(⑤ 上がる ・ 下がる)。

▶水は、冷やされて(⑥　　　　)℃まで下がるとこおり始め、すべて氷になるまで、0℃のままである。すべて氷になった後、さらに冷やすと、0℃よりも温度が(⑦ 上がる ・ 下がる)。

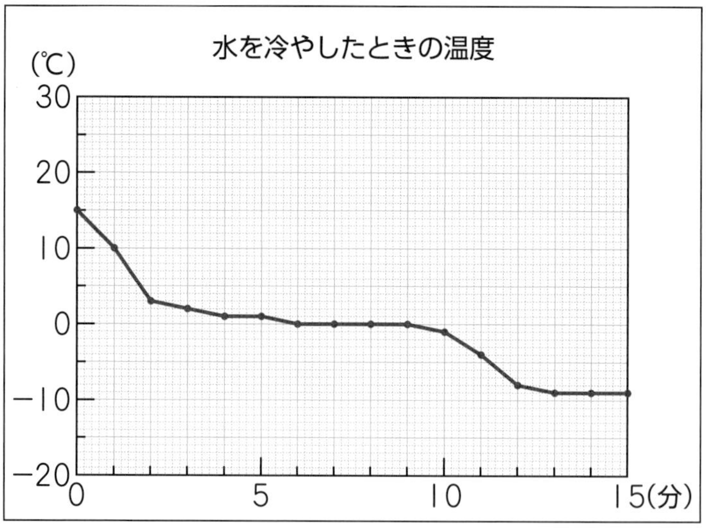

▶水は、氷になると体積が(⑧ 大きく ・ 小さく)なる。

▶氷のように、形が変わりにくいものを、(⑨　　　　)という。

ここがだいじ!
①水は0℃まで下がるとこおり始め、すべて氷になるまで0℃のままである。
②すべて氷になった後、さらに冷やすと、0℃よりも温度が下がる。
③水は、氷になると体積が大きくなる。

ぴたトリビア　鉄を1538℃まで熱すると、固体から液体になります。

11. 水のすがたと温度

③水を冷やしたとき

教科書 168～170ページ　答え 38ページ

1 図のように、水を冷やしたときの温度の変わり方を調べました。

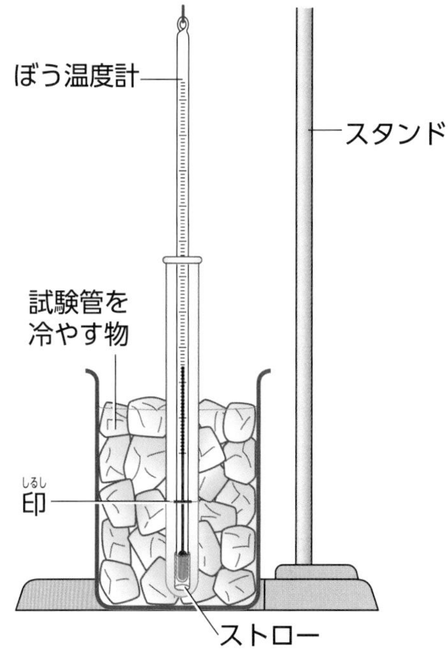

(1) ぼう温度計の先にストローをつけたのはなぜですか。正しいものに○をつけましょう。

ア(　　)温度を読みとりやすくするため。

イ(　　)温度計がわれないようにするため。

ウ(　　)温度計がこおらないようにするため。

(2) 試験管は、ビーカーの中のどの位置に立てるとよいですか。正しいほうに○をつけましょう。

ア(　　)　イ(　　)

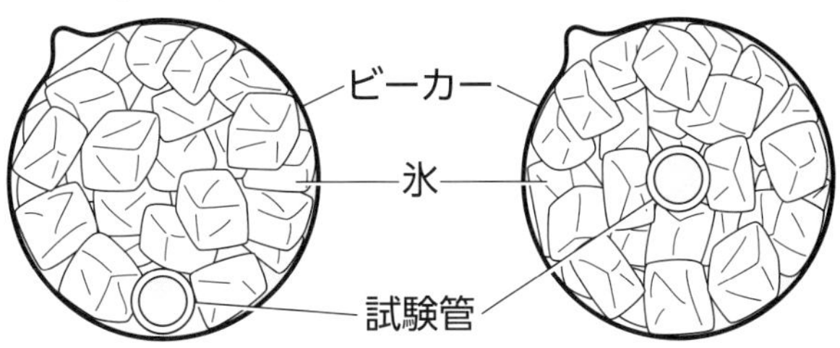

(3) 試験管を冷やす物は、水とある物をかきまぜた物を氷に入れ、かきまぜてつくりました。ある物とは何ですか。

(　　　　　)

(4) 水の温度の変わり方を右のようなグラフに表しました。このようなグラフを何といいますか。

(　　　　　　　　)

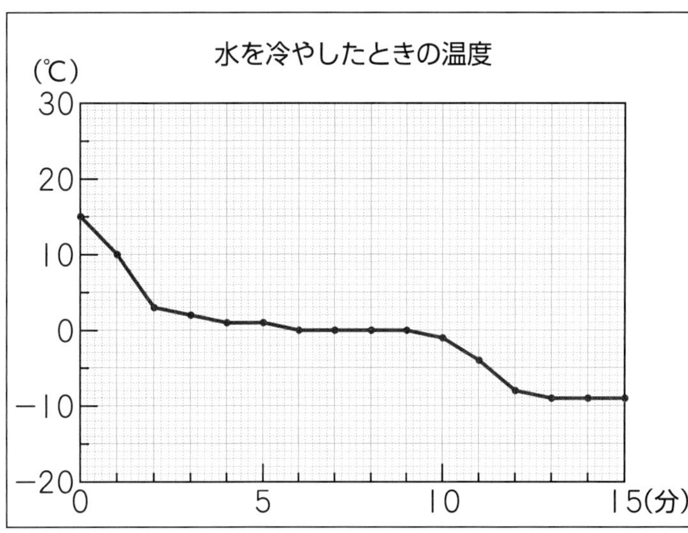

(5) 水は冷やされて0℃まで下がると、どのようになりますか。正しいものに○をつけましょう。

ア(　　)水のようすは変わらず、温度は0℃のままである。

イ(　　)水のようすは変わらず、温度は0℃で止まることなく下がり続ける。

ウ(　　)こおり始め、すべて氷になるまで0℃のままである。

エ(　　)こおり始め、温度は0℃で止まることなく下がり続ける。

(6) 水が氷に変わると、その体積はどうなりますか。正しいものに○をつけましょう。

ア(　　)小さくなる。　イ(　　)変わらない。　ウ(　　)大きくなる。

11. 水のすがたと温度

時間 30分　／100　合格 70点

教科書 158〜173ページ　答え 39ページ

1 水を熱したときの温度変化をグラフに表しました。

1つ7点(21点)

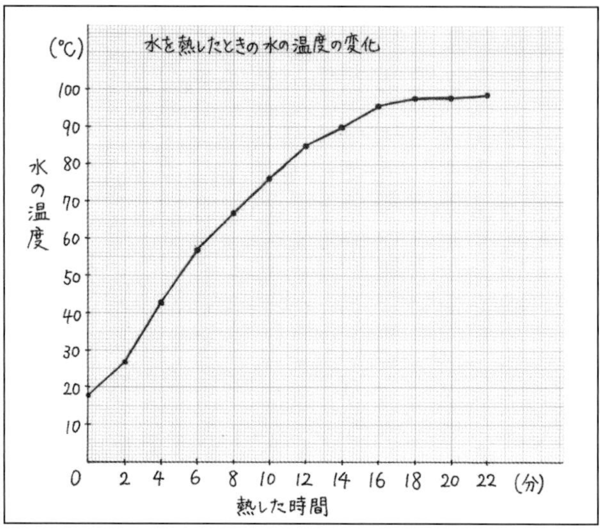

(1) 水を熱したとき、熱い湯がふき出すのをふせぐために入れておくものは何ですか。 技能

(　　　　　)

(2) 水の中に大きなあわがさかんに出てきたのは、熱し始めてから、約何分後ですか。正しいものに○をつけましょう。

ア(　　)約６分後
イ(　　)約12分後
ウ(　　)約18分後

(3) 水の量を２倍にふやして同じ実験をすると、水の中に大きなあわがさかんに出てくる温度はどうなりますか。正しいものに○をつけましょう。

ア(　　) 100℃よりもずっと低くなる。
イ(　　) 100℃よりもずっと高くなる。
ウ(　　)ほぼ100℃のままで変わらない。

2 やかんに水を入れて、熱しました。

1つ7点(28点)

(1) 湯気と水じょう気は、固体、液体、気体のうちのどれですか。それぞれかきましょう。

湯気　(　　　　　)
水じょう気(　　　　　)

(2) 図は、水を入れたやかんがわき立っているようすです。湯気を表しているのは、㋐〜㋒のどれですか。

(　　　)

(3) 水が水じょう気になることを何といいますか。

(　　　　　)

よく出る

3 水を冷(ひ)やしたときの温度変化をグラフに表しました。

1つ7点(21点)

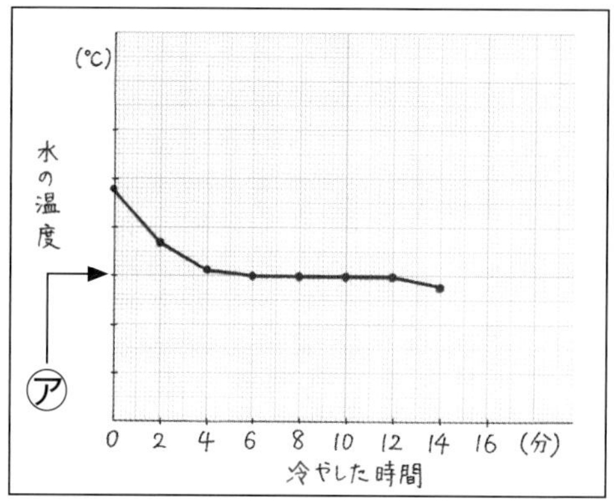

(1) ㋐の温度は何℃ですか。正しいものに○をつけましょう。

ア(　　)－10℃　イ(　　)0℃
ウ(　　)20℃　エ(　　)100℃

(2) 水がこおり始めたのは、冷やし始めてから何分後でしたか。正しいものに○をつけましょう。

ア(　　)2～4分後　イ(　　)4～6分後
ウ(　　)8～10分後

(3) 水が全部氷に変(か)わるのに、冷やし始めてから何分かかりましたか。正しいものに○をつけましょう。

ア(　　)4～6分　イ(　　)8～10分　ウ(　　)12～14分

できたらスゴイ!

4 コップに水を入れ、氷をうかべて、水面をふちと合わせました。

思考・表現

1つ10点(30点)

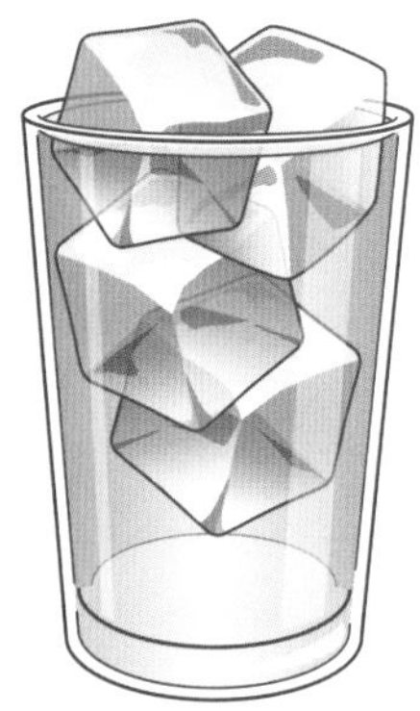

(1) コップの氷は、ゆっくりとけました。この間、水の温度はどうなると考えられますか。正しいものに○をつけましょう。

ア(　　)氷がとけるにつれて、水の温度は高くなる。
イ(　　)氷がとけるにつれて、水の温度は低くなる。
ウ(　　)氷がとけている間は、水の温度は変わらない。

(2) 氷がとけ始める温度と、水がこおり始める温度はどちらが高いですか、または同じですか。

(　　　　)

(3) 同じ体積(たいせき)の水と氷の重さをくらべると、どうなっていると考えられますか。正しいものに○をつけましょう。

ア(　　)水が氷になると体積がふえるので、同じ体積の氷の重さは水より小さい。
イ(　　)水が氷になると体積がふえるので、同じ体積の氷の重さは水より大きい。
ウ(　　)水が氷になると体積がふえるが、同じ体積の氷の重さは水と変わらない。
エ(　　)水が氷になると体積がへるので、同じ体積の氷の重さは水より小さい。
オ(　　)水が氷になると体積がへるので、同じ体積の氷の重さは水より大きい。
カ(　　)水が氷になると体積がへるが、同じ体積の氷の重さは水と変わらない。

ふりかえり
3の問題がわからなかったときは、74ページの1にもどってたしかめましょう。
4の問題がわからなかったときは、74ページの1にもどってたしかめましょう。

学習日　　月　　日

12. 生き物の1年をふり返って

めあて
1年をふり返って植物や動物のようすの変化をかくにんしよう。

教科書 175～177ページ　答え 40ページ

次の(　　)にあてはまる言葉をかこう。

1 あたたかさによって、植物や動物のようすは、どのように変わっただろうか。 教科書 175～177ページ

▶植物や動物のようすと気温との関係を考える。

●1年間のヘチマの観察記録

気温の変わり方

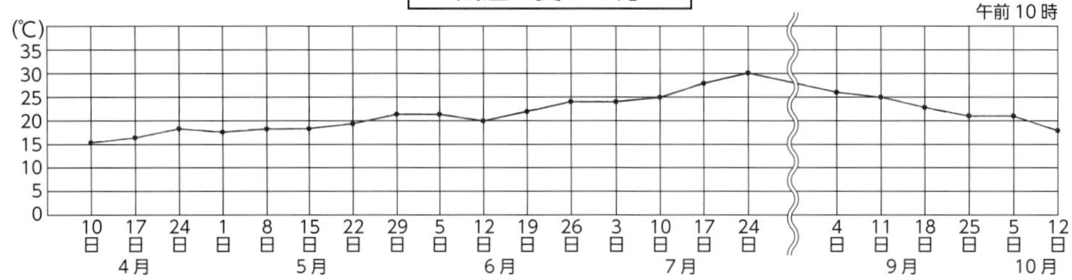

ヘチマのくきののび方

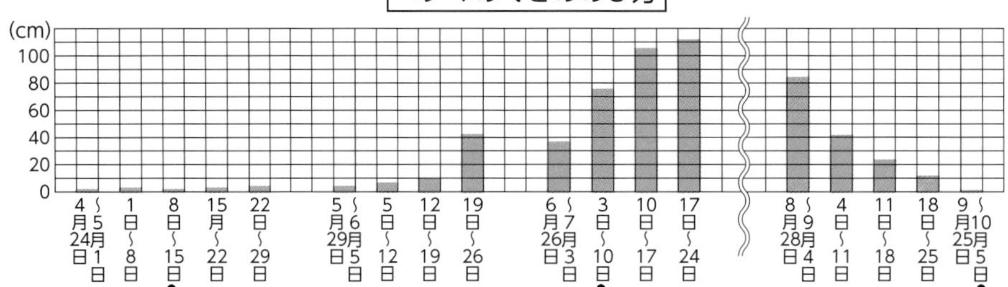

ヘチマの葉の観察
5月10日　午前10時　竹内らん
教室　気温 20℃　晴れ

葉が4まいになった。葉は、さわるとざらざらしていた。高さは18cmになった。花だんに植えかえると、どれだけのびるだろう。

ヘチマの葉の観察
7月8日　午前10時　竹内らん
花だん　気温 22℃　晴れ

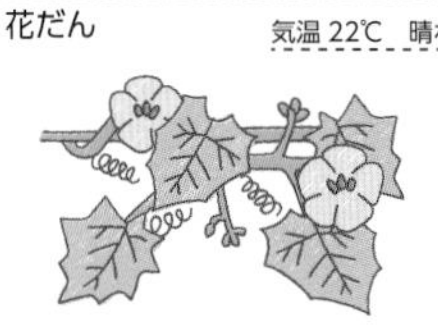

くきがのびて葉がたくさんになってきた。花もさいた。気温が高くなってきたからだと思う。

ヘチマの実の観察
10月5日　午前10時　竹内らん
花だん　気温 20℃　晴れ

実が太く、大きくなった。長さは、40cmぐらい。かれて、茶色になっているつるや葉があった。実の中は、どうなっているのだろうか。

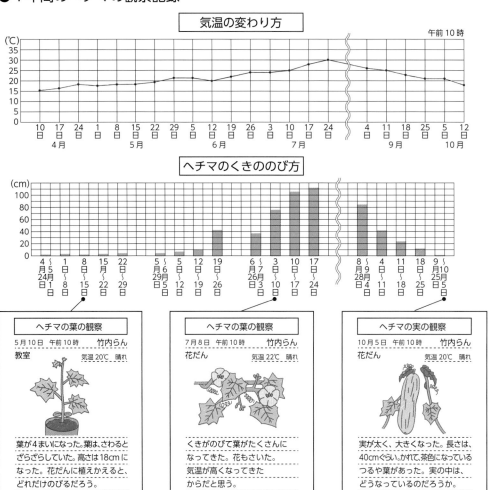

▶植物は、(①　　　　　)季節に、えだやくきをのばし、さかんに成長する。

▶(②　　　　　)なると、ヘチマのようにかれてたねを残して冬をこす植物や、サクラのようにえだに新しい芽をつけて冬をこす植物がある。

▶動物の多くは、(③　　　　　)季節にさかんに活動して、成長したり、数をふやしたりする。

▶(④　　　　　)なると、動物はいろいろなすがたで冬をこす。

ここがだいじ!
①植物や動物は、あたたかい季節にさかんに成長する。
②植物や動物は、寒くなると、さまざまなようすで冬をこす。

ぴたトリビア　春が近づくと、ツバメなどの鳥がまた日本にやってきますが、やってくるのは昼の長さの変化や気温の変化が関係していると考えられています。

学習日　　月　　日

12. 生き物の1年をふり返って

教科書 175～177ページ　答え 40ページ

1 ヘチマの１年間のスケッチをまとめました。

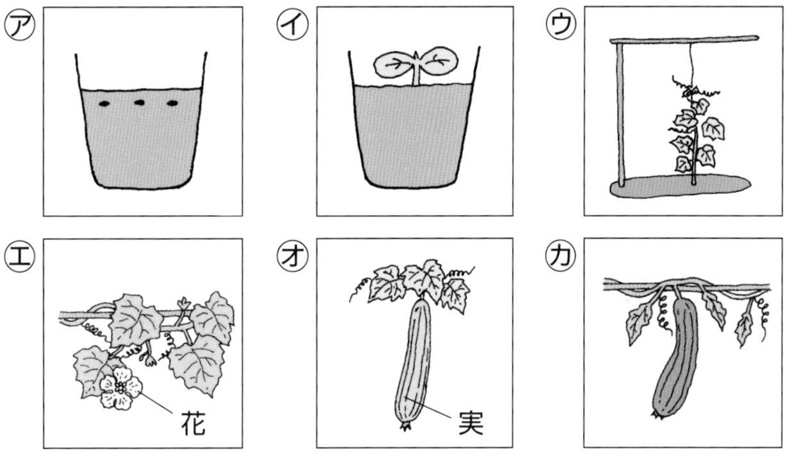

(1) ヘチマがいちばんよく成長した時期のスケッチは、ア～カのどれですか。
（　　　）

(2) ヘチマがいちばんよく成長したのは、春夏秋冬のいつですか。
（　　　）

(3) ヘチマは、どのようなすがたで冬をこしますか。
（　　　　　）

(4) 植物の成長のようすの変化は、何と関係がありますか。
（　　　　　）

2 写真は、オオカマキリの春、夏、秋、冬のようすです。

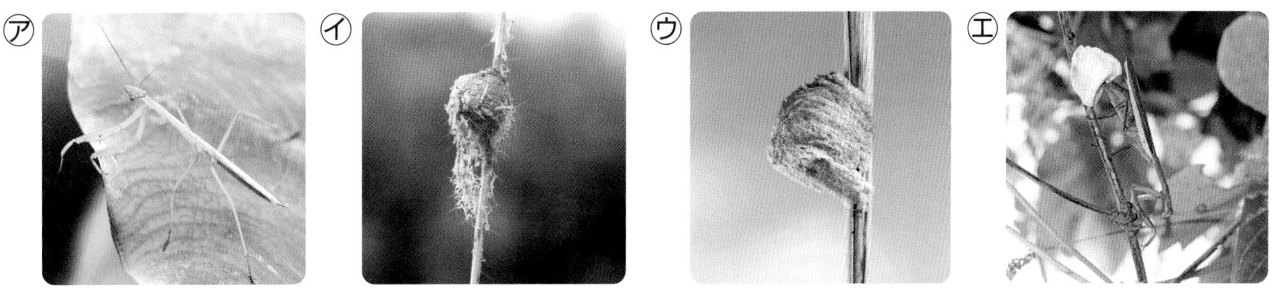

(1) 冬のオオカマキリの写真は、ア～エのどれですか。（　　　）

(2) 季節などから考えて、アのころのオオカマキリのようすを記録したものはどちらですか。正しいほうに○をつけましょう。

ア（　　）見られるオオカマキリの数が、いちばん多かった。

イ（　　）見られるオオカマキリの数が、少なかった。

(3) オオカマキリの活動がいちばんさかんなのは、いつごろですか。正しいほうに○をつけましょう。

ア（　　）春から夏にかけて。　　**イ**（　　）秋から冬にかけて。

12. 生き物の1年をふり返って

時間 30分　　／100　　合格 70点

教科書 174～179ページ　答え 41ページ

1 次の文にあてはまる言葉をかきましょう。

1つ20点(40点)

(1) 春から夏にかけて、気温が(　　　　　　)なると、植物はえだやくきをのばして、さかんに成長(せいちょう)し、動物はさかんに活動して、成長したり、数をふやしたりする。

(2) 秋から冬にかけて、気温が(　　　　　　)なると、植物は、たねを残(のこ)してかれたり、えだに芽(め)をつけて冬をこしたりする。動物は、活動がにぶくなり、いろいろなすがたで冬をこす。

2 サクラとヘチマについて調べました。次のようなようすの変(か)わり方をするのは、サクラとヘチマのどちらですか。それぞれ正しいほうに○をつけましょう。

1つ10点(20点)

(1) 寒くなると、実の中にたねを残してかれ、たねで冬をこす。

(　　)サクラ　(　　)ヘチマ

(2) 寒くなると、葉がかれ落ちるが木はかれず、えだに新しい芽をつけて冬をこす。

(　　)サクラ　(　　)ヘチマ

できたらスゴイ!

3 1年間の理科の学習をもとに考えましょう。

思考・表現　1つ20点(40点)

(1) 記述 1年間を通した植物のようすを、「気温」とのかかわりで説明(せつめい)しましょう。

(　　　　　　　　　　　　　　　　　　　　)

(2) 記述 1年間を通した動物のようすを、「気温」とのかかわりで説明しましょう。

(　　　　　　　　　　　　　　　　　　　　)

（切り取り線）

夏のチャレンジテスト

教科書 6〜75ページ

月　日

名前

時間 40分

知識・技能	思考・判断・表現	ごうかく80点
／60	／40	／100

答え 42ページ

知識・技能

1 春の生き物のようすを観察(かんさつ)しました。

1つ3点(6点)

(1) 春に見られるサクラはどちらですか。正しいほうに○をつけましょう。

ア 

イ 

(2) 春になると、ツバメが日本にきます。ツバメは、どちらからやってきますか。正しいものに○をつけましょう。

ア（　）東の方　イ（　）西の方

ウ（　）南の方　エ（　）北の方

3 重い物を持つときのうでのきん肉のようすを調べました。

1つ5点、(3)は全部できて5点(15点)

きん肉の動き
重いものを
持ったとき、
きん肉は
かたくなった。

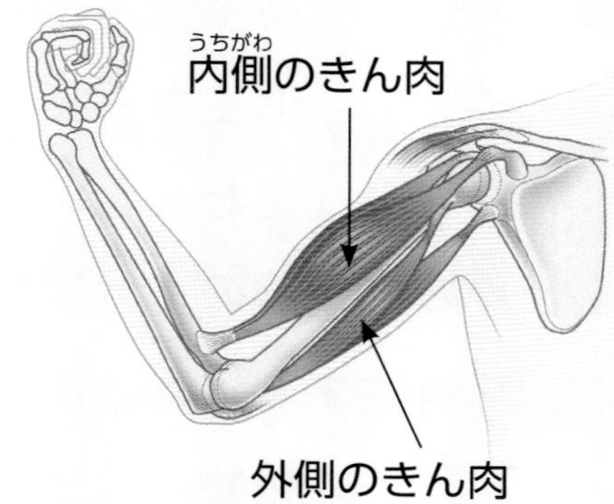

内側(うちがわ)のきん肉
外側のきん肉

(1) うでは、ひじで曲がりました。ひじのように、ほねとほねのつなぎ目になっていて、曲がる部分のことを何といいますか。

（　　　　）

(2) 重い物を持ったときにかたくなるきん肉は、内側と外側のどちらですか。

（　　　　）

(3) 重い物を持ったときのきん肉は、どうなっていまし

2 ヘチマを育てました。

1つ5点(15点)

(1) ヘチマのたねはどれですか。正しいものに○をつけましょう。

ア  □

イ  □

ウ  □

(2) たねをまいてから、芽が出る前にすることは何ですか。正しいものに○をつけましょう。

ア（　）大きいプランターに植えかえる。

イ（　）ひりょうをあたえる。

ウ（　）水をやる。

エ（　）特に何もすることはない。

(3) 記述 くきがのびてきたので、ささえのぼうをさしました。くきがのびた長さを調べる方法をかきましょう。

（　　　　　　　　　　）

たか。正しいもの2つに○をつけましょう。

ア（　）外側のきん肉がゆるんでいる。

イ（　）外側のきん肉がちぢんでいる。

ウ（　）内側のきん肉がゆるんでいる。

エ（　）内側のきん肉がちぢんでいる。

4 かん電池2こととモーターをどう線でつなぎ、2つの回路Ⓐとⓘをつくりました。

1つ3点(9点)

(1) あといのかん電池のつなぎ方を、それぞれ何といいますか。

あ（　　　　）

い（　　　　）

(2) モーターが速く回ったのは、あ、いのどちらですか。

（　　　）

あ

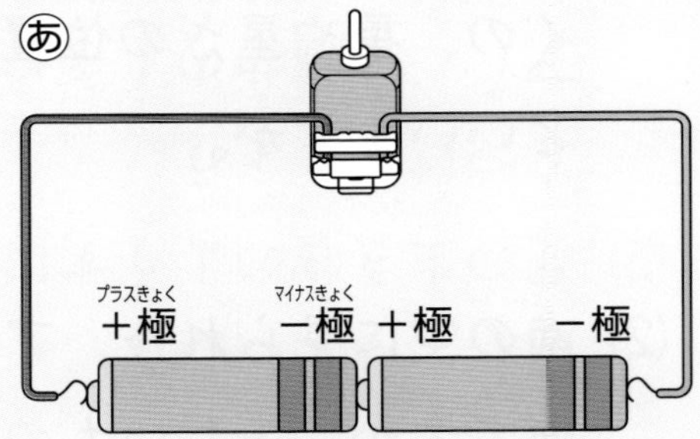

い

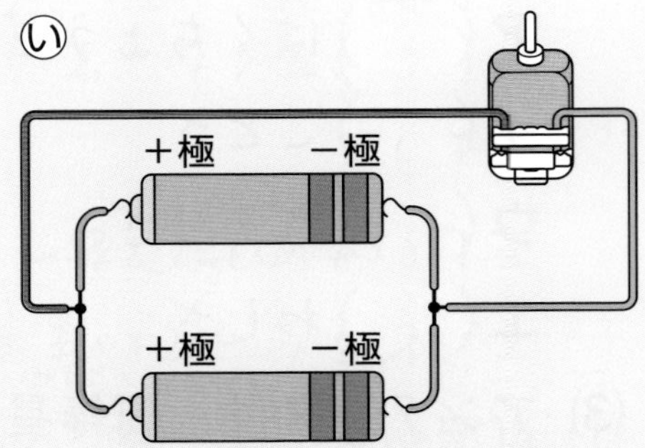

うらにも問題があります。

（切り取り線）

冬のチャレンジテスト

教科書 78～147ページ

月　日

名前

時間 40分

知識・技能	思考・判断・表現	ごうかく80点
／60	／40	／100

答え 44ページ

知識・技能

1 夕方、東の空に、円の形の月が見られました。

1つ3点(9点)

(1) 円の形に見える月を何といいますか。

(　　　　　　)

(2) 東の空に見えた月は、どのように動きますか。正しいものに○をつけましょう。

ア(　　)東から、北の空を通って、南へと動く。
イ(　　)東から、北の空を通って、西へと動く。
ウ(　　)東から、南の空を通って、北へと動く。
エ(　　)東から、南の空を通って、西へと動く。

(3) 別(べつ)の日に、月の形が半円に見えました。見える形のちがう月の動く道すじは同じですか。それともちが

3 春に植えたヘチマを、秋に観察(かんさつ)しました。

1つ4点(8点)

(1) ヘチマの実はどれですか。正しいものに○をつけましょう。

ア

イ

ウ

(2) 秋のヘチマの実の大きさは、夏の実の大きさとくらべてどうなっていましたか。正しいものに○をつけましょう。

ア(　　)大きくなっていた。
イ(　　)小さくなっていた。
ウ(　　)ほとんど変わっていなかった。

いますか。

（　　　　　）

2 2つのビーカーに同じ量の水を入れ、一方にはラップシートでおおいをして、日なたに置きました。

1つ4点(8点)

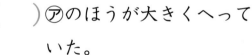

(1) 水が水じょう気にすがたを変えることを、何といいますか。

（　　　　　）

(2) 3日後に、水面の位置から水の量をくらべるとどうなっていましたか。正しいものに○をつけましょう。

ア（　）㋐のほうが大きくへっていた。

イ（　）㋑のほうが大きくへっていた。

ウ（　）どちらも同じだった。

㋐

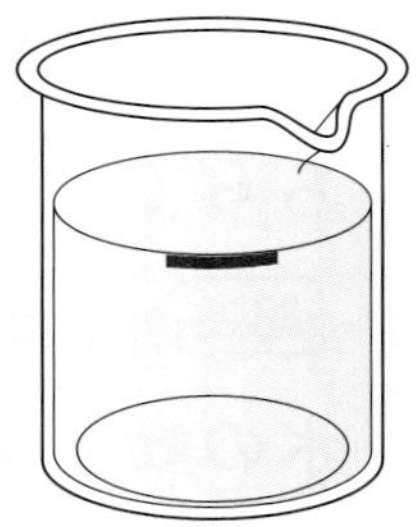

㋑

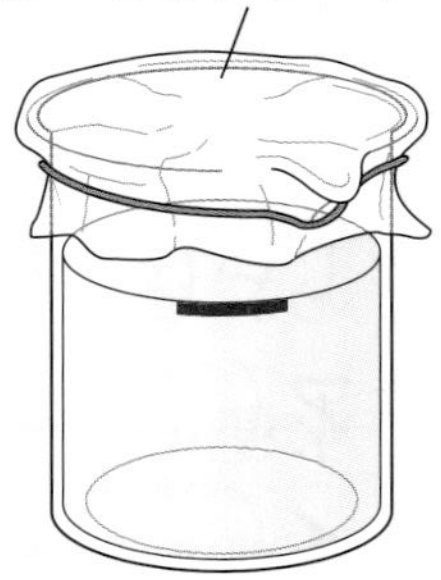

4 注しゃ器に空気や水をとじこめ、ピストンをおしました。

1つ5点(15点)

(1) ピストンをおすと、とじこめた空気の体積はどうなりますか。正しいものに○をつけましょう。

ア（　）小さくなる。　イ（　）変わらない。

ウ（　）大きくなる。

(2) ピストンをおすと、とじこめた水の体積はどうなりますか。正しいものに○をつけましょう。

ア（　）小さくなる。　イ（　）変わらない。

ウ（　）大きくなる。

(3) 注しゃ器に、空気と水を半分ずつ入れて、ピストンをおしました。空気と水の体積はどうなりますか。正しいものに○をつけましょう。

ア（　）どちらも体積が変わる。

イ（　）空気の体積だけが変わる。

ウ（　）水の体積だけが変わる。

エ（　）どちらの体積も変わらない。

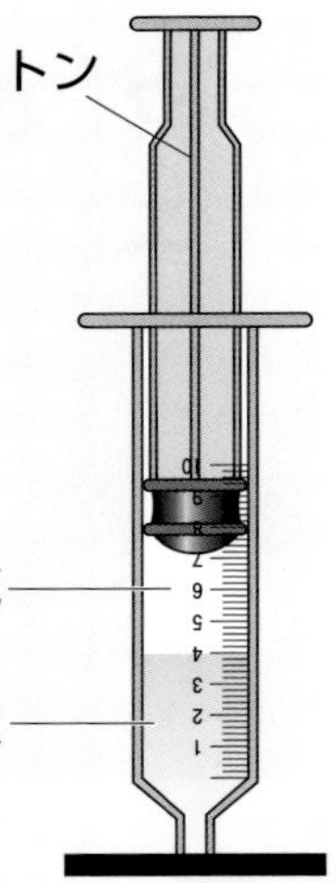

うらにも問題があります。

(切り取り線)

春のチャレンジテスト

教科書　148～179ページ

月　日	名前

時間 40分

知識・技能	思考・判断・表現	ごうかく80点
/60	/40	/100

答え 46ページ

知識・技能

1 冬の夜空を観察(かんさつ)しました。

1つ3点(6点)

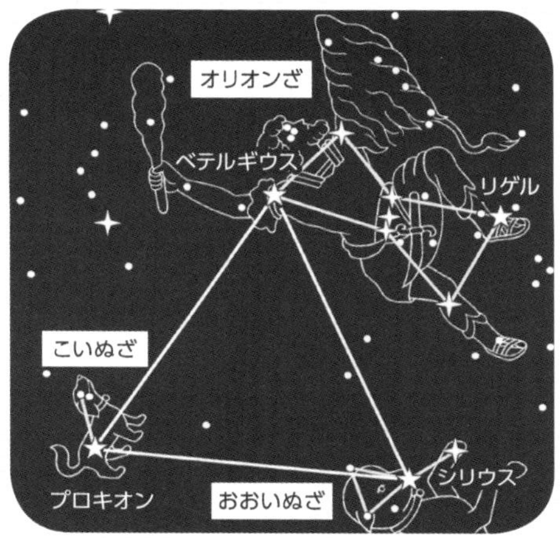

(1) ベテルギウス、シリウス、プロキオンを結(むす)んでできる三角形のことを何といいますか。

(　　　　　　)

(2) 冬に見られる星の、明るさや色はどうなっていましたか。正しいものに○をつけましょう。

ア(　　)明るさや色はすべて同じだった。

イ(　　)明るさは同じで、色にはちがいがあった。

ウ(　　)明るさにはちがいがあり、色は同じだった。

エ(　　)明るさや色にちがいがあった。

3 冬をこす生き物のようすを調べました。

1つ3点(12点)

(1) こん虫が冬をこすすがたと、そのすがたの名前を・と・を線でつなぎましょう。

アゲハ　　オオカマキリ　　カブトムシ

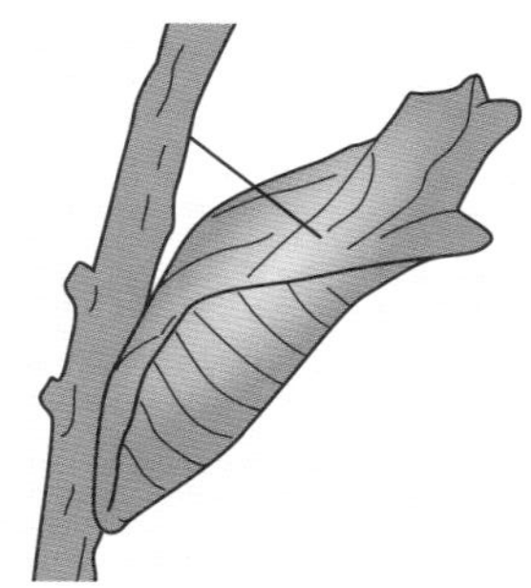

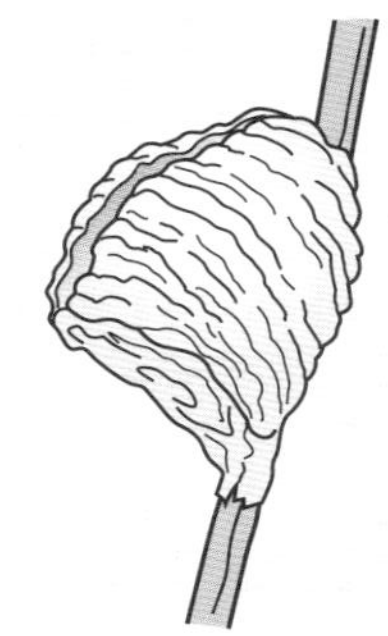

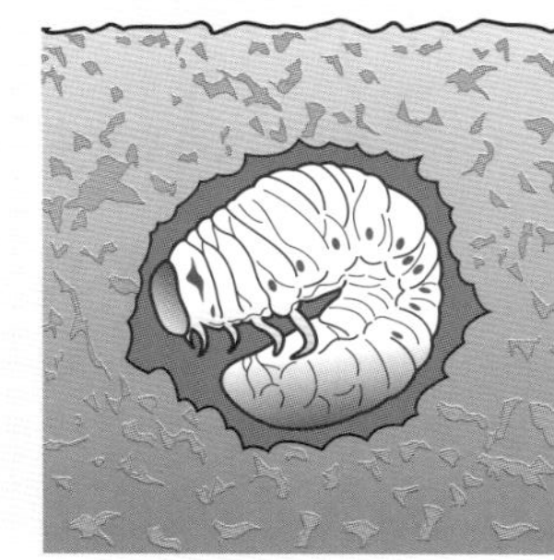

・　　・　　・

・　　・　　・

たまご　　よう虫　　さなぎ

(2) かれたヘチマの実の中にできた物は何ですか。

（　　　　　）

2 午後8時と午後10時に、カシオペヤざを観察しました。

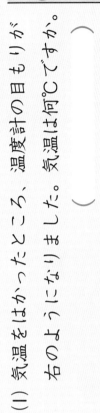

1つ5点(15点)

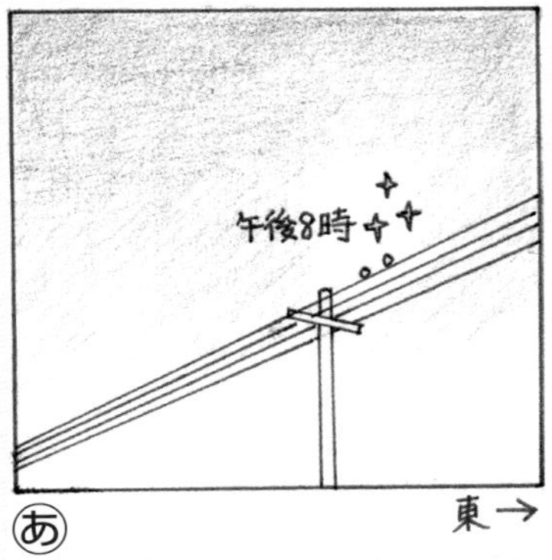

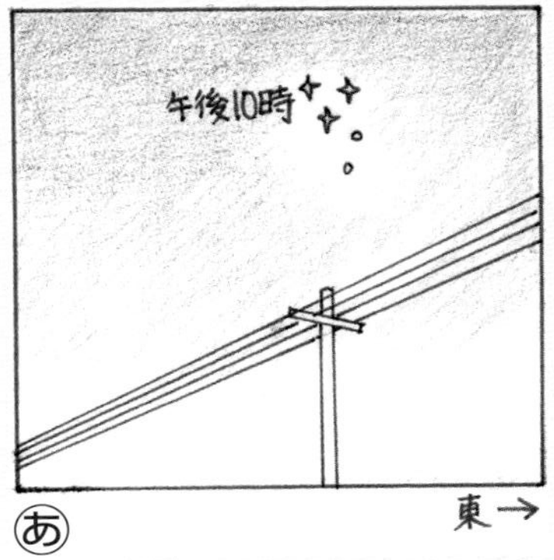

(1) 方位(ほうい)を調べるために使う、右の器具(きぐ)は何ですか。

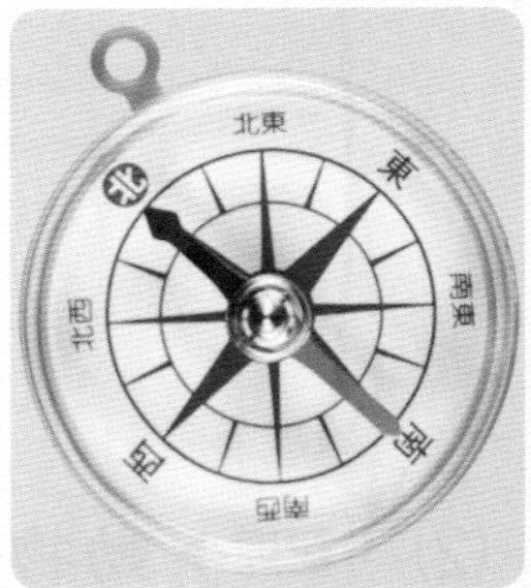

（　　　　　）

(2) 図のあの方位は何ですか。

（　　　　　）

(3) カシオペヤざの星の位置(いち)とならび方は、それぞれどうなりましたか。正しいものに○をつけましょう。

ア（　）位置もならび方も変(か)わる。
イ（　）位置は変わるが、ならび方は変わらない。
ウ（　）位置は変わらないが、ならび方は変わる。
エ（　）位置もならび方も変わらない。

4 冬の生き物のようすを観察しました。

1つ4点(12点)

(1) 気温をはかったところ、温度計の目もりが右のようになりました。気温は何℃ですか。

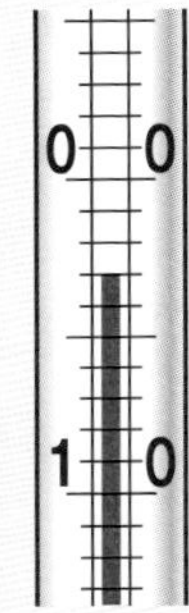

（　　　　　）

(2) 正しい温度計の目もりの読み方はどれですか。正しいものに○をつけましょう。

ア（　）　イ（　）　ウ（　）

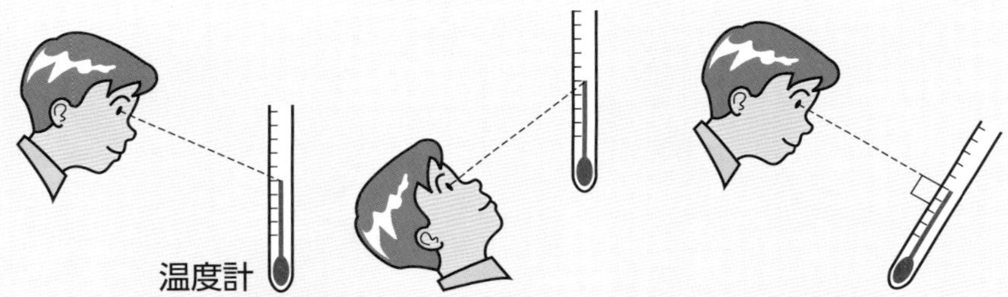

(3) イチョウの木のえだを冬に観察したとき、えだのところどころについているものは何ですか。

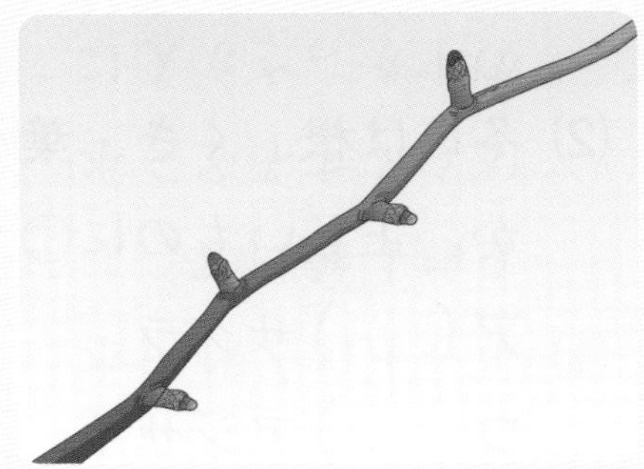

（　　　　　）

うらにも問題があります。

(切り取り線)

4年 理科のまとめ 学力しんだんテスト

月　日

名前

時間 40分

ごうかく80点　／100

答え 48ページ

1 モーターを使って、電気のはたらきを調べました。

1つ4点(12点)

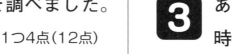

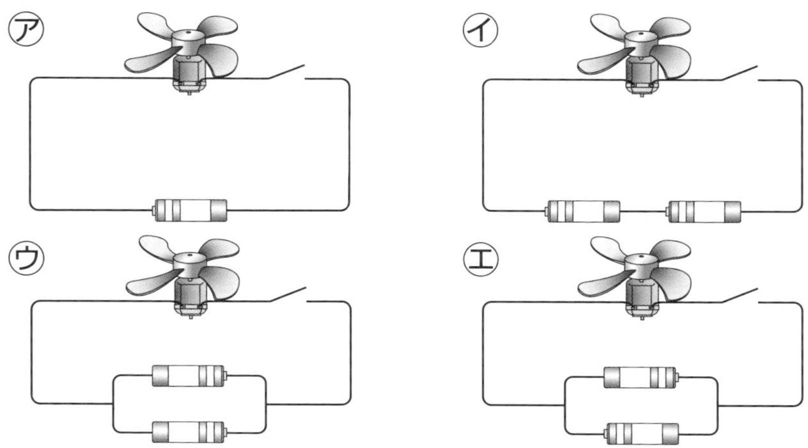

(1) ㋑、㋒のようなかん電池のつなぎ方を、それぞれ何といいますか。

㋑(　　　　　)　㋒(　　　　　)

(2) スイッチを入れたとき、モーターがいちばん速く回るものは、㋐～㋓のどれですか。(　　　)

2 ある1日の気温の変化を調べました。

3 ある日の夜、はくちょうざを午後8時と午後10時に観察し、記録しました。

1つ4点(8点)

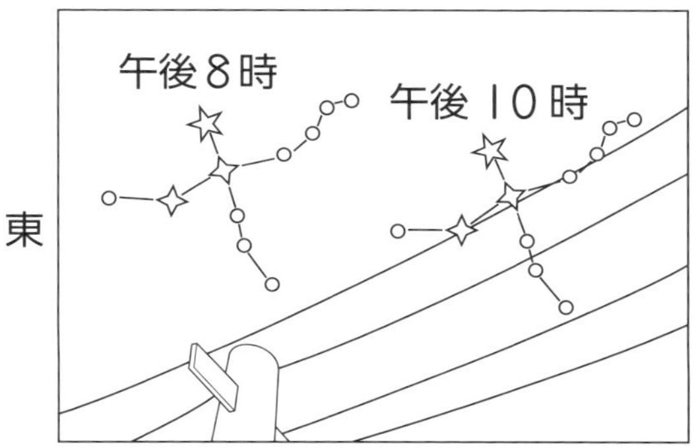

(1) さそりざのアンタレスは赤色の星です。はくちょうざのデネブは何色の星ですか。(　　　　　)

(2) 時こくとともに、星ざの中の星のならび方は変わりますか、変わりませんか。(　　　　　)

4 注しゃ器の先にせんをして、ピストンをおしました。

1つ4点(8点)

1つ4点(16点)

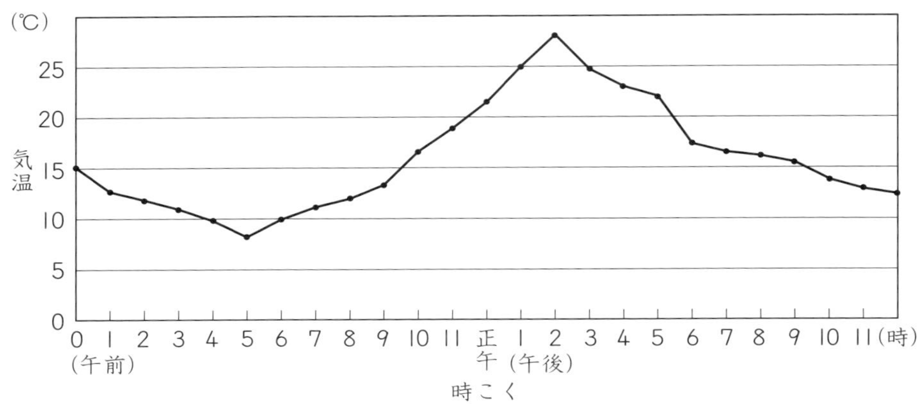

(1) この日にいちばん気温が高くなったのは何時ですか。

(　　　　　　)

(2) この日の気温がいちばん高いときと低(ひく)いときの気温の差(さ)は、何℃ぐらいですか。正しいほうに○をつけましょう。

①(　　　)10℃ぐらい　②(　　　)20℃ぐらい

(3) この日の天気は、①と②のどちらですか。正しいほうに○をつけましょう。

①(　　　)晴れ　②(　　　)雨

(4) (3)のように答えたのはなぜですか。

(　　　　　　　　　　　　)

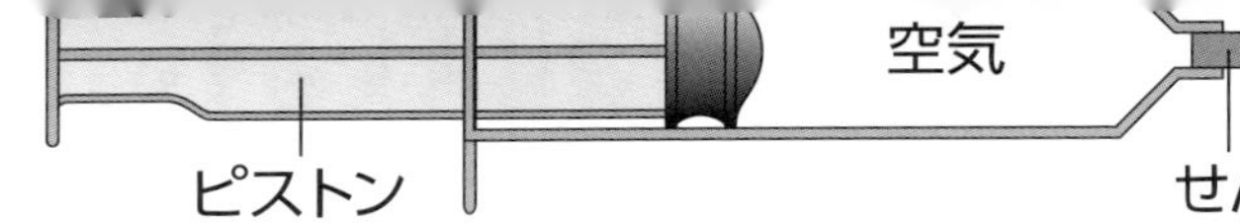

(1) 注しゃ器のピストンをおすと、空気の体積(たいせき)はどうなりますか。(　　　　　　)

(2) 注しゃ器のピストンを強くおすと、手ごたえはどうなりますか。正しいほうに○をつけましょう。

①(　　　)大きくなる。　②(　　　)小さくなる。

5 うでのきん肉やほねのようすを調べました。

1つ4点(8点)

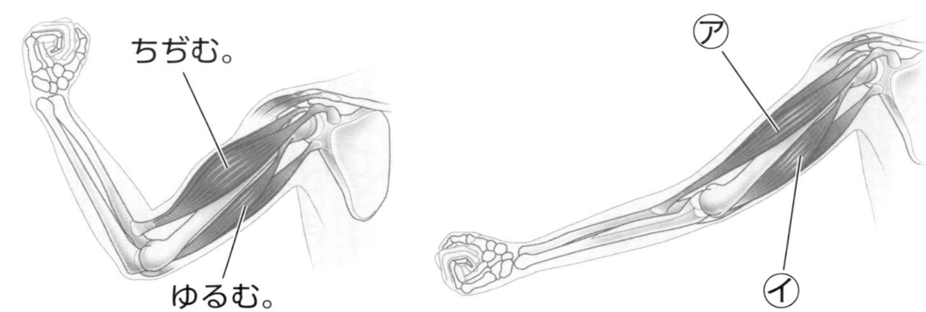

(1) うでをのばしたとき、きん肉がちぢむのは、㋐、㋑のどちらですか。(　　　)

(2) ほねとほねがつながっている部分を何といいますか。

(　　　　　)

うらにも問題があります。

(切り取り線)

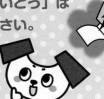

教科書ぴったりトレーニング

丸つけラクラクかいとう

東京書籍版
理科４年

この「丸つけラクラクかいとう」はとりはずしてお使いください。

「丸つけラクラクかいとう」では問題と同じ紙面に、赤字で答えを書いています。

①問題がとけたら、まずは答え合わせをしましょう。

②まちがえた問題やわからなかった問題は、てびきを読んだり、教科書を読み返したりしてもう一度見直しましょう。

おうちのかたへ では、次のようなものを示しています。

・学習のねらいやポイント
・他の学年や他の単元の学習内容とのつながり
・まちがいやすいことやつまずきやすいところ

お子様への説明や、学習内容の把握などにご活用ください。

見やすい答え

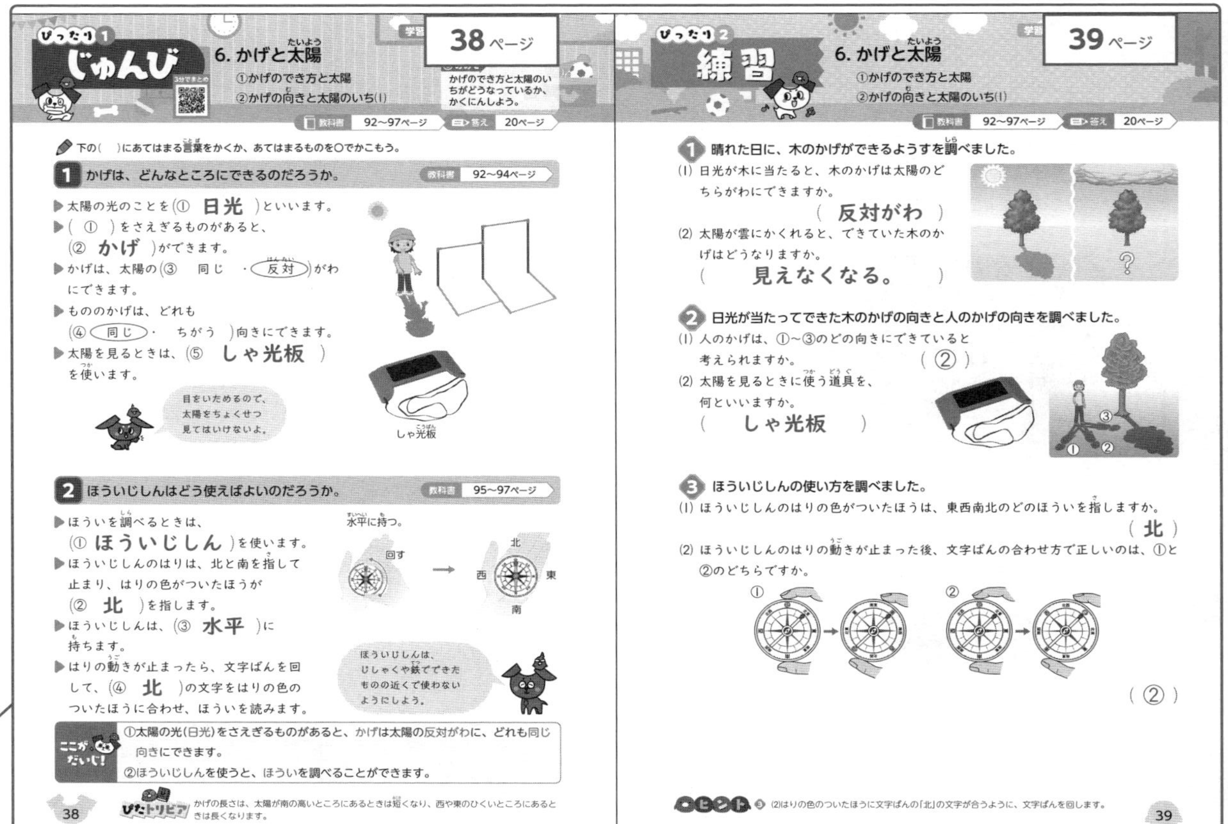

38ページ　ぴったり1 じゅんび　6. かげと太陽　①かげのでき方と太陽　②かげの向きと太陽のいち(1)
教科書 92～97ページ　答え 20ページ

下の（　）にあてはまる言葉をかくか、あてはまるものを〇でかこもう。

1 かげは、どんなところにできるのだろうか。　教科書 92～94ページ

▶太陽の光のことを（① 日光 ）といいます。
▶（ ① ）をさえぎるものがあると、（② かげ ）ができます。
▶かげは、太陽の（③ 同じ ・ (反対) ）がわにできます。
▶もののかげは、どれも（④ (同じ) ・ ちがう ）向きにできます。
▶太陽を見るときは、（⑤ しゃ光板 ）を使います。

目をいためるので、太陽をちょくせつ見てはいけないよ。

しゃ光板

2 ほういじしんはどう使えばよいのだろうか。　教科書 95～97ページ

▶ほういを調べるときは、（① ほういじしん ）を使います。
▶ほういじしんのはりは、北と南を指して止まり、はりの色がついたほうが（② 北 ）を指します。
▶ほういじしんは、（③ 水平 ）に持ちます。
▶はりの動きが止まったら、文字ばんを回して、（④ 北 ）の文字をはりの色のついたほうに合わせ、ほういを読みます。

水平に持つ。　回す　北　西　東　南

ほういじしんは、じしゃくや鉄でできたものの近くで使わないようにしよう。

ここがだいじ！
①太陽の光(日光)をさえぎるものがあると、かげは太陽の反対がわに、どれも同じ向きにできます。
②ほういじしんを使うと、ほういを調べることができます。

ぴたトリビア　かげの長さは、太陽が南の高いところにあるときは短くなり、西や東のひくいところにあるときは長くなります。

38

39ページ　ぴったり2 練習　6. かげと太陽　①かげのでき方と太陽　②かげの向きと太陽のいち(1)
教科書 92～97ページ　答え 20ページ

1 晴れた日に、木のかげができるようすを調べました。
(1) 日光が木に当たると、木のかげは太陽のどちらがわにできますか。
（ 反対がわ ）
(2) 太陽が雲にかくれると、できていた木のかげはどうなりますか。
（ 見えなくなる。 ）

2 日光が当たってできた木のかげの向きと人のかげの向きを調べました。
(1) 人のかげは、①～③のどの向きにできていると考えられますか。（ ② ）
(2) 太陽を見るときに使う道具を、何といいますか。
（ しゃ光板 ）

3 ほういじしんの使い方を調べました。
(1) ほういじしんのはりの色がついたほうは、東西南北のどのほういを指しますか。（ 北 ）
(2) ほういじしんのはりの動きが止まった後、文字ばんの合わせ方で正しいのは、①と②のどちらですか。（ ② ）

ヒント 3 (2)はりの色のついたほうに文字ばんの「北」の文字が合うように、文字ばんを回します。

39

39ページ　てびき

1 (1)かげは太陽の反対がわにできます。
(2)日光をさえぎるものがあると、かげができます。日光が当たらなければ、かげはできません。

2 (1)かげはどれも同じ向きにできるため、人のかげは木のかげと同じ向きにできます。
(2)目をいためるので、ぜったいに太陽をちょくせつ見てはいけません。

3 (1)ほういじしんのはりの色がついたほうは、北を向いて止まります。
(2)ほういじしんのはりの動きが止まってから、文字ばんを回して、「北」の文字をはりの色のついたほうに合わせます。

くわしいてびき

おうちのかたへ

おうちのかたへ　6. かげと太陽
日光により影ができること、太陽が動くと影も動くこと、日なたと日かげではようすが違うことを学習します。太陽と影(日かげ)との関係が考えられるか、日なたと日かげの違いについて考えることができるか、などがポイントです。

※紙面はイメージです。

ぴったり1 じゅんび

1. あたたかくなると

①1年間の観察の計画
②植物や動物のようす1

3分でまとめ

学習 2ページ

春になってあたたかくなったときの動物のようすをかくにんしよう。

教科書 7~11ページ　答え 2ページ

次の(　)にあてはまる言葉をかこう。

1 季節によってあたたかさが変わると、植物の成長や動物の活動のようすは、どのように変わるのだろうか。 教科書 7~8ページ

▶1年間、あたたかさと植物や動物のようすの変わり方が、どのように関係していくのかを観察するために、同じ場所で、同じ時こくに、続けて調べていく。

▶下の3つのじょうけんをそろえた温度計で、はかった空気の温度を、(① **気温**)という。

- (② **日光**)が直せつ当たらないようにしてはかる。
- 地面から(③ **1m20cm~1m50cm**)の高さにしてはかる。
- (④ **風通し**)のよいところではかる。

▶温度計と目を(⑤ **直角**)にして、温度を読みとる。

▶林や野原などで観察するときは、(⑥ **長そで**)の服を着て、(⑦ **長ズボン**)をはく。

▶(⑧ **石**)などを動かしたときは、もとにもどしておく。

▶目をいためるので、虫めがねで(⑨ **太陽**)を見てはいけない。

液だめに息がかからないように、温度計と顔を20cm~30cmはなす。
おおいで、温度計に日光が直せつ当たらないようにする。
1m20cm~1m50cm

2 春になってあたたかくなると、動物のようすは、どのように変わっているだろうか。 教科書 9~11ページ

▶動物の活動のようす

ナナホシテントウの(② **成虫**)　ヒキガエルの(③ **たまご**)

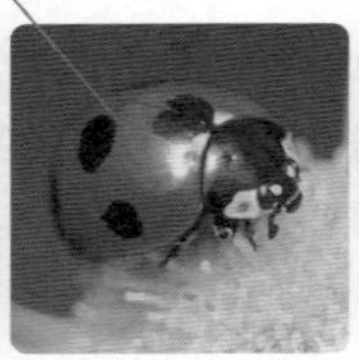

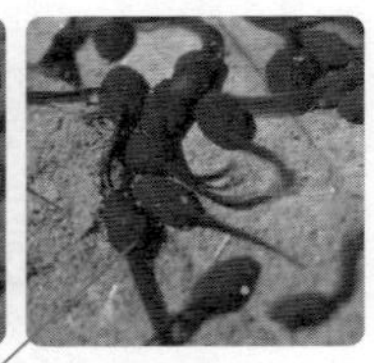

オオカマキリの(① **よう虫**)　ヒキガエルの(④ **おたまじゃくし**)

▶春になると、ツバメは(⑤ **南**)の方から日本にやってきて、たまごをうむ。

ここがだいじ! ①温度計や虫めがねを正しく使って、植物や動物のようすを観察する。

ぴたトリビア 鳥には、1年を通じて同じ地いきに見られるものと、1年のあるかぎられた時期だけ見られるものがいます。

ぴったり2 練習

1. あたたかくなると

①1年間の観察の計画
②植物や動物のようす1

学習 3ページ

教科書 7~11ページ　答え 2ページ

1 植物や動物のようすを、1年間続けて観察します。

(1) 調べる場所や時こくは、どのように決めますか。正しいものに○をつけましょう。

ア(○) 1年間、同じ場所で、同じ時こくに調べるとよい。
イ(　) 1年間、同じ場所で調べれば、調べる時こくはいつでもよい。
ウ(　) 1年間、同じ時こくに調べれば、調べる場所はどこでもよい。

(2) 温度計はどのように読みとりますか。正しいものに○をつけましょう。

ア(　)　イ(　)　ウ(○)

温度計

2 春の動物のようすを調べました。

(1) ツバメが日本にやってくるのは、どの方位からですか。正しいものに○をつけましょう。

ア(　)東　イ(　)西
ウ(○)南　エ(　)北

(2) 右の写真は、ヒキガエルの何ですか。正しいほうに○をつけましょう。

ア(　)たまご　イ(○)おたまじゃくし

(3) 春に、たまごをうむこん虫はどれですか。正しいものに○をつけましょう。

ア(　)オオカマキリ　イ(○)ナナホシテントウ　ウ(　)カブトムシ

(4) 春になると、動物のようすはどうなりますか。正しいものに○をつけましょう。

ア(○)数がふえ、活発に動く。　イ(　)数がふえるが、動きは変わらない。
ウ(　)数はあまり変わらないが、活発に動くようになる。

3ページ　てびき

1 (1)1年間続けて観察し、季節ごとの変わり方をくらべるためには、時こくや場所を同じにするとよいです。
(2)液の高さが変わらなくなったら、温度計と目を直角にして、温度を読みとります。

2 (1)ツバメは、南の方からやってきて、家ののき下などに巣をつくってたまごをうみ、かえったひなを育てます。
(2)ヒキガエルのたまごがかえると、おたまじゃくしになります。
(3)オオカマキリは秋、カブトムシは夏の終わりにたまごをうみます。

おうちのかたへ　1. あたたかくなると

身の回りの生き物を観察して、動物の活動や植物の成長が季節によって違うことを学習します。季節ごとの生き物を観察し、動物の活動や植物の成長の変化や、環境との関わりを理解しているか、などがポイントです。ここでは春の生き物を扱います。

ぴったり1 じゅんび

1. あたたかくなると

②植物や動物のようす 2
③記録の整理

4ページ

春になってあたたかくなったときの植物のようすをかくにんしよう。

教科書 12〜15ページ　答え 3ページ

次の(　)にあてはまる言葉をかこう。

1 春になってあたたかくなると、植物のようすは、どのように変わるだろうか。 教科書 12〜15ページ

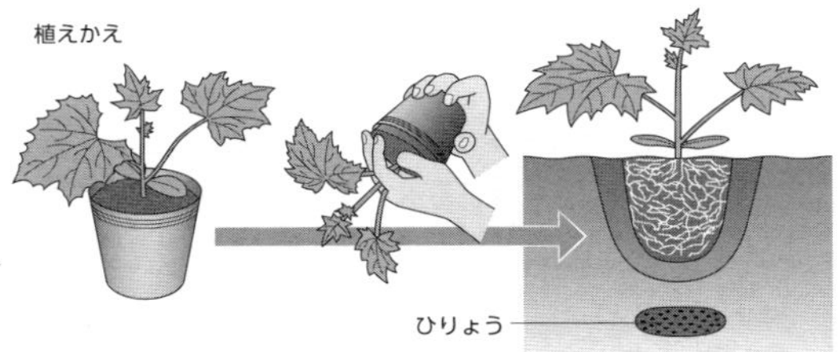

▶ヘチマのたねをまいたら、土がかわかないように、ときどき(① 水)をやる。
▶ヘチマの芽が出たら、(② 日光)によく当てて育てる。
▶葉が(③ 3〜4)まいになったら、花だんや大きいプランターなどに植えかえ、ささえのぼうをさす。
▶のびたくきの長さを調べるときは、1週間ごとに、くきの先のところのささえに(④ 印)をつけてはかる。
▶観察したことを記録した記録カードは、テープでつないだり、ひもでとじたり、ファイルに入れたりして、整理する。

▶あたたかくなると、(⑤ 花)がさいたり、(⑥ 芽)が出て葉を広げたりする植物が多くなる。
▶あたたかくなると、さかんに(⑦ 活動)を始めたり、(⑧ たまご)をうんだりする動物が多くなる。

ここがだいじ！
①あたたかくなると、花がさいたり、芽が出て葉を広げたりする植物が多くなる。
②あたたかくなると、活動を始めたり、たまごをうんだりする動物が多くなる。

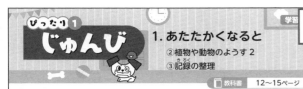

ぴたトリビア　春にきれいな花をさかせるサクラは、北と南ではよく見られる種類にちがいがあります。たとえば、オオヤマザクラは北で、ヒカンザクラは南でよく育ちます。

ぴったり2 練習

1. あたたかくなると

②植物や動物のようす 2
③記録の整理

5ページ

教科書 12〜15ページ　答え 3ページ

1 ヘチマのたねをまき、成長を調べました。

(1) ヘチマのたねはどれですか。正しいものに○をつけましょう。

ア(　)　イ(　)　ウ(◯)

(2) 小さな入れ物にたねをまいたヘチマを、花だんなどに植えかえるのは、いつごろがよいですか。正しいものに○をつけましょう。
ア(　)子葉が出たころ　イ(◯)葉が3〜4まいになったころ
ウ(　)葉が7〜8まいになったころ

(3) ヘチマののびたくきの長さの調べ方は、どのようにしますか。正しいほうに○をつけましょう。
ア(　)くきにものさしをあてて、長さをはかる。
イ(◯)くきの先のところのささえに印をつけて、長さをはかる。

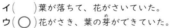

2 春の植物を観察して、その記録を整理しました。

(1) サクラのようすはどうでしたか。正しいものに○をつけましょう。
ア(　)葉がかれて、花がさいていた。
イ(　)葉が落ちて、花がさいていた。
ウ(◯)花がさき、葉の芽ができていた。

(2) ヘチマのようすはどうでしたか。正しいものに○をつけましょう。
ア(　)葉の形がホウセンカと同じだった。
イ(　)子葉2枚と葉4枚がいっしょに出た。
ウ(◯)子葉はつるつるしていたが、葉はざらざらしていた。

(3) 春になると、気温はどのように変わりますか。正しいものに○をつけましょう。
ア(◯)冬とくらべて、気温が高い日が多くなった。
イ(　)冬とくらべて、気温が低い日が多くなった。
ウ(　)冬とくらべて、あまり気温が変わらなかった。

5ページ てびき

1 (1)アはツルレイシ(ニガウリ)、イはキュウリ、ウはヘチマのたねです。
(2)小さな入れ物にまいたたねから芽が出て、葉が3〜4まいになったら、花だんや大きいプランターなどに植えかえ、ささえのぼうをさします。

2 (1)春になるとサクラは花がさいたり、芽が出たりします。
(2)ヘチマの葉の形は、ホウセンカとは、ぜんぜんちがいます。また、子葉2枚が出てから葉が出ます。

ぴったり3
たしかめのテスト
1. あたたかくなると

6ページ

/100 合格70点

教科書 6〜15ページ　答え 4ページ

よく出る

1 ヘチマのたねを小さな入れ物にまき、芽が出て育ったところで、花だんに植えかえました。　1つ6点(18点)

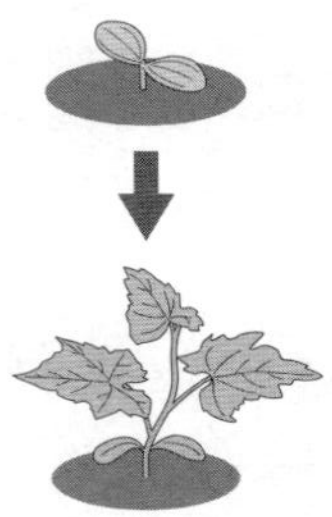

(1) 植えかえるのは、いつごろがよいですか。正しいものに○をつけましょう。

ア(　)芽が出たとき　イ(　)子葉が開いたとき

ウ(○)葉が3〜4まいのとき

(2) ヘチマを植えかえたあとにのびたくきの長さを調べるとき、どのようにしますか。次の文の(　)にあてはまる言葉をかきましょう。

(①　1　)週間ごとに、くきの先のところのささえに(②　印　)をつけて、のびたくきの長さをはかる。

2 植物や動物のようすとあたたかさの関係を調べました。　1つ7点(21点)

アゲハ
みどり公園
竹内らん
4月17日
午前10時 晴れ
空気の温度 16℃
成虫
口をのばして、花のみつをすっているのを見つけた。このごろ、飛んでいるのをよく見るようになった。

(1) 空気の温度は、変わり方をくらべやすいように、温度計を使い、じょうけんをそろえてはかります。

①温度をはかるとき、日光の当たり方はどうしますか。正しいほうに○をつけましょう。

ア(　)日光が直せつ当たるところではかる。

イ(○)日光が直せつ当たらないようにしてはかる。

②温度をはかるとき、地面からの高さはどうしますか。正しいものに○をつけましょう。

ア(　)20cm〜50cmの高さにしてはかる。

イ(　)80cm〜1mの高さにしてはかる。

ウ(○)1m20cm〜1m50cmの高さにしてはかる。

(2) 風通し、日光の当たり方、地面からの高さなどを、正しくそろえてはかった空気の温度のことを何といいますか。

(　気温　)

学習　7ページ

3 春に見られる生き物のようすは、それぞれどちらですか。　1つ7点(21点)

(1) サクラ　(ア)　(2) アゲハ　(キ)　(3) ヒキガエル　(シ)

ア

カ
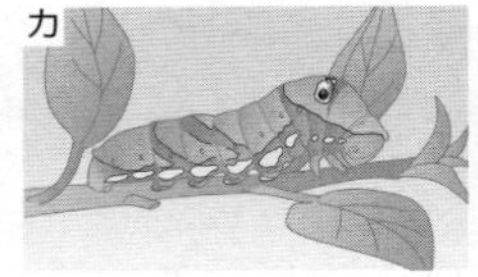
サ
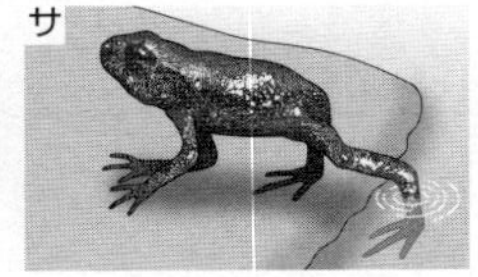
イ

キ

シ
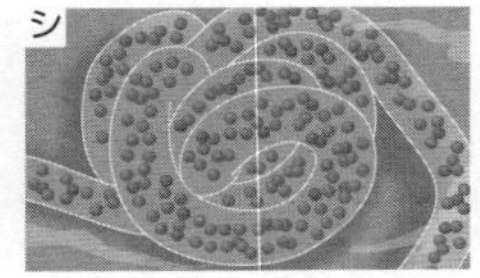

できたらスゴイ！

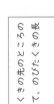

4 生き物のようすを1年間続けて観察し、その記録を整理します。　思考・表現

(1)・(2)①1つ10点、(2)②1つ20点(40点)

(1) 生き物のようすの変わり方と、あたたかさの関係を調べます。このとき、調べる場所や時こくはどうするとよいですか。いちばん正しい人の意見に○をつけましょう。

自分の好きな時こくに外へ出て、1か月ごとに調べるよ。

決まった時こくに外へ出て、同じ場所で調べるよ。

晴れたときを選んで、同じ場所で調べるよ。

時こくを決めて調べれば、場所はどこでもいいよ。

①(　)　②(○)　③(　)　④(　)

(2) イチョウのようすを1年間続けて観察します。

①イチョウは、どのように観察しますか。正しいものに○をつけましょう。

ア(　)いつもちがうイチョウの木を観察する。

イ(　)いつも同じイチョウの木の、ちがうえだを観察する。

ウ(○)いつも同じイチョウの木の、同じえだを観察する。

② 記述 ①で、それを選んだのはなぜですか。

(同じイチョウの同じえだを観察したほうが、季節によるようすのちがいをくらべやすいから。)

ふりかえり

❶の問題がわからなかったときは、4ページの❶にもどってたしかめましょう。
❹の問題がわからなかったときは、2ページの❶にもどってたしかめましょう。

おうちのかたへ

虫眼鏡の使い方、植物の育ち(たねから子葉が出て、葉が出ること)は、3年で学習しています。温度計は3年で学習していますが、気温のはかり方は4年で学習します。なお、気温のはかり方は「3. 天気と気温」や5年の天気の学習でも使います。

6〜7ページ　てびき

1 (1)葉が3〜4まいになってから植えかえを行います。

2 気温は、次のようなじょうけんではかります。

・温度計に、日光が直せつ当たらないようにする。

・温度計を、地面から1m20cm〜1m50cmの高さにする。

・建物からはなれた風通しのよいところで、はかる。

3 (2)アゲハは、春になってさなぎから出てきた成虫が、たまごをうみます。

(3)ヒキガエルのたまごは、春にかえって、おたまじゃくしが出てきます。

4 (1)生き物の変わり方がわかりやすくなるようなじょうけんで観察します。

(2)観察するイチョウの木やえだを変えてしまうと、1年間の育ち方をくらべにくくなります。

ぴったり1 じゅんび

2. 動物のからだのつくりと運動

①うでのつくりと動き

学習 **8ページ**

うでの曲がる部分のつくりやしくみをかくにんしよう。

教科書 17～22ページ　答え 5ページ

次の(　)にあてはまる言葉をかこう。

1 うでの曲がる部分は、どのようなつくりになっているのだろうか。 教科書 17～20ページ

▶うでをさわると、かたい部分とやわらかい部分がある。
▶うでのいつもかたい部分には、(① **ほね**)がある。
▶うでのやわらかい部分には、(② **きん肉**)があり、(③ **力**)を入れると、かたくなる。

自分のからだをさわって、ほねがある部分ときん肉がある部分をたしかめてみよう。

▶うではひじの部分で曲がり、曲がる部分は決まっている。
▶うでの曲がる部分は、ほねとほねのつなぎ目で、(④ **関節**)という。

2 うでは、どのようなしくみで、曲げたりのばしたりすることができるのだろうか。 教科書 21～22ページ

▶うでを(① **曲げる**)とき

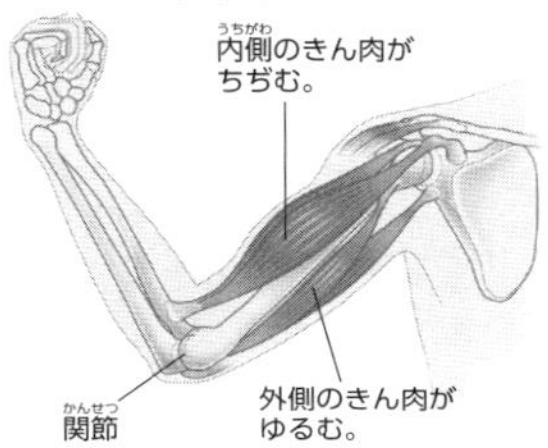

内側のきん肉がちぢむ。
関節
外側のきん肉がゆるむ。

▶うでを(② **のばす**)とき

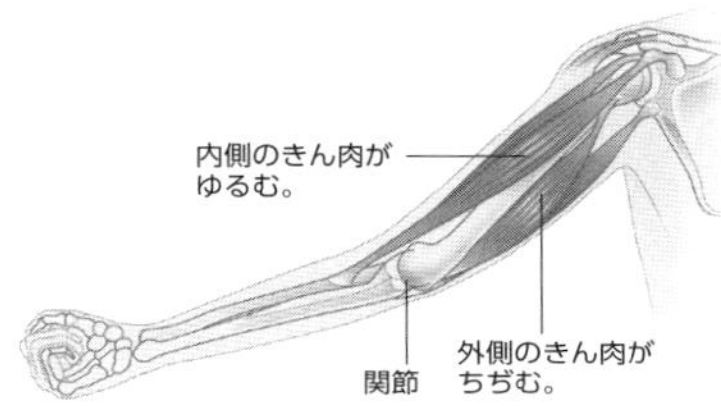

内側のきん肉がゆるむ。
関節
外側のきん肉がちぢむ。

▶うでを曲げたときにかたくなる部分には、(③ **きん肉**)がある。
▶うでは、ほねをつなぐようについている(④ **きん肉**)がちぢんだりゆるんだりすることで、曲げたりのばしたりすることができる。

ここがだいじ！
①うでの、いつもかたい部分にはほねが、やわらかい部分にはきん肉がある。
②うでは、ほねとほねのつなぎ目である関節(ひじ)で曲がる。

ぴたトリビア　ふだん食べている肉や魚は、きん肉であることが多いです。

ぴったり2 練習

2. 動物のからだのつくりと運動

①うでのつくりと動き

学習 **9ページ**

教科書 17～22ページ　答え 5ページ

1 うでをさわって調べると、やわらかい部分とかたい部分がありました。

(1) うでをさわったとき、やわらかい部分にあるものは何ですか。(**きん肉**)
(2) うでをさわったとき、いつもかたい部分にあるものは何ですか。(**ほね**)
(3) うでに力を入れたとき、そのかたさが変わるのは、うでのどの部分ですか。正しいものに○をつけましょう。
ア(○)やわらかい部分だけ
イ(　)かたい部分だけ
ウ(　)やわらかい部分とかたい部分の両方

2 人がうでを動かすしくみを調べました。

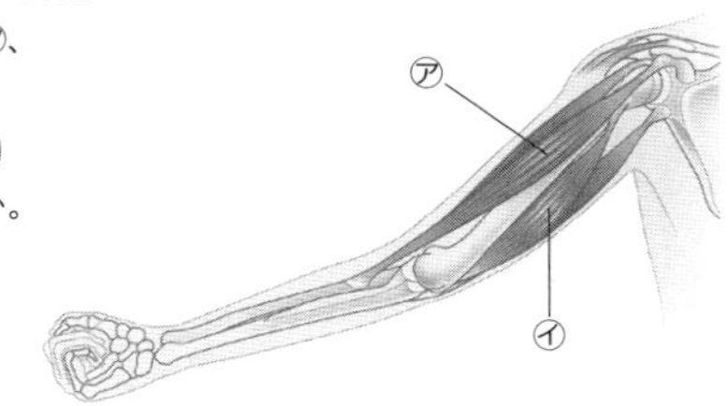

㋐
㋑

(1) うでを曲げたときにちぢむのは、㋐、㋑のどちらのきん肉ですか。(**㋐**)
(2) ㋐がちぢむと、㋑はどうなりますか。正しいものに○をつけましょう。
ア(　)ちぢむ。
イ(○)ゆるむ。
ウ(　)変わらない。
(3) ひじのような、ほねとほねのつなぎ目を何といいますか。(**関節**)
(4) うでが曲がるのは、どのようなところですか。正しいものに○をつけましょう。
ア(　)ほねがやわらかくなっているところ
イ(　)きん肉がかたくなっているところ
ウ(○)ほねとほねのつなぎ目になっているところ
エ(　)ほねときん肉のつなぎ目になっているところ
オ(　)きん肉ときん肉のつなぎ目になっているところ
カ(　)きん肉とほねがないところ

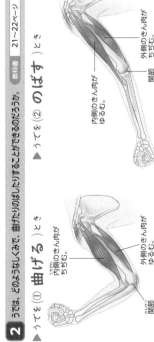

おうちのかたへ　2. 動物のからだのつくりと運動

人の体には骨と筋肉があり、これらのはたらきで体を動かすことができることを学習します。かたい骨ややわらかい筋肉、曲げられる部分には関節があることを理解しているか、体を動かすしくみを考えることができるか、などがポイントです。

9ページ　てびき

1 (1)、(2)うでは、ほねとほねがひじでつながっていて、それぞれのほねをはさむように2本ずつのきん肉がついています。
(3)力を入れると、ちぢんだきん肉が、かたくなります。

2 (1)、(2)うでを曲げたりのばしたりするときは、うでの内側のきん肉㋐と外側のきん肉㋑が1組になってはたらき、一方がちぢむと、もう一方がゆるみます。
(3)、(4)ひじのように、曲がる部分はほねとほねのつなぎ目で、関節といいます。

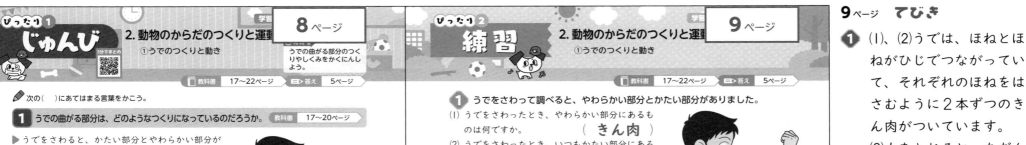

ぴったり1 じゅんび

2. 動物のからだのつくりと運動

②からだ全体のつくりと動き

からだのいろいろな部分のつくりと動き方をかくにんしよう。

教科書 23~26ページ　答え 6ページ

次の(　)にあてはまる言葉をかこう。

1 からだのいろいろな部分のつくりと動き方は、どのようになっているのだろうか。 教科書 23~25ページ

▶(③ **ほね**)には、からだをささえる役わりや、守る役わりがある。

▶(④ **むね**)のほねは、かごのような形をしていて、はいや(⑤ **心ぞう**)などを守っている。

▶人のからだは(⑥ **関節**)で曲がり、(⑦ **ほね**)をつなぐようについている(⑧ **きん肉**)が、ちぢんだりゆるんだりすることによって動く。

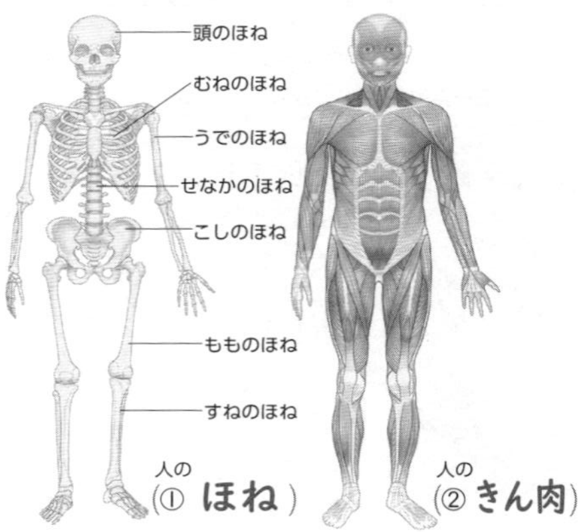

2 動物は、どのようにして、からだを動かしているのだろうか。 教科書 26ページ

▶ウサギのほねで、人の頭のほねにあたる部分を赤、むねのほねにあたる部分を青、せなかのほねにあたる部分を黒でぬろう。

▶人と同じように、ほかの動物にも、(① **ほね**)、きん肉、(② **関節**)があり、それらのはたらきによって、からだを動かすことができる。

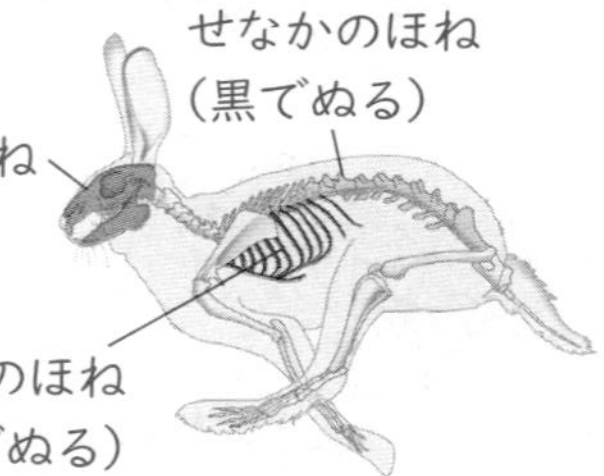

ここがだいじ! ①人のからだは、ほねについているきん肉が、ちぢんだりゆるんだりして動く。
②人以外の動物にも、ほね、きん肉、関節がある。

ぴたトリビア ほねにはカルシウムという成分が多くふくまれます。カルシウムが多くふくまれている食品には牛にゅう、にゅうせい品、小魚などがあります。

ぴったり2 練習

2. 動物のからだのつくりと運動

②からだ全体のつくりと動き

教科書 23~26ページ　答え 6ページ

1 人がからだを動かすしくみを調べます。

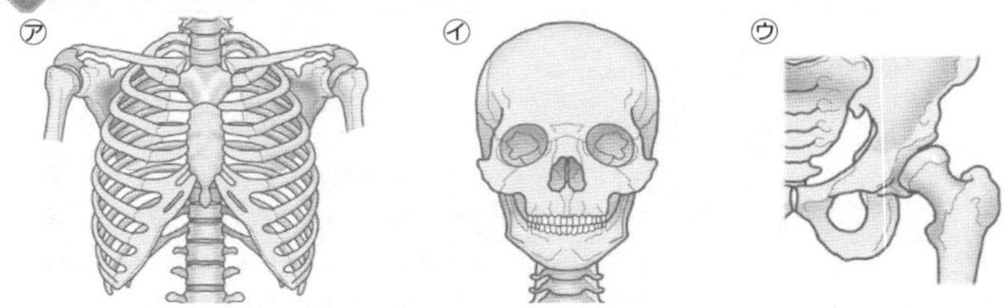

(1) 図の㋐~㋒は、人のほねを表したものです。次のほねは、それぞれ㋐~㋒のどれですか。

①頭のほね(㋑)　②こしのほね(㋒)　③むねのほね(㋐)

(2) 人のからだには、かたいほねの部分のほかに、やわらかい部分があります。やわらかい部分にあるものは何ですか。(**きん肉**)

2 人や、ほかの動物がからだを動かすしくみをくらべます。

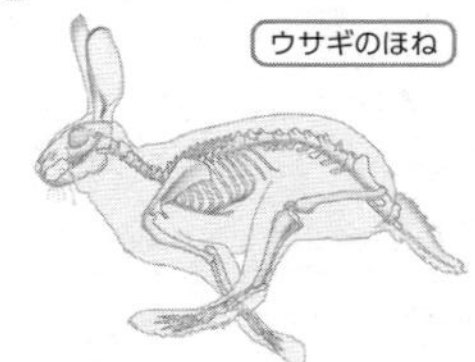

(1) ウサギのほねの形は、人と同じですか。
(ちがう。)(同じではない。)

(2) ウサギには、せなかのほねがありますか。(**ある。**)

(3) ウサギには、きん肉がありますか。(**ある。**)

(4) ウサギには、関節がありますか。(**ある。**)

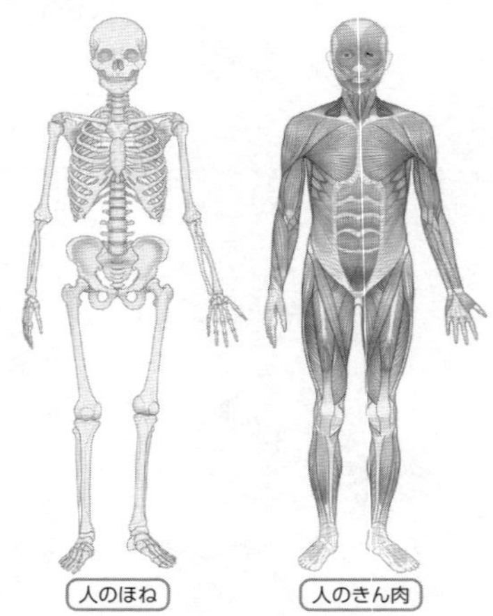

11ページ てびき

❶ (2)きん肉は、力を入れるとちぢみ、かたくなります。

❷ (1)、(2)人とウサギは、どちらもせなかのほねを中心にしたからだのつくりをしていますが、その運動のしかたなどによって、形が変わっています。
(3)、(4)人もウサギも、ほね、きん肉、関節のはたらきでからだを動かしています。

ぴったり3 たしかめのテスト 2. 動物のからだのつくりと運動

12ページ

100 合格 70 点

教科書 16〜29ページ　答え 7ページ

よく出る

1 重いものを手で持ったときのうでのきん肉のようすを調べました。 1つ8点(24点)

(1) 重いものを図のように持ったときにかたくなったのは、どちらのきん肉ですか。正しいほうに○をつけましょう。

きん肉の動き
重いものを持ったとき、きん肉はかたくなった。

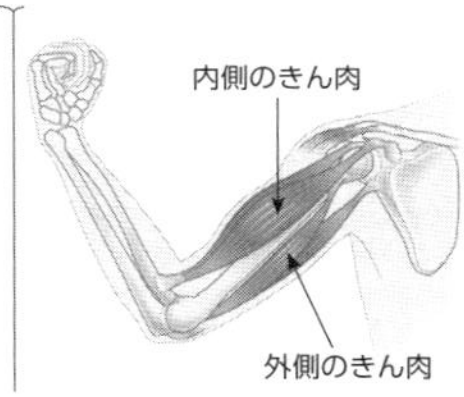

内側のきん肉
外側のきん肉

ア(◯)内側のきん肉
イ(　)外側のきん肉

(2) 重いものを図のように持ったとき、うでのきん肉はどうなりましたか。それぞれ正しいものに○をつけましょう。

①内側のきん肉
ア(◯)ちぢむ。　イ(　)ゆるむ。　ウ(　)変わらない。

②外側のきん肉
ア(　)ちぢむ。　イ(◯)ゆるむ。　ウ(　)変わらない。

2 ウサギのからだのつくりについて、調べました。 1つ8点(16点)

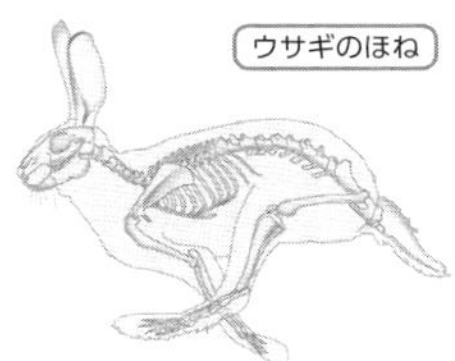

ウサギのほね

ウサギのからだのつくりは、人とくらべてどのようになっていますか。次の文の(　)にあてはまる言葉をかきましょう。

ウサギは人と同じように、ほね、(① **きん肉**)、関節があり、それらのはたらきによって、(② **からだ**)を動かすことができる。

13ページ

3 人のからだの曲げられるところを調べました。 1つ10点(30点)

(1) 図で、からだを曲げることができるところはどこですか。㋐〜㋓から2つ選びましょう。

(㋑ と ㋒)

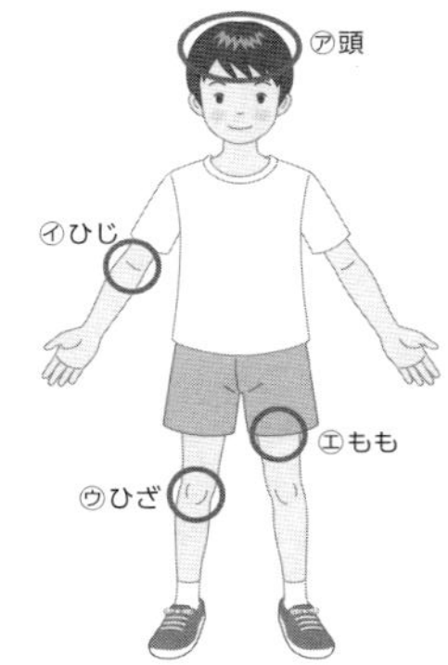

㋐頭
㋑ひじ
㋒ひざ
㋓もも

(2) からだを曲げることができるのは、どのようなところですか。正しいものに○をつけましょう。

ア(◯)ほねとほねのつなぎ目
イ(　)ほねときん肉のつなぎ目
ウ(　)きん肉ときん肉のつなぎ目

(3) 人のからだで、曲げることができる部分を何といいますか。

(**関節**)

できたらスゴイ!

4 動物のからだのつくりについて学習しました。3人が説明しているのは、それぞれほねときん肉のどちらのことですか。 思考・表現 1つ10点(30点)

はいや心ぞうのような、からだの中にあるやわらかいところを守っているよ。

(① **ほね**)

ちぢんだりゆるんだりすることで、からだを動かすことができるよ。

(② **きん肉**)

しせいをたもって、からだをささえるという役わりがあるよ。

(③ **ほね**)

ふりかえり
1の問題がわからなかったときは、8ページの2にもどってたしかめましょう。
4の問題がわからなかったときは、10ページの1にもどってたしかめましょう。

12〜13ページ　てびき

1 うでを曲げるときは、内側のきん肉がちぢみ、外側のきん肉がゆるみます。うでをのばすときは、内側のきん肉がゆるみ、外側のきん肉がちぢみます。

2 ウサギなどの動物は、人と同じようにほね、きん肉、関節のはたらきによってからだを動かすことができます。

3 (1)㋐の頭では、ほねがしっかり組み合わさっていて、動かないようになっています。㋓のもものほねは太くて長く、つなぎ目がありません。
(2)、(3)関節はほねとほねのつなぎ目で、きん肉は関節をまたいで2つのほねにつながっています。

4 ①ほねには、からだを守る役わりもあります。

14ページ

ぴったり1 じゅんび

3. 天気と気温
① 1日の気温と天気

1日の気温の変わり方は天気でちがいがあるのかをかくにんしよう。

教科書 31〜35ページ　答え 8ページ

次の(　)にあてはまる言葉をかくか、あてはまるものを○でかこもう。

1 1日の気温の変わり方は、天気によってちがいがあるのだろうか。 教科書 31〜35ページ

▶「晴れ」かどうかは、空全体の(① 雲)の量で決める。

▶(② 百葉箱)は、気温をはかるじょうけんを考えてつくられている。

▶(③ 記録)温度計を使うと、連続して気温をはかって、記録することができる。

▶(④ 折れ線)グラフでは、線のかたむきのちがいで変わり方がわかる。

- 右上がりの線は(⑤ ふえている)ことを、水平の線は(⑥ 変わらない)ことを、右下がりの線は(⑦ へっている)ことを、それぞれしめす。

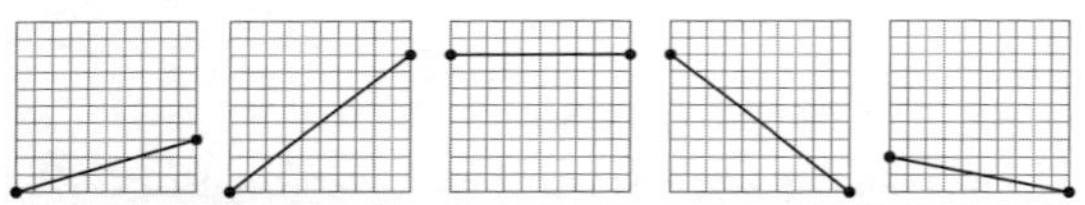

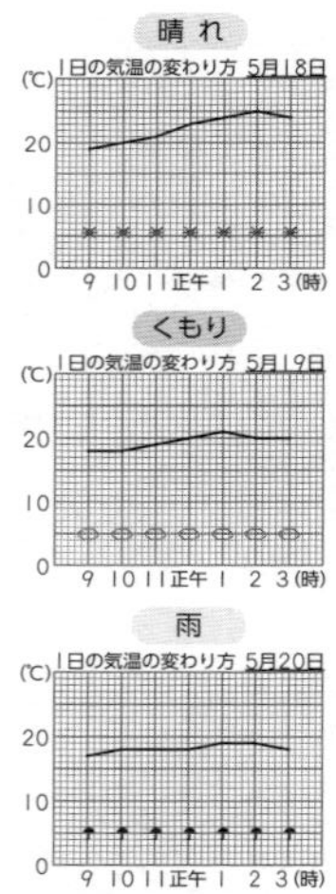

▶1日の気温の変わり方は、(⑧ 天気)によってちがう。

▶晴れの日は、気温の変わり方が(⑨ (大きく) ・ 小さく)、1日のなかで、気温が昼すぎに(⑩ (高く) ・ 低く)なる。

▶くもりや(⑪ 雨)の日は、気温の変わり方が(⑫ 大きく ・ (小さく))、1日のなかで、気温があまり変わらない。

ここがだいじ!
①晴れの日は、気温の変わり方が大きく、1日のなかで、気温が昼すぎに高くなる。
②くもりや雨の日は、気温の変わり方が小さく、1日のなかで、気温があまり変わらない。

ぴたトリビア　晴れの日は、日光をさえぎる雲が少ないため、空気や地面はよくあたためられます。よくあたためられた地面が、さらに空気をあたためるため、晴れの日は気温の変化が大きくなります。

15ページ

ぴったり2 練習

3. 天気と気温
① 1日の気温と天気

教科書 31〜35ページ　答え 8ページ

1 晴れた日の1日の気温の変わり方を調べました。

(1) 「晴れ」かどうかは、何で決めますか。正しいものに○をつけましょう。
ア(　)空全体の雲の色
イ(　)空全体の雲の形
ウ(○)空全体の雲の量

(2) 連続して気温をはかり、記録することができるものは何ですか。(記録温度計)

(3) 気温をはかるじょうけんに合わせてつくられた箱は何ですか。(百葉箱)

(4) 図のようなグラフを何といいますか。(折れ線グラフ)

(5) 右のグラフの目もりの□にあてはまる単位は何ですか。(℃)

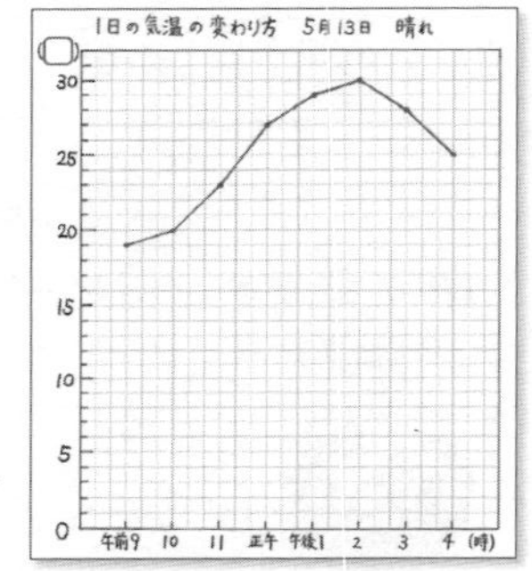

(6) 晴れの日の気温が高くなるのはいつですか。正しいものに○をつけましょう。
ア(　)朝
イ(○)昼すぎ
ウ(　)夕方

2 1日の気温の変わり方を調べました。

(1) くもりや雨の日の気温は、1日のなかでどのように変わりますか。正しいものに○をつけましょう。
ア(　)朝と夕方がかなり低くなる。
イ(○)あまり変わらない。
ウ(　)昼すぎに急に高くなる。

(2) 1日の気温の変わり方は、天気によってどのようにちがいますか。正しいものに○をつけましょう。
ア(　)晴れの日も、くもりの日も、雨の日もあまり変わらない。
イ(　)晴れの日も、くもりの日も、雨の日も大きく変わる。
ウ(　)晴れやくもりの日は大きく変わるが、雨の日はあまり変わらない。
エ(○)晴れの日は大きく変わるが、くもりや雨の日はあまり変わらない。

おうちのかたへ　3. 天気と気温
天気によって1日の気温の変化のしかたに違いがあることを学習します。天気や気温を調べることができるか、晴れの日とくもりや雨の日の気温の変化のしかたを理解しているか、などがポイントです。

15ページ　てびき

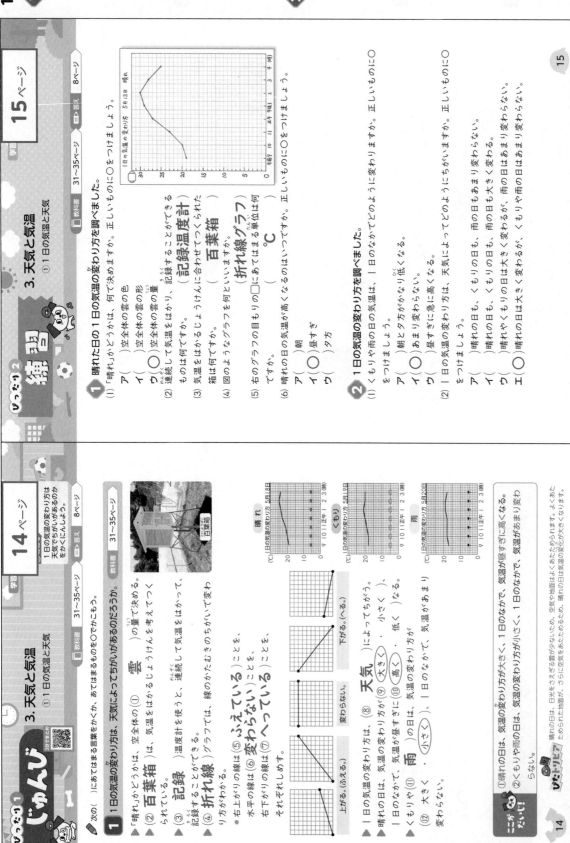

1 (1)「晴れ」と「くもり」は、空全体の雲の量で決めます。
(3)百葉箱は、気温をはかるじょうけんに合わせてつくられています。
(4)折れ線グラフに表すと、ものの変わり方のようすがわかりやすくなります。
(5)横のじくは時こく、たてのじくは気温を表しています。

2 晴れの日の気温は、1日のなかで大きく変わりますが、くもりや雨の日の気温は、あまり変わりません。

ぴったり3 たしかめのテスト 3. 天気と気温

16ページ

/100 合格70点

教科書 30~37ページ　答え 9ページ

よく出る

1 晴れの日と、くもりや雨の日の気温を調べて、それぞれグラフにしました。　1つ10点(20点)

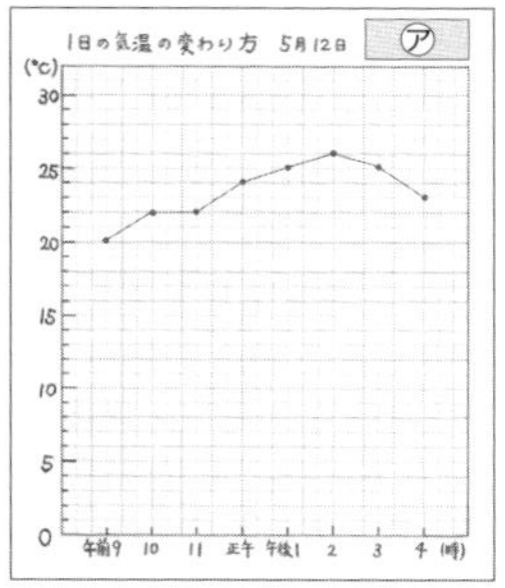

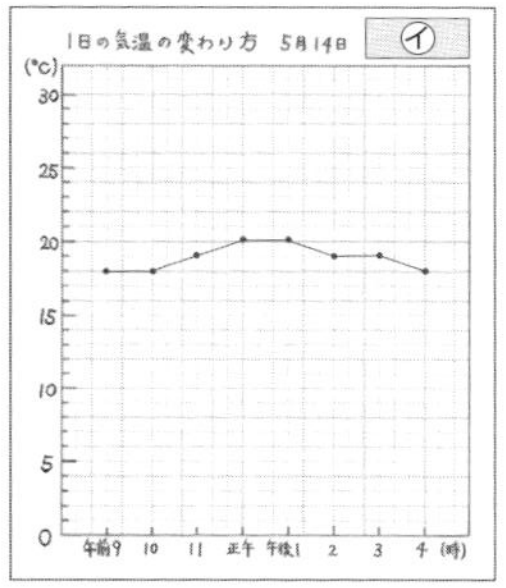

(1) 晴れの日のグラフは、㋐、㋑のどちらですか。　（ ㋐ ）

(2) ㋐と㋑で、気温の変わり方がちがうのはなぜですか。正しいほうに○をつけましょう。

ア（ ○ ）雲の広がり方がちがうので、日光の当たり方が変わるから。

イ（　）日光の強さがちがうので、風のふき方が変わるから。

2 作図 ある1日の気温をはかって、表にまとめました。これを折れ線グラフに表しましょう。　技能 1つ20点(20点)

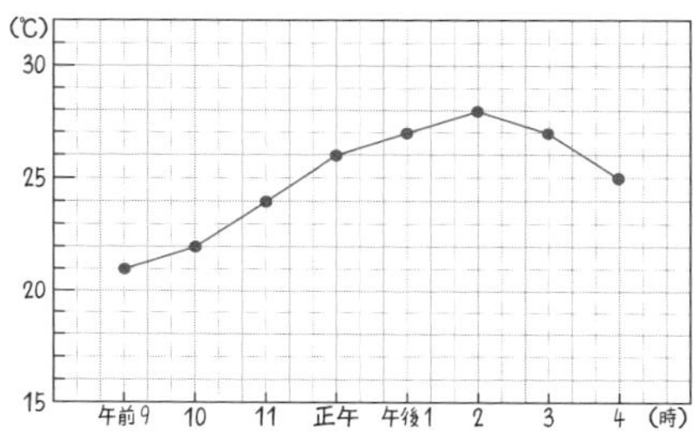

時こく	気温
午前９時	21 ℃
午前 10 時	22 ℃
午前 11 時	24 ℃
正午	26 ℃
午後１時	27 ℃
午後２時	28 ℃
午後３時	27 ℃
午後４時	25 ℃

17ページ

学習

3 ある日の気温をはかってグラフにまとめました。　技能 1つ10点(20点)

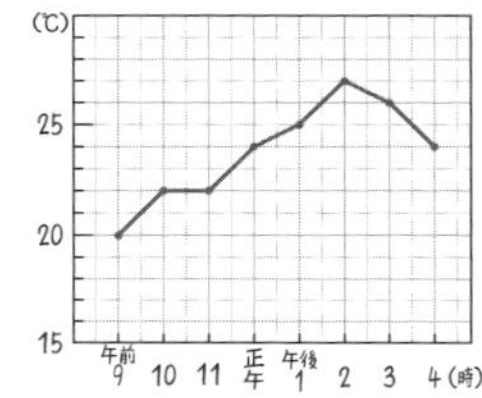

(1) いちばん気温が高かったのは何時でしたか。グラフから読みとりましょう。

（ 午後２時 ）

(2) いちばん気温が高いときと、いちばん気温が低いときの差は何℃ですか。グラフから読みとって求めましょう。　（ 7℃ ）

できたらスゴイ！

4 下の図は、百葉箱の中の記録温度計で記録されたものです。　思考・表現 1つ10点(40点)

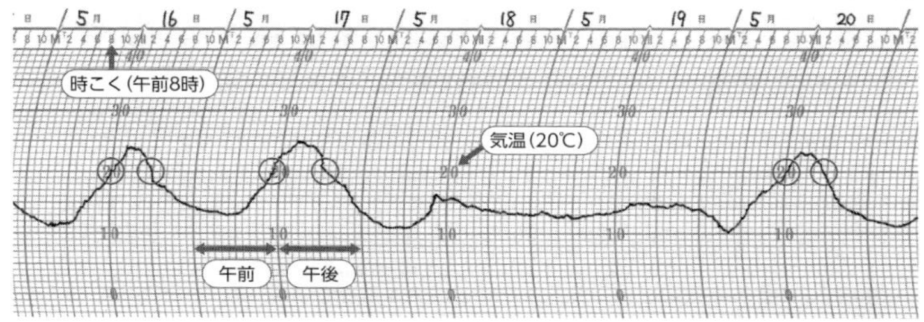

(1) 5月16日から5月20日の間で、20℃は何回記録されましたか。

（ 6回 ）

(2) 5月16日から5月20日の間で、1日中くもり、または雨だったと考えられる日はいつですか。

5月（ 19 ）日

(3) 記録から、5月18日の天気について考えます。

① 5月18日はどのような天気でしたか。正しいものに○をつけましょう。

ア（　）1日中晴れだった。

イ（　）1日中くもりまたは雨だった。

ウ（ ○ ）朝のうちは晴れていたが、正午前から雲がふえて、くもりや雨になった。

エ（　）朝のうちは雲が多く、くもりや雨だったが、正午すぎには晴れてきた。

② 記述 ①のように考えたのはなぜですか。その理由をかきましょう。

（ **朝から気温が上がったが、正午前から気温が上がらなくなったから。** ）

ふりかえり ❶の問題がわからなかったときは、14ページの❶にもどってたしかめましょう。
❹の問題がわからなかったときは、14ページの❶にもどってたしかめましょう。

16～17ページ てびき

1 (1)晴れの日は気温の変わり方が大きく、くもりや雨の日は気温の変わり方が小さくなります。

(2)くもりや雨の日は、雲があって日光がさえぎられるので、気温はあまり上がりません。

2 たてのじくと横のじくの目もりをよく見て、表をもとに、それぞれの時こくの気温を表す点をうちます。それから、点を順に直線でつなぎます。

3 (2)いちばん高い気温は27℃で、いちばん低い気温は20℃です。

27℃－20℃＝7℃

4 (2)1日の気温の変わり方がいちばん小さい日を選びます。

(3)午前と午後の気温の変わり方から考えます。

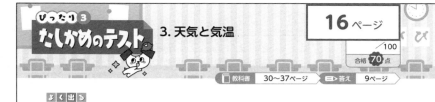

ぴったり1 じゅんび　18ページ

4. 電流のはたらき
①かん電池のはたらき
②かん電池のつなぎ方

学習日　モーターの回る向きや速さについて、かくにんしよう。

教科書 39～46ページ　答え 10ページ

次の(　)にあてはまる言葉をかこう。

1 モーターの回る向きは、何によって変わるのだろうか。　教科書 39～42ページ

▶かん電池とモーターをつなぐと、(① **回路**)に電気が流れて、(② **モーター**)が回る。この電気の流れを(③ **電流**)という。
▶(④ **けん流計**)を使うと、回路に流れる電流の向きと大きさを調べることができる。
▶かん電池の向きを変えると、回路に流れる電流の(⑤ **向き**)が変わる。
▶モーターの回る向きは、回路に流れる(⑥ **電流**)の向きで変わる。

2 モーターをもっと速く回すには、どうしたらよいのだろうか。　教科書 43～46ページ

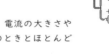

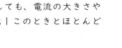

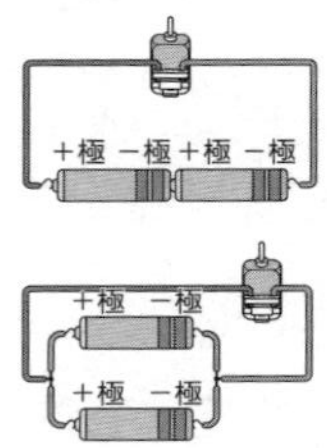

▶かん電池の＋極と、別のかん電池の－極がつながっているつなぎ方のことを、かん電池の(① **直列**)つなぎという。
▶かん電池の＋極どうし、－極どうしがつながっているつなぎ方のことを、かん電池の(② **へい列**)つなぎという。
▶かん電池２こを直列つなぎにすると、回路に流れる電流が(③ **大きく**)なり、モーターの回る速さも(④ **速く**)なる。
▶かん電池２こをへい列つなぎにしても、電流の大きさやモーターの回る速さは、かん電池１このときとほとんど(⑤ **変わらない**)。

ここがだいじ!
①モーターの回る向きは、回路に流れる電流の向きで変わる。
②かん電池２こを直列つなぎにすると、回路に流れる電流が大きくなる。
③かん電池２こをへい列つなぎにしても、電流の大きさはかん電池１このときとほとんど変わらない。

ぴたトリビア　直列つなぎでは、かん電池を１こはずすと回路は切れてしまいますが、へい列つなぎだと、かん電池を１こはずしても回路はつながっています。

ぴったり2 練習　19ページ

4. 電流のはたらき
①かん電池のはたらき
②かん電池のつなぎ方

教科書 39～46ページ　答え 10ページ

1 かん電池とモーターを使って回路をつくると、回路に電気が流れます。

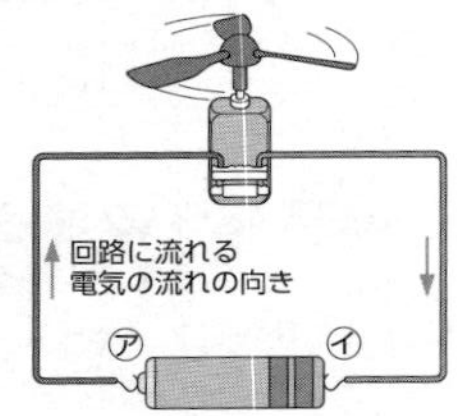

(1) 回路に流れる電気の流れを何といいますか。
(**電流**)
(2) かん電池の㋐、㋑は、それぞれ何極ですか。
㋐(**＋極**)　㋑(**－極**)
(3) かん電池の向きを変えて、回路に流れる電気の流れの向きを調べます。
①電気の流れの向きと大きさを調べるために使うものは何ですか。
(**けん流計**)
②かん電池の向きを変えると、回路に流れる電気の流れの向きはどうなりますか。正しいほうに○をつけましょう。
ア(◯)電気の流れの向きは変わる。　イ(　)電気の流れの向きは変わらない。

2 かん電池２ことモーターをつないだ回路をつくります。

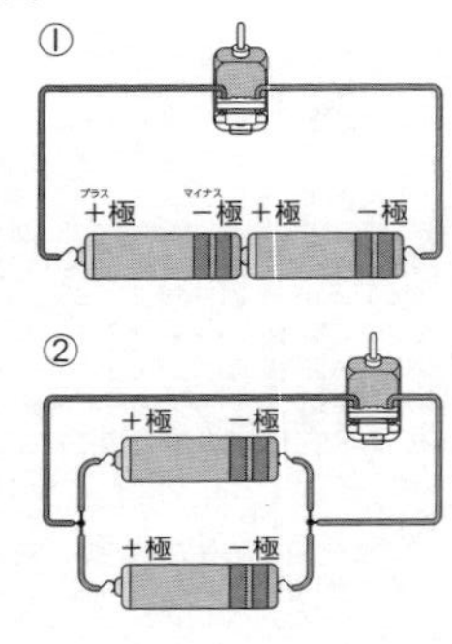

(1) ①と②の回路で、それぞれのかん電池のつなぎ方を何といいますか。
①(**直列つなぎ**)　②(**へい列つなぎ**)
(2) かん電池１このときとくらべて、①と②のモーターの回る速さは、どうなりますか。それぞれ正しいものに○をつけましょう。
①ア(◯)速い。
イ(　)おそい。
ウ(　)ほとんど変わらない。
②ア(　)速い。
イ(　)おそい。
ウ(◯)ほとんど変わらない。
(3) ①と②のモーターの回る速さはどうでしたか。正しいものに○をつけましょう。
ア(◯)①のほうが速い。　イ(　)①と②の速さは変わらない。
ウ(　)②のほうが速い。

ヒント　1 (3) かん電池の向きを変えると、モーターの回る向きも変わります。

おうちのかたへ　4. 電流のはたらき
乾電池の数やつなぎ方と電流の大きさや向きについて学習します。電流の大きさや向きを変えたときのモーターの回り方などを、直列つなぎや並列つなぎなどの用語(名称)を使って理解しているか、などがポイントです。

19ページ　てびき

1 (2)電流は、かん電池の＋極(㋐)から流れ出て、モーターを通り、かん電池の－極(㋑)へ流れこみます。
(3)①けん流計を使うと、回路に流れる電流の向きと大きさがわかります。
②かん電池の向きを変えると、電流の向きが変わるので、モーターの回る向きも変わります。

2 (1)回路が分かれないつなぎ方を直列つなぎ、回路が分かれるつなぎ方をへい列つなぎといいます。
(2)、(3)かん電池２こを直列につなぐと、回路に流れる電流が大きくなり、モーターの回る速さも速くなりますが、へい列につなぐと、電流の大きさもモーターの回る速さもほとんど変わりません。

ぴったり3 たしかめのテスト

4. 電流のはたらき

20ページ

合格 70 点 /100

教科書 38～49ページ　答え 11ページ

よく出る

1 かん電池2こをモーターにつなぎ、モーターの回る速さを調べました。ただし、けん流計のはりは省いてあります。　1つ8点、(2)は全部できて8点(32点)

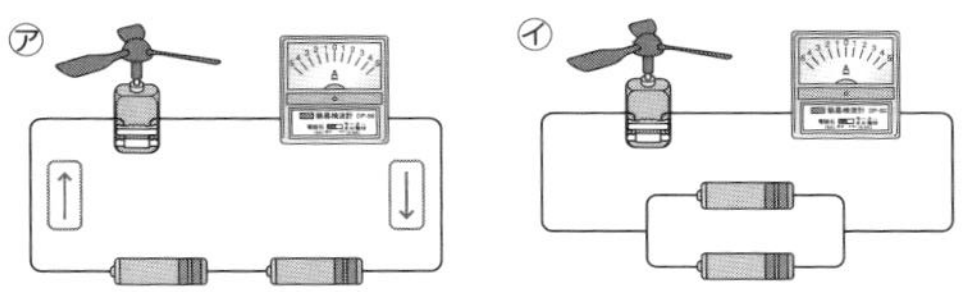

(1) かん電池のへい列つなぎは、ア、イのどちらですか。
(イ)

(2) アに流れている電流の向きを、□に矢印でかきましょう。

(3) モーターの回る速さが速いのは、ア、イのどちらですか。　(ア)

(4) イのモーターの回る速さはどうなりますか。次の文の(　)にあてはまる言葉をかきましょう。

モーターの回る速さは、かん電池1このときとくらべて(変わらない)。

2 かん電池やモーターをどう線でつなぎ、回路をつくりました。　技能　1つ8点(24点)

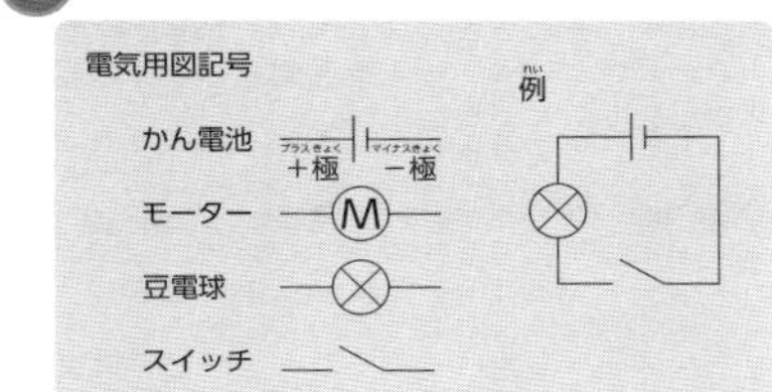

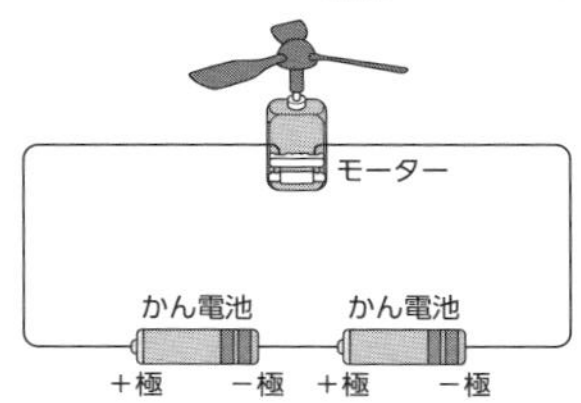

(1) 作図 電気用図記号を使うと、回路をかんたんに図で表すことができます。電気用図記号を使って、図の回路を表した回路図を、□にかきましょう。

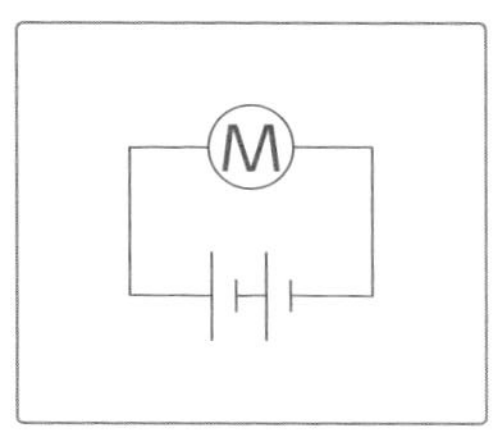

(2) けん流計は、何を調べることができますか。2つかきましょう。

(電流の向き)
(電流の大きさ)

21ページ

3 かん電池の数やつなぎ方を変えて、電流の大きさや向き、モーターの回る速さを調べました。ただし、けん流計のはりは省いてあります。　1つ8点(24点)

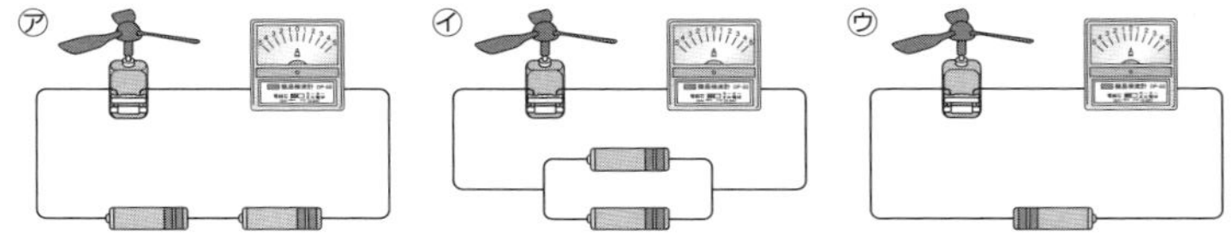

(1) けん流計のはりがふれる向きがほかの2つとちがうのは、ア～ウのどれですか。
(ウ)

(2) この実験の結果を、表にまとめました。(　)にあてはまる言葉や数字をかきましょう。

	電流の大きさ (けん流計のはりのさす目もり)	モーターの回る速さ
ア	1	ウより(② 速い)
イ	(① 0.5)	ウと同じぐらいの速さ
ウ	0.5	

できたらスゴイ！

4 かん電池とモーターを使って、自動車をつくります。　思考・表現　1つ10点(20点)

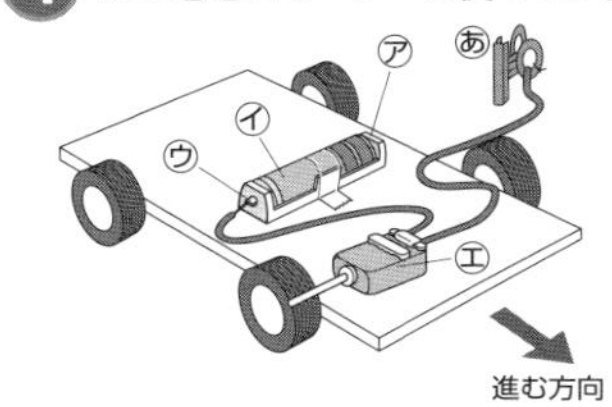

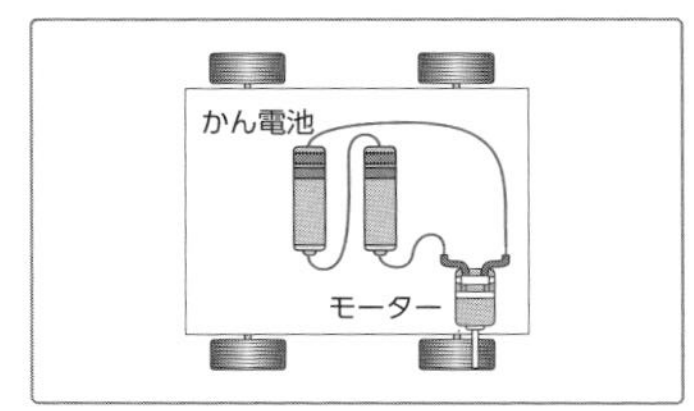

(1) あは、ア～エのどこにつなぐとよいですか。
(ア)

(2) 作図 かん電池を2こ使って速く走る自動車をつくります。どう線はどのようにつなぐとよいですか。□にかきましょう。

ふりかえり
1の問題がわからなかったときは、18ページの1と18ページの2にもどってたしかめましょう。
4の問題がわからなかったときは、18ページの2にもどってたしかめましょう。

20～21ページ てびき

1 (1)アはかん電池の直列つなぎです。

(2)電流は、かん電池の＋極からモーターやけん流計を通って－極に流れます。

(3)かん電池2こを直列につなぐと1このときより大きい電流が流れます。

(4)かん電池2こをへい列つなぎにしても、電流の大きさはかん電池1このときとほとんど変わりません。

2 (1)器具を電気用図記号におきかえていき、線で結びます。

3 (1)かん電池の向きを変えると、電流の向きが変わり、けん流計のはりがふれる向きも変わります。

(2)アはかん電池2この直列つなぎ、イはかん電池2このへい列つなぎ、ウはかん電池1こです。

4 (1)かん電池の＋極と－極にどう線をつながないと、回路ができません。

(2)自動車を速く走らせる。→モーターを速く回す。→モーターに流れる電流を大きくする。
→かん電池2こを直列つなぎにする。(かん電池の＋極と－極をつなぐことに注意。)

22ページ

ぴったり1 じゅんび

5. 雨水のゆくえと地面のようす
①雨水の流れ方
②水のしみこみ方

雨水の流れ方と集まり方や、水のしみこみ方のちがいをかくにんしよう。

教科書 51～58ページ　答え 12ページ

次の(　)にあてはまる言葉をかくか、あてはまるものを○でかこもう。

1 地面にふった雨水は、どこからどこへ流れて集まっていくのだろうか。 教科書 51～55ページ

▶地面のかたむきを調べる。
- 地面のかたむきを調べたいところに、紙のつつを切った物を置き、その上に(① ビー玉)をそっとのせる。
- ビー玉が転がっていった方が、地面が(② 高い ・ (低い))。
- 水が流れていた向きと(③ (同じ) ・ ちがう)向きに、ビー玉が転がった。

▶雨水は、(④ (高い) ・ 低い)ところから(⑤ 高い ・ (低い))ところへと流れて集まる。

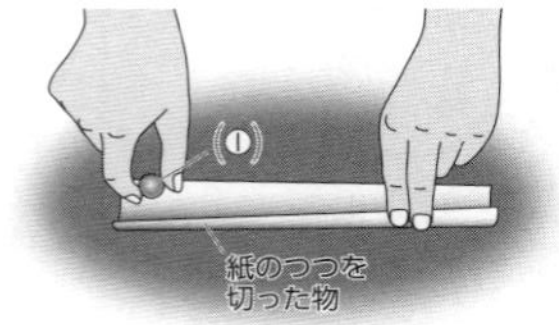

2 土やすなのつぶの大きさによって、水のしみこみ方にちがいがあるのだろうか。 教科書 56～58ページ

▶土やすなのつぶの大きさによる水のしみこみ方のちがいを調べる。
- 右の図のような実験そう置の一方に校庭の土、もう一方にすな場のすなを同じ体積だけ入れ、(① (同じ) ・ ちがう)量の水を入れる。
- (② 校庭の土 ・ (すな場のすな))は、下の方まで水が先にしみこんでいった。

▶水のしみこみ方は、土やすなの(③ つぶ)の大きさによってちがう。

▶土やすなのつぶが(④ (大きい) ・ 小さい)ほうが、水は、しみこみやすい。

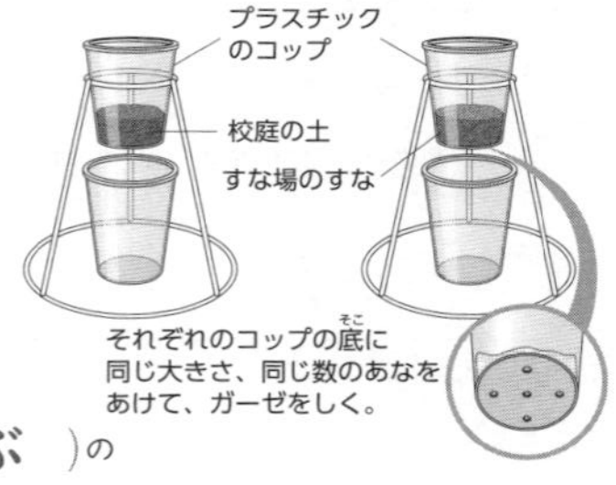

ここが だいじ!
①雨水は、高いところから低いところへ流れて集まる。
②水のしみこみ方は、土やすなのつぶの大きさによってちがい、つぶが大きいほうがしみこみやすい。

ぴたトリビア 地面にしみこんだ雨水が、地下を流れ、わき出たものを「わき水」といいます。

22

23ページ

ぴったり2 練習

5. 雨水のゆくえと地面のようす
①雨水の流れ方
②水のしみこみ方

教科書 51～58ページ　答え 12ページ

1 雨水が流れていたところや、水たまりとそのまわりを観察しました。

(1) 地面のかたむきを調べるために、図のような物をじゅんびしました。ビー玉は、地面が高い方と低い方のどちらに転がっていきますか。
(低い方)

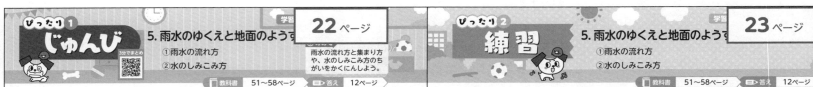

(2) ビー玉を置いたところ、㋐から㋑の方へ転がっていきました。地面が高いのは、㋐、㋑のどちらですか。
(㋐)

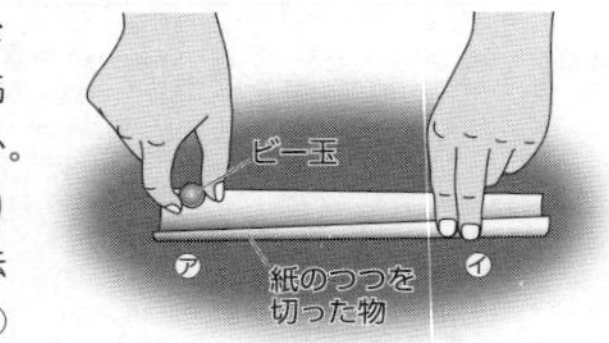

(3) 水たまりの近くにビー玉を置くと、どのようになりますか。正しいほうに○をつけましょう。
ア(○)水たまりのまわりから、水たまりができていたところに向かう。
イ(　)水たまりができていたところから、水たまりのまわりに向かう。

2 校庭の土とすな場のすなを用意し、水のしみこみ方を調べました。

(1) 図のような実験そう置を用意しました。コップに入れる水はどのようにしますか。正しいほうに○をつけましょう。
ア(○)同じ量の水を入れる。
イ(　)ちがう量の水を入れる。

(2) 校庭の土よりも、すな場のすなのほうが、下の方まで水が先にしみこみました。校庭の土とすな場のすなの、どちらのつぶがより大きいでしょうか。
(すな場のすな)

(3) 水のしみこみ方は、土やすなのつぶの大きさによって、ちがいますか、ちがいませんか。
(ちがう。)

23

おうちのかたへ　5. 雨水のゆくえと地面のようす
地面に降った雨水の流れやその行方について学習します。水は高いところから低いところに流れること、水のしみこみ方は土や砂の粒の大きさによって違うことを理解しているか、などがポイントです。

23ページ　てびき

❶ (1)、(2)ビー玉が転がっていった方が、地面が低くなっています。
(3)水たまりのまわりよりも、水たまりができていたところの方が低くなっています。

❷ (1)同じ量の水を入れて、しみこむ時間をくらべます。
(2)、(3)土やすなのつぶが大きい方が、水はしみこみやすいです。

ぴったり3 たしかめのテスト

5. 雨水のゆくえと地面のよう

24 ページ

/100 合格 70 点

教科書 50~61ページ　答え 13ページ

1 雨水が流れていたところや、水たまりとそのまわりの地面のかたむきを調べました。　1つ8点(40点)

(1) 図のような物を用意し、地面のかたむきを調べました。ビー玉はどのように転がりますか。正しいものに○をつけましょう。

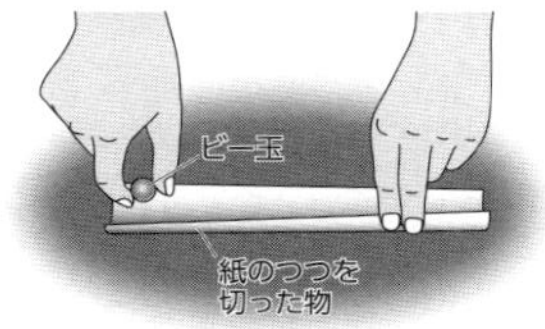

ア(　)低いところから高いところへ転がる。
イ(◯)高いところから低いところへ転がる。
ウ(　)高さがちがっても転がらない。

(2) 調べた結果を表にまとめました。(　)にあてはまる言葉を、それぞれア、イから選んで、○をつけましょう。

調べる場所	雨の日のようす	調べた結果
学校の前の道路	水が流れていた。	水が(①)に向かって、ビー玉が転がった。
公園	水がたまっていた。	(②)に向かって、ビー玉が転がった。

①ア(◯)流れていった方　イ(　)流れてきた方
②ア(◯)水たまりができていたところ　イ(　)水たまりのまわり

(3) 雨水はどのように流れ、どこにたまりますか。次の文の(　)にそれぞれ「高い」「低い」のどちらかの言葉を入れましょう。

雨水は、(① **高い**)ところから(② **低い**)ところへ流れて集まる。

25 ページ

よく出る

2 校庭の土とすな場のすなの、水のしみこみやすさのちがいを調べました。校庭の土より、すな場のすなのほうがつぶが大きかったです。　1つ10点(40点)

(1) 図のような実験そう置を用意しました。コップに入れる水はどのようにしますか。次の文の(　)にあてはまる言葉をかきましょう。　技能

それぞれのコップに、(　**同じ**　)量の水を入れる。

(2) 水がしみこむまでの時間をはかったところ、校庭の土は5分50秒、すな場のすなは3分10秒かかりました。「校庭の土」と「すな場のすな」のどちらが、水がしみこみやすいですか。

(**すな場のすな**)

(3) 記述 土やすなのつぶの大きさと、水のしみこみ方には、どのような関係がありますか。　思考・表現

(**土やすなのつぶが大きいほうが、水は、しみこみやすい。**)

(4) 記述 雨がふったとき、校庭には水たまりができましたが、すな場には水たまりができませんでした。その理由をかきましょう。　思考・表現

(**すな場のすなのほうがつぶが大きく、水がしみこみやすいため、水がたまらないから。**)

できたらスゴイ!

3 コンクリートで固められた道路のわきにあるみぞは、雨がふったときに集めて流すためのものです。　思考・表現　1つ20点(20点)

記述 雨水が集まるようにするため、道路にはどのようなくふうがされていると考えられますか。

(**道路のわきの方が低くなっている。**)

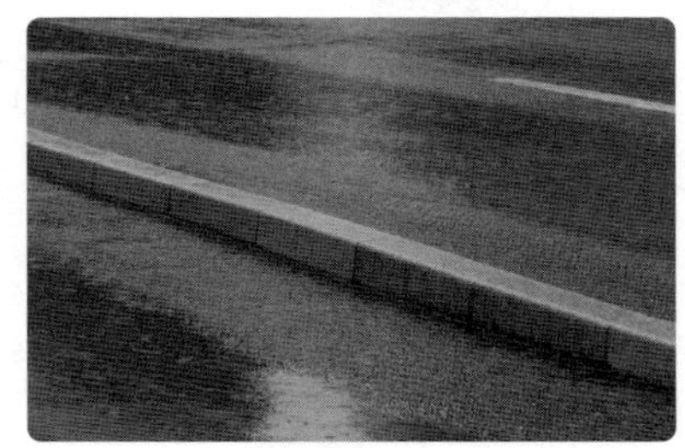

ふりかえり
2の問題がわからなかったときは、22ページの2にもどってたしかめましょう。
3の問題がわからなかったときは、22ページの1にもどってたしかめましょう。

24~25ページ　てびき

1 (2)水が流れてきた方よりも、流れていった方が低いです。また、水たまりのまわりよりも、水たまりができていたところの方が低いです。

2 (4)すな場のすなのほうが校庭の土よりもつぶが大きいため、水がしみこみやすく、水たまりができにくいです。

3 水がたまらないように、道路のわきの方を低くして、道路のわきに雨水が集まるようにくふうがされています。

ぴったり1 じゅんび

★暑くなると
①植物のようす
②動物のようす　③記録の整理

26ページ

暑くなってからの植物や動物のようすの変化をかくにんしよう。

教科書 63～69ページ　答え 14ページ

次の(　)にあてはまる言葉をかくか、あてはまるものを○でかこもう。

1 暑くなって、植物のようすは、どのように変わっているだろうか。　教科書 63～64ページ

▶植物は、えだや(① くき)がのびたり、(② 葉)がふえたりして、よく成長するようになる。

2 暑くなって、動物のようすは、どのように変わっているだろうか。　教科書 65～69ページ

ナナホシテントウ

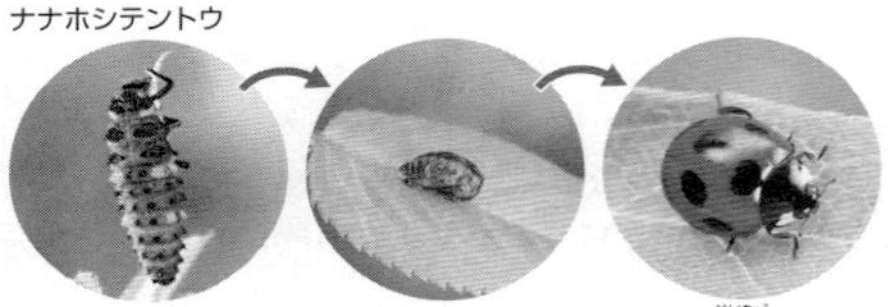

オオカマキリの観察
7月8日　午前10時　小川いぶき
校庭　気温22℃　晴れ
春よりも大きくなって、緑色に変化している。はねがないので、まだよう虫のようだ。これから成長して、成虫になると思う。

▶いろいろな動物が、春のころよりさかんに活動して、(① 成長)したり、ふえたりするようになる。

▶植物や動物の記録
- 気温の変わり方は、(② 折れ線)グラフを使って表すとよい。
- くきののび方は、(③ ぼう)グラフを使って表すとよい。
- (②)グラフと(③)グラフを(④ (重ねる) ・ 分ける)と、2つのことがらの変わり方の関係がつかみやすくなる。

気温とくきののびは関係がありそうだね。

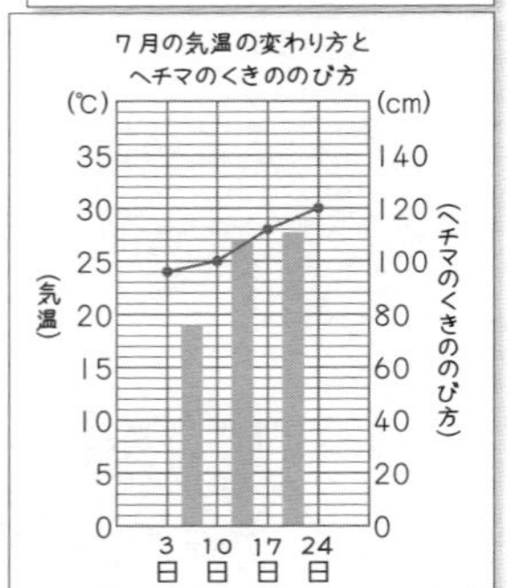

ここがだいじ！
①暑くなるにつれて、植物の成長や動物の活動がさかんになる。
②観察の記録は、グラフなどを使って、わかりやすく整理する。

ぴたトリビア　植物が花をさかせるじょうけんには、気温の変化や夜の長さの変化なども関係しています。

26

ぴったり2 練習

★暑くなると
①植物のようす
②動物のようす　③記録の整理

27ページ

教科書 63～69ページ　答え 14ページ

1 身のまわりの生き物を観察しました。

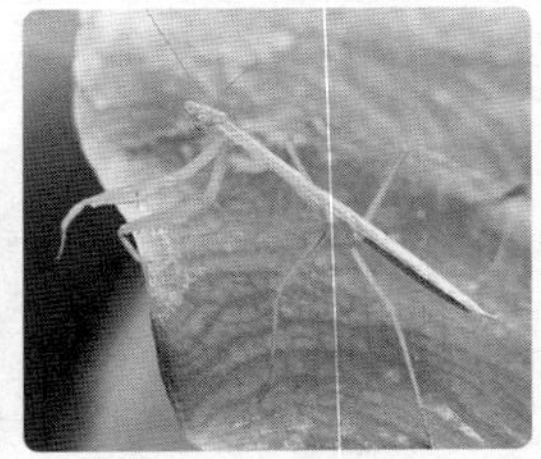

(1) 春から夏になると、気温はどうなりましたか。正しいものに○をつけましょう。
ア(　)低くなった。　イ(○)高くなった。
ウ(　)ほとんど変わらない。

(2) 春から夏になると、見られるオオカマキリの大きさはどうなりましたか。正しいものに○をつけましょう。
ア(　)小さくなった。　イ(○)大きくなった。
ウ(　)ほとんど変わらない。

(3) 春から夏になると、植物の葉の数はどうなりましたか。正しいものに○をつけましょう。
ア(　)へった。　イ(○)ふえた。　ウ(　)ほとんど変わらない。

2 気温の変わり方とヘチマのくきののび方を、グラフにまとめました。

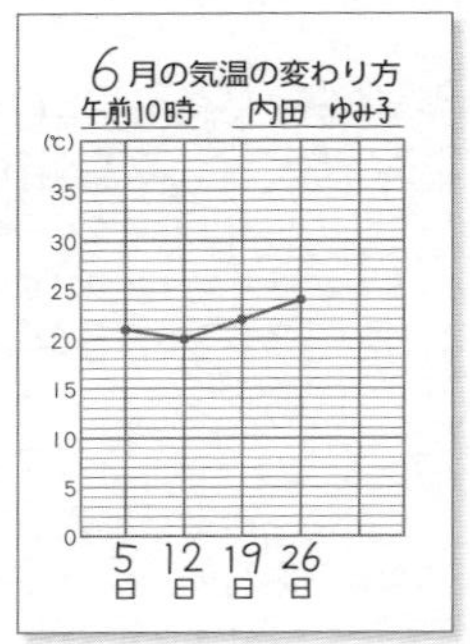

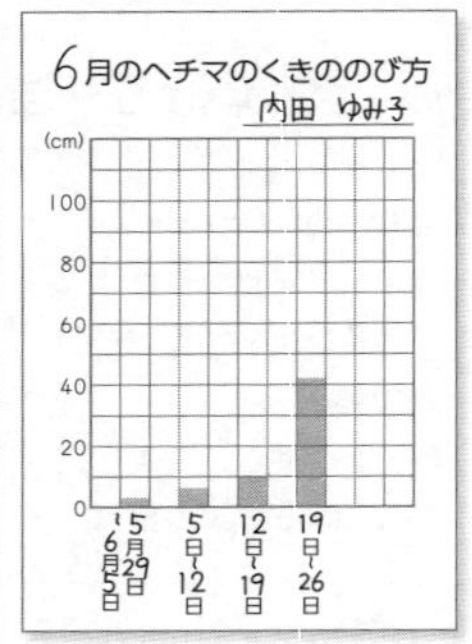

(1) 気温の変わり方を表したのは、何グラフですか。
(折れ線グラフ)

(2) くきののび方を表したのは、何グラフですか。
(ぼうグラフ)

(3) 6月に、気温はどうなりましたか。正しいものに○をつけましょう。
ア(○)高くなった。
イ(　)変わらない。
ウ(　)低くなった。

(4) 6月に、ヘチマのくきののび方はどうなりましたか。正しいものに○をつけましょう。
ア(○)大きくなった。　イ(　)変わらない。　ウ(　)小さくなった。

27

27ページ てびき

❶ (3)暑くなると、植物も成長するので、みつを出す花だけでなく、動物が食べる葉などもふえます。

❷ (1)折れ線グラフのかたむきで、気温の変わり方がわかります。

(2)ぼうグラフで表すと、量(くきののび)のちがいを見やすくなります。

(3)気温は1日1日で見ると低くなることもありますが、6月全体としては高くなっています。

おうちのかたへ　★暑くなると

「1. あたたかくなると」に続いて、身の回りの生き物を観察して、動物の活動や植物の成長が季節によって違うことを学習します。ここでは夏の生き物を扱います。

ぴったり3 たしかめのテスト ★暑くなると

100 合格70点

教科書 62〜69ページ 答え 15ページ

よく出る

1 夏に見られる生き物のようすは、それぞれどちらですか。 1つ10点(20点)

(1) イチョウ （イ） (2) オオカマキリ （キ）

ア

カ
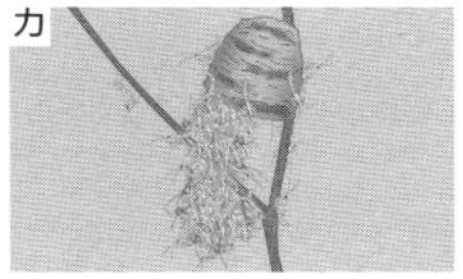
イ

キ
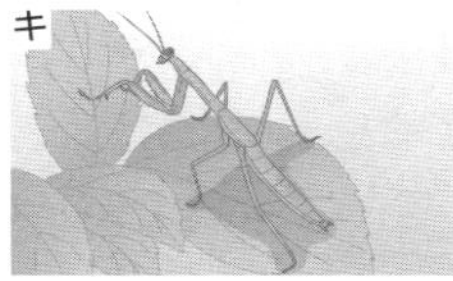

2 夏のころのオオカマキリのよう虫を観察しました。 技能 1つ10点(30点)

(1) オオカマキリのよう虫がよく見られるのはどこですか。正しいものに○をつけましょう。
ア（ ）池の周りの少ししめった地面
イ（ ）森林の木のかげ
ウ（○）日当たりのよい草むら

(2) 記録カードの㋐には、何をかいておくとよいですか。正しいものに○をつけましょう。
ア（○）気温 イ（ ）水温
ウ（ ）地面の温度

(3) 記録カードの㋑にあてはまる言葉は何ですか。正しいものに○をつけましょう。
ア（ ）数 イ（ ）形
ウ（○）色 エ（ ）大きさ

オオカマキリのよう虫
内田ゆみ子
7月2日 午前10時 晴れ
場所：校庭 ㋐
●結果
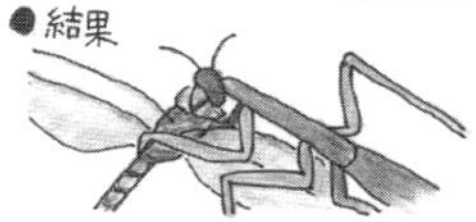
春のころより大きなオオカマキリのよう虫を見つけた。葉の㋑とからだの㋑がよくにていた。シオカラトンボをつかまえていた。

できたらスゴイ！

3 ゆみさんは、気温の変わり方とヘチマのくきののびを調べました。 思考・表現 (1)〜(3)10点、(4)20点(50点)

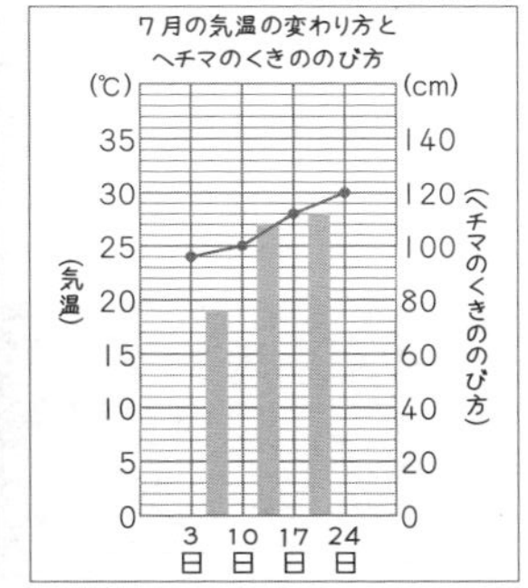

(1) ゆみさんは、ヘチマのくきののびを調べましたが、友達はくきののびとはちがうことを調べました。春と夏で、ほとんどちがいが見られなかったのはだれが調べたことですか。○をつけましょう。

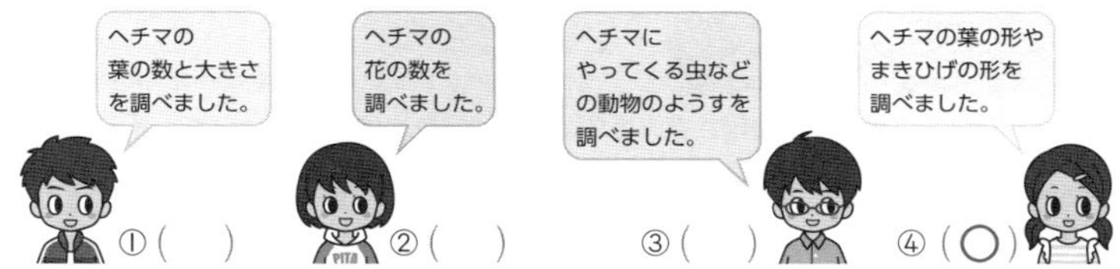

ヘチマの葉の数と大きさを調べました。
ヘチマの花の数を調べました。
ヘチマにやってくる虫などの動物のようすを調べました。
ヘチマの葉の形やまきひげの形を調べました。

①（ ） ②（ ） ③（ ） ④（○）

(2) 7月17日から7月24日の1週間で、ゆみさんが調べたヘチマのくきは、1日につき何cmのびましたか。正しいものに○をつけましょう。
ア（ ）1cm イ（ ）4cm ウ（○）16cm エ（ ）112cm

(3) ゆみさんが観察した結果から考えて、ヘチマのくきののびは、何の変わり方と関係しているといえますか。いちばん正しいものに○をつけましょう。
ア（ ）育てたところにふいた風の向きや強さ
イ（ ）育てたところにふった雨の量 ウ（○）育てたところの気温

(4) 記述 ゆみさんは、ヘチマの観察を続けることにしました。8月になると、ヘチマのくきののびはどうなりますか。そう考えた理由もかきましょう。

（**(8月になると7月よりも)気温が高くなるので、くきののびはさらに大きくなる。**）

ふりかえり
1の問題がわからなかったときは、26ページの1と26ページの2にもどってたしかめましょう。
3の問題がわからなかったときは、26ページの1と26ページの2にもどってたしかめましょう。

28〜29ページ てびき

1 (1)イチョウの葉は、夏に多くしげります。
(2)春にたまごからかえったオオカマキリのよう虫は、春よりも大きくなっています。

2 (1)オオカマキリのよう虫は、かくれやすく、食べ物の多いところに見られます。
(2)気温と生き物の育ち方の関係を調べます。
(3)オオカマキリは、草むらで目立たないすがたをしています。

3 (1)ヘチマの葉は大きくなり、数もふえ、花がさいて虫などが集まってきます。
(2)1目もりが4cmなので、1週間(7日間)ののびは、112cmです。 112cm÷7＝16cm
(3)グラフから、気温がだんだん高くなるにつれて、くきののびが大きくなることがわかります。
(4)8月になったときの気温の変化をまず考えてから、くきののびがどうなるかを考えましょう。

ぴったり1 じゅんび ★夏の星

学習 30ページ

夜空に見える星には、どのようなちがいがあるのかをかくにんしよう。

教科書 71〜75ページ　答え 16ページ

次の(　)にあてはまる言葉をかくか、あてはまるものを○でかこもう。

1 夜空に見える星には、どのようなちがいがあるのだろうか。 教科書 71〜75ページ

▶星には、明るさや(① 色)にちがいがある。
▶星は(② 明るい)順に、1等星、2等星、3等星…と分けられている。
▶ベガ、アルタイル、デネブ、アンタレスは、どれも(③ 1)等星である。
▶わしざ、はくちょうざ、ことざのように、星をいくつかのまとまりに分け、いろいろなもののすがたに見立てたものを、(④ 星ざ)という。

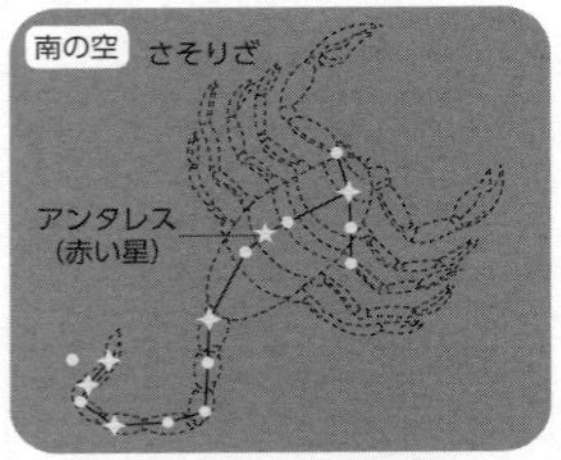

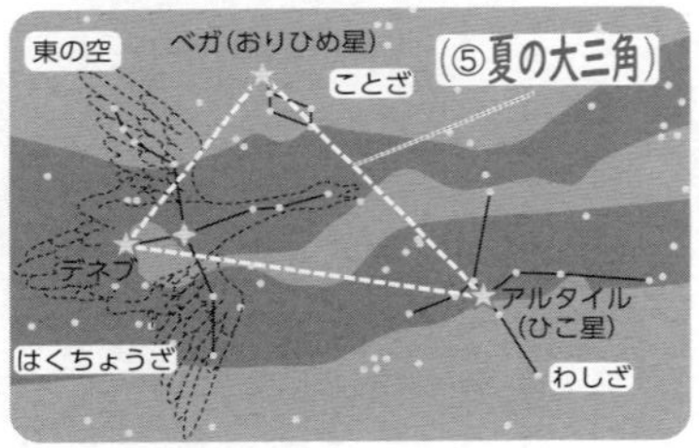

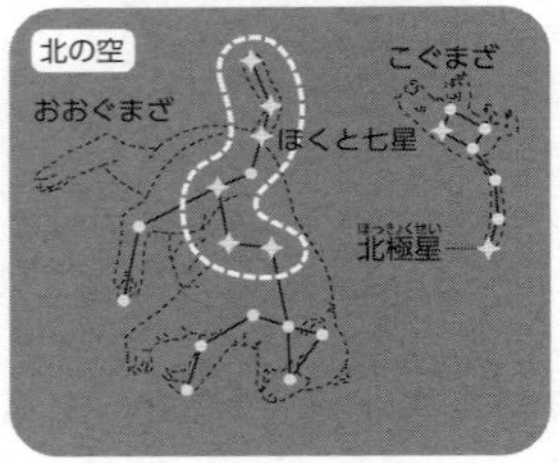

▶方位じしん
- はりは、(⑥ 北)と(⑦ 南)をさして止まる。はりの色のついたほうが(⑧ 北)をさす。

▶星ざ早見
- 月日の目もりと(⑨ 時こく)の目もりを合わせる。
- 見る方位の文字を(⑩ 上 ・ ㊦)にして、上にかざして使う。

星ざ早見…9月11日19時(午後7時)

(⑪ 時こく)の目もり

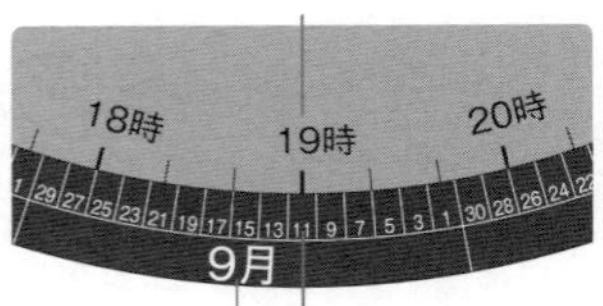

(⑫ 月日)の目もり

ここがだいじ!
①星には、明るさや色にちがいがある。
②星をいくつかのまとまりに分け、いろいろなもののすがたに見立てたものを、星ざという。

ぴたトリビア 星の色と温度は関係していて、青白い星は温度が高く10000℃以上あります。また、赤い星は温度が低いですが、それでも3000℃ほどあります。

ぴったり2 練習 ★夏の星

学習 31ページ

教科書 71〜75ページ　答え 16ページ

1 星ざ早見を使って、夏の夜空を観察します。

(1) 星をいくつかのまとまりに分け、いろいろなもののすがたに見立てたものを何といいますか。
(星ざ)

(2) 21時は何時ですか。正しいものに○をつけましょう。
ア(　)午前3時　イ(　)午前9時
ウ(　)午後3時　エ(○)午後9時

(3) 写真はほくと七星で、北の空に見えます。これを観察するとき、星ざ早見をどの向きに持ちますか。正しいものに○をつけましょう。
ア(　)　イ(○)　ウ(　)　エ(　)

2 7月15日の午後8時ごろに、日本のある場所で南の空を観察しました。

(1) 写真の㋐の星を何といいますか。
(アンタレス)

(2) ㋐の星がふくまれている星ざを何といいますか。
(さそりざ)

(3) ㋐の星は1等星です。1等星と2等星はどのようにちがいますか。正しいものに○をつけましょう。
ア(　)1等星は2等星より赤っぽい。
イ(　)1等星は2等星より白っぽい。
ウ(○)1等星は2等星より明るい。
エ(　)1等星は2等星より暗い。

ヒント 2 (3) 星は明るい順に、1等星、2等星…と分けられています。

31ページ てびき

1 (2)星ざ早見では、午前と午後に分けずに時こくが表されています。
(3)北の空を観察するので、「北」の文字を下にして持ちます。ほくと七星は、おおぐまざという星ざの一部です。

2 (1)、(2)赤い星であるアンタレスがふくまれる星ざをさそりざといいます。
(3)アンタレスやベガ、デネブなどは1等星です。

おうちのかたへ　★夏の星
星の明るさや色、星座について学習します。ここでは、夏休み前に見られる星を扱います。星の明るさや色には違いがあり、夜空には星座が見られることを理解しているか、などがポイントです。

32ページ

ぴったり3 たしかめのテスト ★夏の星

/100 合格70点

教科書 70〜75ページ　答え 17ページ

よく出る

1 夏の夜空を観察してスケッチしました。 1つ8点(32点)

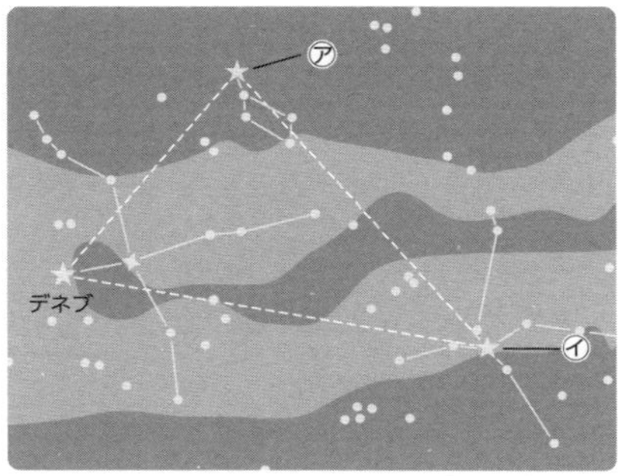

(1) デネブは、何という星ざの星ですか。

（ はくちょうざ ）

(2) ㋐の星は何ですか。正しいものに○をつけましょう。

ア（　）ことざのアルタイル
イ（○）ことざのベガ
ウ（　）わしざのアルタイル
エ（　）わしざのベガ

(3) デネブ、㋐、㋑の3つの星をつないでできる三角形を何といいますか。

（ 夏の大三角 ）

(4) デネブ、㋐、㋑の3つの星は、何等星ですか。

（ 1等星 ）

2 9月15日の午後7時に星を観察するとき、星ざ早見を使って星ざをさがしました。観察する時こくの目もりを正しく合わせているものはどれですか。○をつけましょう。 技能 1つ10点(10点)

ア（　）　イ（　）　ウ（○）

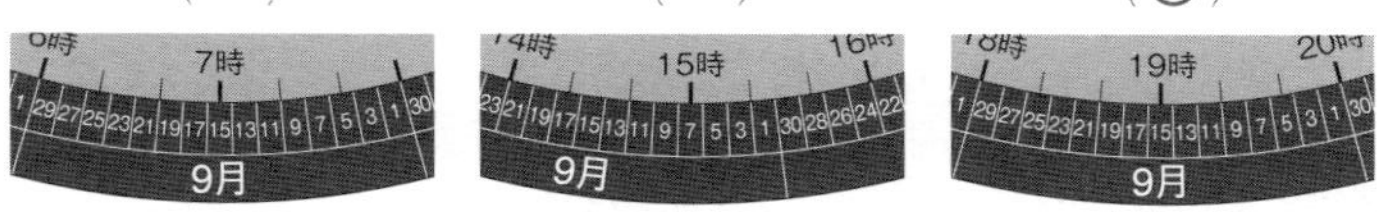

33ページ

3 ほくと七星を観察しました。 1つ9点(18点)

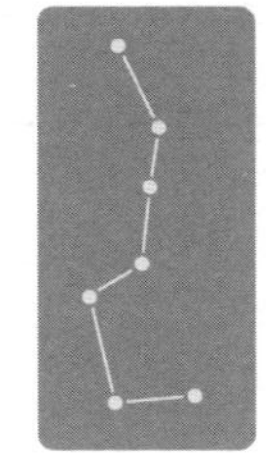

(1) ほくと七星が見られるのは、どの方位の空ですか。正しいものに○をつけましょう。

ア（　）東の空　イ（　）西の空
ウ（　）南の空　エ（○）北の空

(2) ほくと七星を観察する方位を調べるときに使うものはどれですか。正しいものに○をつけましょう。 技能

ア（○）方位じしん　イ（　）星ざ早見
ウ（　）望遠鏡　エ（　）時計

できたらスゴイ!

4 夏の夜空に見られるさそりざを観察しました。 思考・表現 1つ10点(40点)

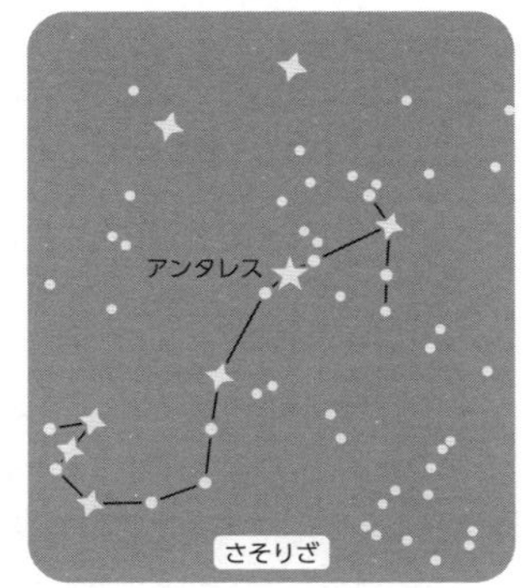

(1) 夏にさそりざを観察するには、どの方位の空を見ればよいですか。正しいものに○をつけましょう。

ア（　）東の空　イ（　）西の空
ウ（○）南の空　エ（　）北の空

(2) 星ざ早見の使い方から考えて、さそりざが見られる方位はいつも同じですか。正しいほうに○をつけましょう。

ア（　）さそりざが見られる方位は、いつも同じである。
イ（○）さそりざが見られる方位は、いつも同じではない。

(3) さそりざのアンタレスは、どのような色に見えましたか。正しいものに○をつけましょう。

ア（　）白っぽい色に見えた。　イ（　）青っぽい色に見えた。
ウ（○）赤っぽい色に見えた。　エ（　）黄色っぽい色に見えた。

(4) 記述 夜空を観察すると、たくさんの星が見られました。それらの星の「明るさ」と「色」をくらべると、どのようなことがいえますか。

（ 星によって、明るさや色にちがいがある。 ）

この本の終わりにある「夏のチャレンジテスト」をやってみよう！

ふりかえり
1の問題がわからなかったときは、30ページの1にもどってたしかめましょう。
4の問題がわからなかったときは、30ページの1にもどってたしかめましょう。

32〜33ページ　てびき

1 (1)デネブは、はくちょうざにふくまれる星です。
(2)㋐はことざのベガ、㋑はわしざのアルタイルです。
(3)デネブ、ベガ、アルタイルの3つの星を結んだ三角形を、夏の大三角といいます。

2 午後7時は19時なので、月日の目もり(9月15日)と時こくの目もり(19時)を合わせます。

3 (1)ほくと七星は、北の夜空に見られる7つのならんだ星です。

4 (1)夏のさそりざは、南の低い夜空に見られます。
(2)星ざ早見で、月日と時こくの目もりの合わせ方を変えると、同じ星ざの方位が変わることがわかります。
(4)星は明るい順に、1等星、2等星、3等星…と分けられ、いろいろな色の星があります。

ぴったり1 じゅんび

6. 月や星の見え方

①月の見え方

時こくによる、月の見える位置の変化をかくにんしよう。

教科書 79〜85ページ　答え 18ページ

次の(　)にあてはまる言葉をかくか、あてはまるものを○でかこもう。

1 月の見える位置は、時こくによって、どのように変わっていくのだろうか。 教科書 79〜85ページ

▶月は、日によって(① 形)が変わって見える。

▶半円の形に見える月を(② 半月)という。

▶円の形に見える月を(③ 満月)という。

半月

満月

▶月の見える位置は、時こくによって、(④ 東)から(⑤ 南)、(⑥ 西)へと変わる。

▶月の見える位置は、どのような形に見えるときでも、(⑦ (同じ) ・ ちがう)ような変わり方をする。

半月の動き

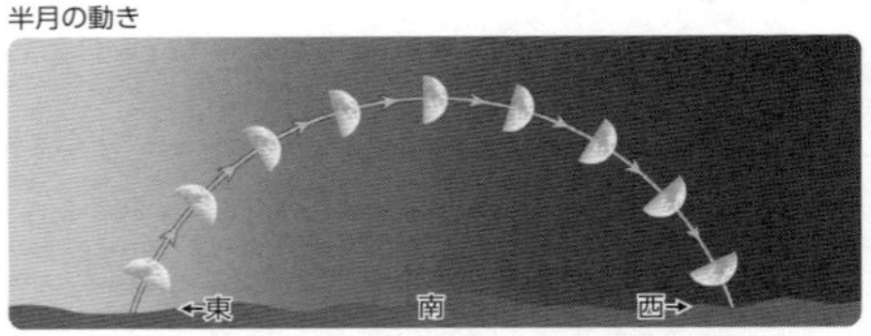

満月の動き

月の形によって、同じ位置にあるときの時こくがちがうよ。

ここが だいじ!
①月は、日によって形が変わって見える。
②月の見える位置は、時こくによって、東から南、西へと変わる。

ぴたトリビア 月の形は毎日少しずつ変わり、およそ1か月でもとの形にもどります。

ぴったり2 練習

6. 月や星の見え方

①月の見え方

教科書 79〜85ページ　答え 18ページ

1 ある年のちがう日に月を観察し、そのスケッチをしました。

(1) 9月24日と10月2日に見られた月の名前を、それぞれかきましょう。

9月24日(半月)
10月2日(満月)

(2) 1時間後、それぞれの月は、㋐〜㋒、㋕〜㋗のどの向きに動きますか。

9月24日(㋒)
10月2日(㋖)

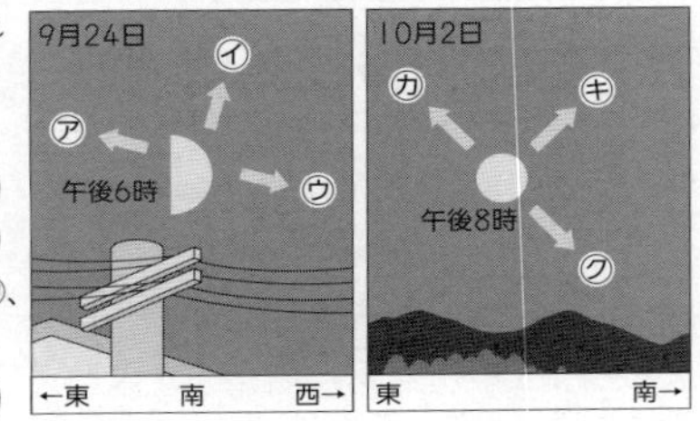

2 月の見える位置の変わり方をまとめました。

半月の動き　満月の動き

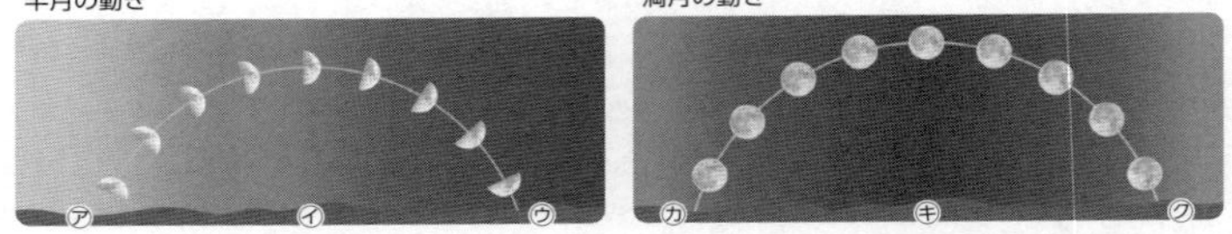

(1) 図で、東はどれですか。㋐〜㋒、㋕〜㋗からそれぞれ1つずつ選びましょう。

半月(㋐)　満月(㋕)

(2) 月が見える方位はどう変わりますか。それぞれ正しいほうに○をつけましょう。

①半月　ア(○)㋐→㋑→㋒　イ(　)㋒→㋑→㋐
②満月　カ(○)㋕→㋖→㋗　キ(　)㋗→㋖→㋕

(3) 半月と満月が南に見えるときの時こくは同じですか、ちがいますか。

(ちがう。)

ヒント ❷ 見える時こくはちがいますが、半月も満月も、太陽と同じように見える位置を変えます。

35ページ てびき

❶ (1)月は、日によって形が変わって見えます。
(2)月は、時こくによって、東から南へのぼり、西へしずんでいきます。

❷ (1)、(2)月は、時こくによって、東から南へのぼり、西へしずんでいきます。
(3)図の半月は午後6時ごろ、満月は真夜中に南の空に見られます。月の見える位置は、どのような形に見えるときでも、同じような変わり方をします。

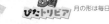

おうちのかたへ
地球の自転や、月が地球のまわりを公転していることは、中学校で学習します。ここでは、月が日によって形を変えることは観察した事実として捉えます。
また、月の見える位置の変化は、3年で学習した太陽の見える位置の変化と関係づけながら、東からのぼり、西へと見える位置を変えるものとして学習します。

おうちのかたへ　6. 月や星の見え方
月や星の見え方について学習します。1日のうちの月の見える位置の変わり方を理解しているか、星や星座は時刻とともに並び方を変えずに位置を変えることを理解しているか、などがポイントです。

6. 月や星の見え方

②星の見え方

時こくによる、星や星ざの見える位置やならび方をかくにんしよう。

教科書 86〜88ページ　答え 19ページ

次の(　)にあてはまる言葉をかくか、あてはまるものを○でかこもう。

1 星や星ざは、時こくによって、見える位置やならび方が変わるのだろうか。 教科書 86〜88ページ

▶午後9時に観察された夏の大三角を表す星を、黄色くぬりましょう。

〈夏の大三角〉

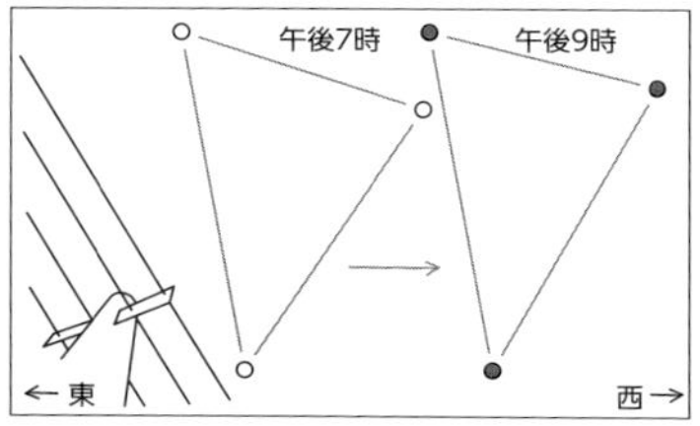

▶夏の大三角は、(① 東)から(② 西)へ見える位置が変わった。

▶時間と夏の大三角
- 星の見える位置
  時間がたつと(③ (変わる) ・ 変わらない)。
- 星のならび方
  時間がたつと(④ 変わる ・ (変わらない))。

▶東の空の星は(⑤ 南)の空の方へ、南の空の星は(⑥ 西)の空の方へ動いているように見える。

▶午後9時に観察されたカシオペヤざを表す星を、黄色くぬりましょう。

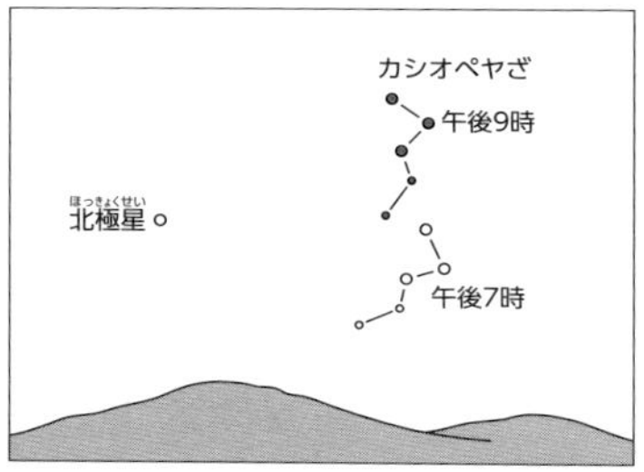

▶時間とカシオペヤざ
- 星の見える位置
  時間がたつと(⑦ (変わる) ・ 変わらない)。
- 星のならび方
  時間がたつと(⑧ 変わる ・ (変わらない))。

▶カシオペヤざは、(⑨ 北)の空に見える。

▶星や星ざは、時間がたつと、見える位置は(⑩ 変わる)が、ならび方は(⑪ 変わらない)。

ここがだいじ! ①星や星ざは、時間がたつと、見える位置は変わるが、ならび方は変わらない。

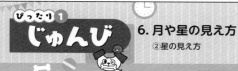

ぴたトリビア 夏の大三角にふくまれる星の「デネブ」はアラビア語で「(めんどりの)お」という意味で、はくちょうざのちょうどおの位置にあります。

6. 月や星の見え方

②星の見え方

教科書 86〜88ページ　答え 19ページ

1 夏の大三角を、午後7時に観察しました。

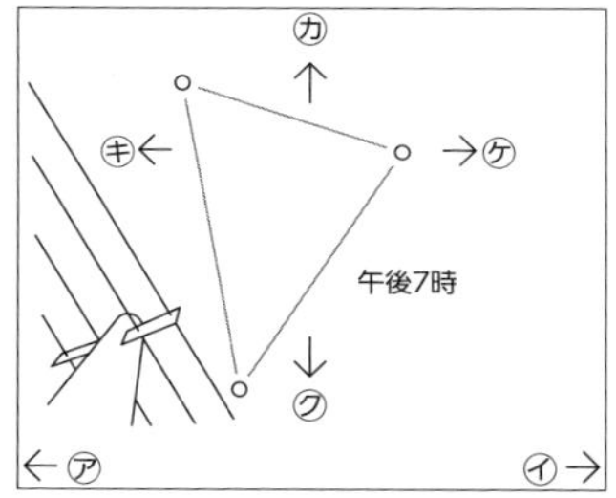

(1) ㋐の方位は何ですか。正しいものに○をつけましょう。

ア(○)東　イ(　)西
ウ(　)南　エ(　)北

(2) 午後8時に観察すると、夏の大三角はどの向きに動いていますか。㋕〜㋘から選びましょう。

(㋘)

(3) 夏の大三角をつくる星の見える位置とならび方は、時間がたつとどうなりますか。それぞれ正しいほうに○をつけましょう。

①星の見える位置
ア(○)変わる。　イ(　)変わらない。
②星のならび方
ア(　)変わる。　イ(○)変わらない。

2 北の空の星を観察しました。

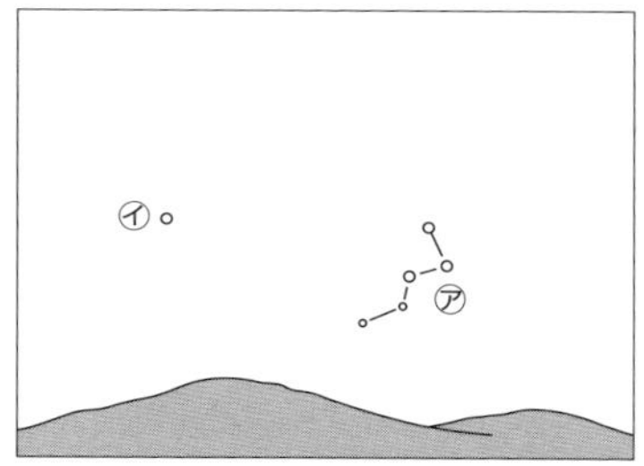

(1) 星ざ㋐を何といいますか。

(カシオペヤざ)

(2) 星㋑を何といいますか。

(北極星)

(3) ㋐の星ざをつくる星の見える位置とならび方は、時間がたつとどうなりますか。それぞれ正しいほうに○をつけましょう。

①星の見える位置
ア(○)変わる。　イ(　)変わらない。
②星のならび方
ア(　)変わる。　イ(○)変わらない。

37ページ てびき

1 (1)夏の大三角の向きから、㋐と㋖が東、㋑と㋘が西、㋗が南、㋕が北であることがわかります。

(2)、(3)夏の大三角は、そのならび方を変えずに、時こくとともに西の方へと見える位置を変えていきます。

2 (1)、(2)北の空の星は、北極星を中心にして時計のはりと反対の向きに回っているように見えます。

(3)星や星ざは、時間がたつと、見える位置は変わりますが、ならび方は変わりません。

おうちのかたへ
地球の自転や星の1日の動きは、中学校で学習します。ここでは、星や星座は時刻とともに並び方を変えずに動く(時間がたって星座の見える位置は変わっても、並び方は変わらない)ことを学習します。

38ページ

ぴったり3 たしかめのテスト

6. 月や星の見え方

/100 合格70点

教科書 78～91ページ　答え 20ページ

よく出る

1 月の形と、見える位置の変わり方について調べました。 1つ6点(30点)

(1) ㋐、㋑の形の月の名前は何ですか。

㋐(満月)
㋑(半月)

(2) 月が見える方位を、右のように調べました。 技能

①このときに使った道具は何ですか。
(方位じしん)

②月が見えた方位は何ですか。
(東)

(3) 夕方に、㋐が東からのぼってきました。真夜中の㋐は、どの空に見られますか。正しいものに○をつけましょう。

ア( )東の空　イ( )西の空　ウ(○)南の空　エ( )北の空

2 月の見える位置の変わり方を調べました。 1つ5点(15点)

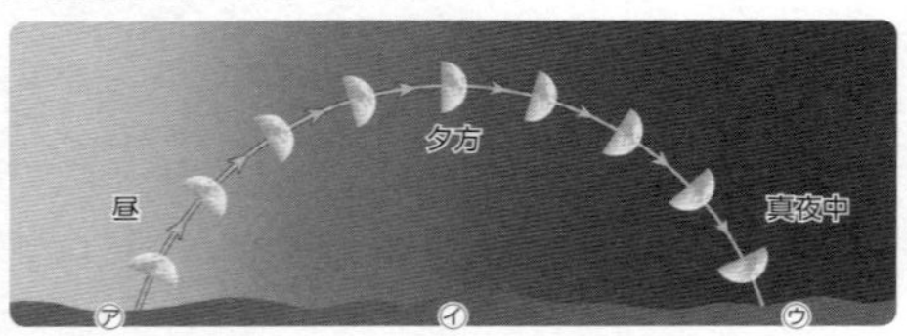

㋐～㋒に入る方位をそれぞれ選び、○をつけましょう。

㋐ア(○)東　イ( )西　ウ( )南　エ( )北
㋑ア( )東　イ( )西　ウ(○)南　エ( )北
㋒ア( )東　イ(○)西　ウ( )南　エ( )北

38

39ページ

よく出る

3 9月15日の午後7時に、W字形の星ざが見られました。 1つ5点(15点)

(1) この星ざは何ですか。正しいものに○をつけましょう。

ア( )はくちょうざ
イ( )ことざ
ウ(○)カシオペヤざ
エ( )わしざ

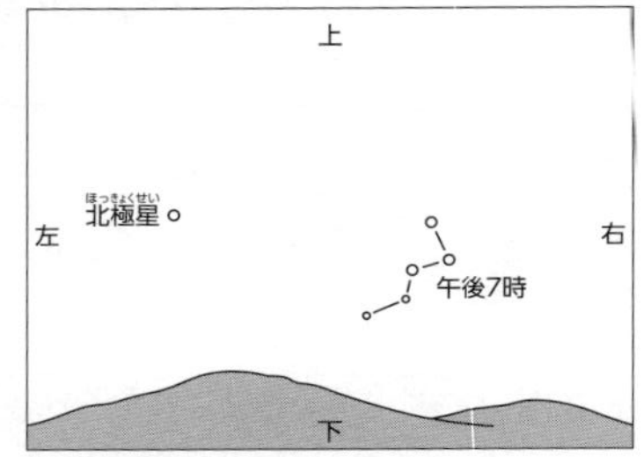

(2) 9月15日の午後7時に、この星ざはどの方位に見られましたか。正しいものに○をつけましょう。

ア( )東　イ( )西　ウ( )南　エ(○)北

(3) 2時間後の午後9時に、この星ざはどの方向に動いていましたか。いちばん近いものを、図の上下左右から選びましょう。 (上)

できたらスゴイ!

4 月と星の動き方を調べました。 思考・表現 1つ10点(40点)

(1) いちばん高い位置に満月が見られるのは、どの方位にあるときですか。正しいものに○をつけましょう。

ア( )東　イ( )西　ウ(○)南　エ( )北

(2) 満月と半月の動き方をくらべると、どのようなことがいえますか。正しいものに○をつけましょう。

ア( )いちばん高く見える方位も時こくも同じ。
イ(○)いちばん高く見える方位は同じで、時こくはちがう。
ウ( )いちばん高く見える方位はちがうが、時こくは同じ。
エ( )いちばん高く見える方位も時こくもちがう。

(3) 夜空に夏の大三角であるデネブとベガが見られ、デネブは矢印の向きに動いていきました。

①ベガはどの向きに動いていきましたか。図の㋐～㋓から選びましょう。 (㋑)

② 記述 ①で、その向きを選んだ理由をかきましょう。
(星の見える位置が変わっても、星のならび方は変わらないから。)

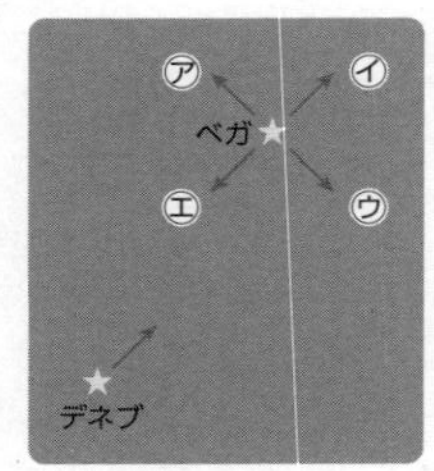

ふりかえり 1の問題がわからなかったときは、34ページの1にもどってたしかめましょう。
4の問題がわからなかったときは、34ページの1と36ページの1にもどってたしかめましょう。

39

38～39ページ　てびき

1 (2)方位じしんは、はりを南北に正しく合わせて使います。
(3)満月は真夜中に、南の空に見られます。

2 月の見える位置は、時こくによって、東から南、西へと変わります。

3 (3)北の空の星は、北極星を中心に、時計のはりと反対の向きに回っていくように見えます。

4 (1)月は、太陽と同じように、南の空にあるときに、いちばん高い位置に見られます。
(2)満月と半月では、動きは同じですが、同じ方位に観察される時こくが変わります。
(3)星のならび方が変わらないので、星ざを決めることができます。

40ページ

ぴったり1 じゅんび

7. 自然のなかの水のすがた

①水のゆくえ
②空気中にある水

水は、じょう発することや結ろすることをかくにんしよう。

教科書 93~98ページ　答え 21ページ

次の（　）にあてはまる言葉をかくか、あてはまるものを○でかこもう。

1 水は、空気中に出ていくのだろうか。　教科書 93~96ページ

▶入れ物の水が空気中に出ていくのか調べる。

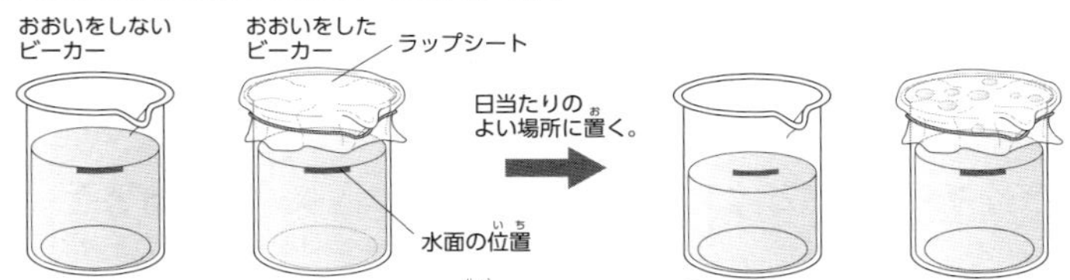

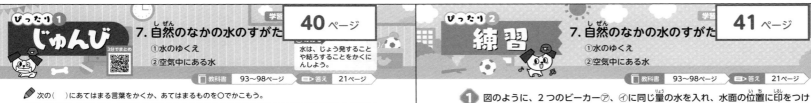

- おおいをしないビーカーは、水の量が（① へった ）。
- おおいをしたビーカーは、水の量は、ほとんど（② 変わらなかった ）。また、ビーカーやおおいの内側に、（③ 水てき ）がついた。

▶水は、（④ 空気 ）中に出ていく。
▶水は、空気中に出ていくとき、目に（⑤ 見える ・ (見えない) ）すがたに変わる。このことを、（⑥ じょう発 ）という。
▶水は、表面からじょう発し、空気中に出ていく。

2 じょう発した水は、ふたたび目に見えるすがたにもどるのだろうか。　教科書 97~98ページ

▶よく冷やしたコップに水てきがついたのは、空気中の目に（① 見える ・ (見えない) ）すがたの水が冷やされて、目に（② (見える) ・ 見えない ）すがたにもどったからである。
▶空気中にある、目に見えないすがたに変わった水を、（③ 水じょう気 ）という。
▶空気中の（③）が、冷たい物の表面で冷やされて目に見えるすがたの水にもどることを、（④ 結ろ ）という。
▶水は、自然のなかで、じょう発して（③）になったり、（④）して目に見えるすがたの水にもどったりしている。

ここがだいじ！
①水は、表面からじょう発し、空気中に出ていく。
②空気中の水じょう気が冷やされると、目に見えるすがたの水にもどる。

ぴたトリビア　自然のなかでは、水はたえずじょう発しています。水じょう気は、空の高いところで冷えて、小さな水や氷のつぶになります。これが雲の正体です。

40

41ページ

ぴったり2 練習

7. 自然のなかの水のすがた

①水のゆくえ
②空気中にある水

教科書 93~98ページ　答え 21ページ

1 図のように、2つのビーカー㋐、㋑に同じ量の水を入れ、水面の位置に印をつけました。㋑のビーカーにはラップシートでおおいをして、それぞれ日当たりのよい場所に置きました。

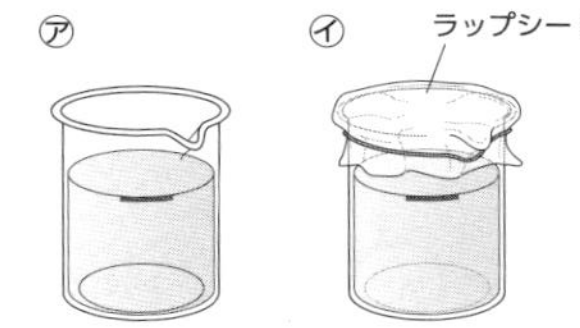

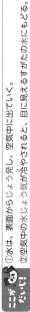

(1) 3～4日後、ビーカーの中の水面が大きく下がったのは、㋐、㋑のどちらですか。
（ ㋐ ）

(2) 3～4日後、㋑のラップシートには、どのような変化が見られましたか。正しいものに○をつけましょう。
ア（○）ラップシートの内側だけに、水てきがついた。
イ（　）ラップシートの外側だけに、水てきがついた。
ウ（　）ラップシートの内側にも外側にも、水てきがついた。
エ（　）ラップシートには、変化が見られなかった。

(3) 水が空気中に出ていくとき、目に見えないすがたに変わることを何といいますか。
（ じょう発 ）

2 冷ぞう庫の中でよく冷やした空のコップを外に出して、観察しました。

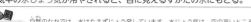

(1) コップの表面はどうなりましたか。正しいほうに○をつけましょう。
ア（　）何も変わらなかった。
イ（○）水てきがついた。

(2) 目に見えないすがたに変わった水を、何といいますか。
（ 水じょう気 ）

(3) 水は自然のなかで、どのようになっていますか。次の文の（　）にあてはまる言葉をかきましょう。

水は、（① じょう発 ）して目に見えない(2)になったり、（② 結ろ ）して目に見えるすがたの水にもどったりしている。

41

41ページ てびき

1 (1)水は熱しなくても、じょう発して水じょう気に変わります。水じょう気はラップシートを通りぬけることができません。
(2)水じょう気がラップシートの内側で水にもどり、ラップシートにつきます。

2 (1)冷やしたコップの表面で、空気中にある目に見えないすがたの水が冷やされ、目に見えるすがたの水にもどります。

おうちのかたへ　7. 自然のなかの水のすがた
水が表面から蒸発することや水蒸気などについて学習します。熱しなくても水が蒸発して水蒸気となること、空気中の水蒸気が冷やされて水に変わることを理解しているか、などがポイントです。

42ページ

ぴったり3 たしかめのテスト

7. 自然のなかの水のすがた

/100 合格 70 点

教科書 92~101ページ　答え 22ページ

よく出る

1 入れ物の水が、空気中に出ていくのか調べました。　1つ10点(30点)

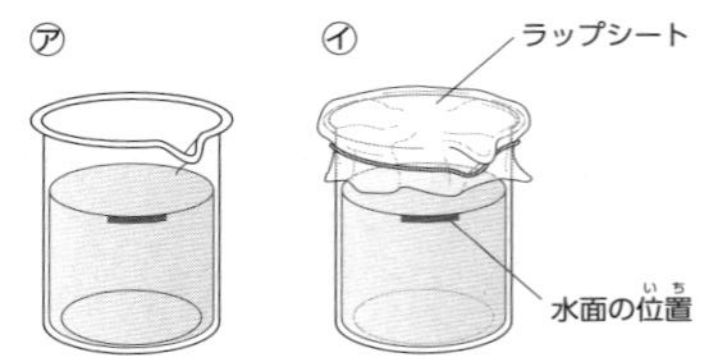

(1) 2つのビーカーはどこに置くとよいですか。正しいほうに○をつけましょう。

ア(○)日当たりのよい場所
イ(　)日当たりがよくない場所

(2) 記述 水面の位置に印をつけたのは、なぜですか。

(　**水の量がへったかどうか調べるため。**　)

(3) 3～4日後、㋐、㋑のビーカーの水はどうなっていましたか。正しいものに○をつけましょう。

ア(　)㋐も㋑も水の量がへった。
イ(○)㋐は水の量がへったが、㋑は水の量がほとんど変わらなかった。
ウ(　)㋐は水の量がほとんど変わらなかったが、㋑は水の量がへった。
エ(　)㋐も㋑も水の量はほとんど変わらなかった。

2 冷ぞう庫の中でよく冷やした空のコップを外に出したところ、コップの表面に水てきがつきました。　1つ10点(20点)

(1) 目に見えないすがたに変わった水のことを、何といいますか。

(　**水じょう気**　)

(2) 記述 コップの表面に水てきがついたのはなぜですか。

(**空気中の水が冷やされて、目に見えるすがたにもどったから。**)

43ページ

3 水そうをしばらく置いておくと、中の水がへっていました。　1つ10点(20点)

(1) 水そうにラップシートでふたをするとどうなると考えられますか。正しい人の意見に○をつけましょう。

ふたの外側に水てきがつくよ。
ふたの内側に水てきがつくよ。
ふたの外側と内側に水てきがつくよ。
ふたには何もつかないよ。

①(　)　②(○)　③(　)　④(　)

(2) 水そうに顔を近づけると、水そうのガラスが息でくもりました。このときの水のすがたはどうなりましたか。正しいほうに○をつけましょう。

ア(　)息にふくまれていた目に見えるすがたの水が、集まってガラスについた。
イ(○)息にふくまれていた水じょう気が、目に見えるすがたの水になってガラスについた。

できたらスゴイ!

4 空気と水のかかわりについて考えましょう。　思考・表現　1つ15点(30点)

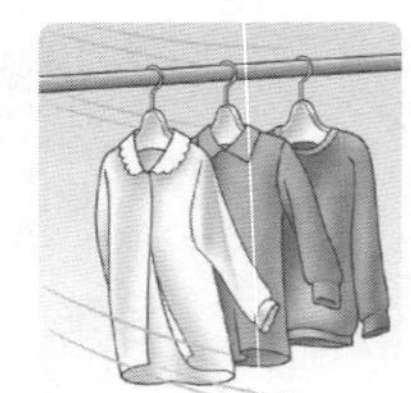

(1) せんたく物がはやくかわくのは、どのようなところにほしたときですか。正しいものに○をつけましょう。

ア(○)よく晴れた日の日なた
イ(　)よく晴れた日の日かげ
ウ(　)くもった日の日なた
エ(　)くもった日の日かげ

(2) 記述 気温の低い外からあたたかい部屋に入ったところ、めがねのレンズがくもりました。めがねのレンズがくもったのはなぜですか。説明しましょう。

(**空気中の水じょう気がめがねのレンズに冷やされて、水になってついたから。**)

ふりかえり　1の問題がわからなかったときは、40ページの1にもどってたしかめましょう。
4の問題がわからなかったときは、40ページの1と40ページの2にもどってたしかめましょう。

42～43ページ　てびき

1 (1)日当たりのよい場所に置き、水をじょう発させやすくします。
(3)ラップシートでおおいをしたビーカーでは、じょう発した水がラップシートを通りぬけられないので、水の量はほとんど変わりません。

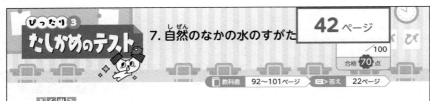

2 (2)空気中の水じょう気は、冷やされると目に見えるすがたの水にもどります。このことを、結ろといいます。

3 (1)じょう発して水じょう気になった水が、ふたの内側で目に見えるすがたの水にもどり、水てきがつきます。
(2)息にふくまれていた水じょう気が、目に見えるすがたの水になって、水そうのガラスにつきます。

4 (1)熱しなくても水はじょう発しますが、温度が高いと早くじょう発します。
(2)レンズが冷えていたので、空気中の水じょう気がレンズで冷やされて、水てきがつきます。

ぴったり1 じゅんび

✪すずしくなると
①植物のようす
②動物のようす　③記録の整理

すずしくなってからの植物や動物のようすの変化をかくにんしよう。

教科書 103〜109ページ　答え 23ページ

次の(　)にあてはまる言葉をかこう。

1 すずしくなって、植物のようすは、どのように変わっているだろうか。　教科書 103〜105ページ

▶ヘチマは、(① くき)がのびなくなり、(② 実)の中に(③ たね)をつくり、やがてかれていく。

▶サクラなどの木も、(④ 葉)がかれ落ちていく。

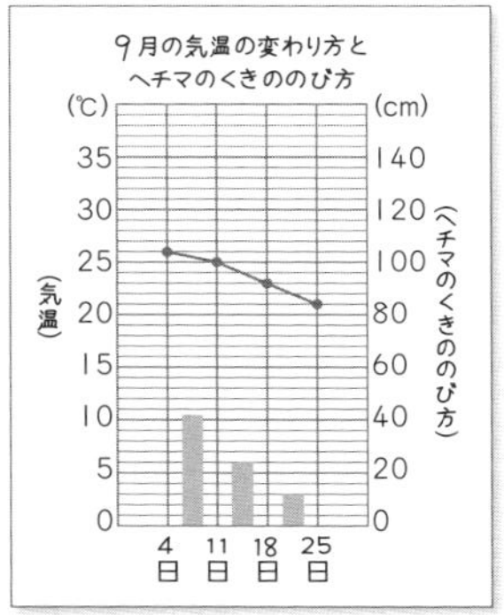

2 すずしくなって、動物のようすは、どのように変わっているだろうか。　教科書 106〜109ページ

▶こん虫などの(① 動物)には、すがたや活動のようすが、あまり見られなくなるものがいる。

▶ツバメは、あたたかい(② 南)の方へ飛び立っていく。

▶カブトムシは、土の中でたまごからかえり、(③ よう虫)になっている。

▶ヒキガエルは、土のあななどでじっとしている。

オオカマキリの観察
10月13日　午前10時　小川いぶき
校庭　気温19℃　晴れ

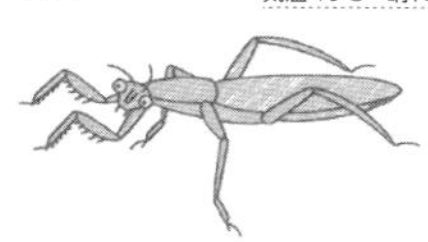

草むらに成虫がいた。大きさは、8cmくらい。じっと、えものをさがしているようだった。たまごは、いつうむのだろうか。

ここが だいじ!
①秋には、気温や水温が夏とくらべて低くなる。
②秋には、植物がかれ始めたり、動物の活動があまり見られなくなったりする。

ぴたトリビア　秋にこう葉が見られるのは、気温が下がることで植物のなかにある緑色をもつものがなくなり、赤色や黄色をもつものが見えるようになるためです。

ぴったり2 練習

✪すずしくなると
①植物のようす
②動物のようす　③記録の整理

教科書 103〜109ページ　答え 23ページ

1 秋にすずしくなってから、ヘチマのようすを観察しました。

(1) 夏とくらべて、気温はどうなりましたか。正しいものに○をつけましょう。
ア(　)高くなった。　イ(○)低くなった。
ウ(　)あまり変わらなかった。

(2) 夏とくらべて、ヘチマはどのようになりましたか。次の文の(　)にあてはまる言葉をかきましょう。

(① くき)がのびなくなり、
実の中に(② たね)をつくり、
やがて(③ かれて)いく。

ヘチマの実の観察
10月10日　午前10時　竹内らん
花だん　気温19℃　晴れ

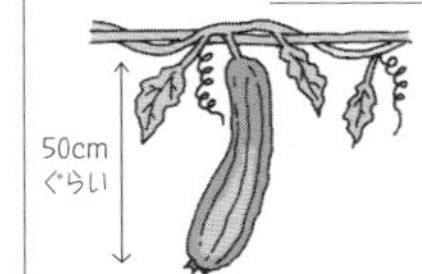

実が茶色になってきた。
長さは、50cmぐらい。

2 すずしくなって、身のまわりの生き物を観察しました。

カブトムシ(たまご)

カブトムシ(よう虫)

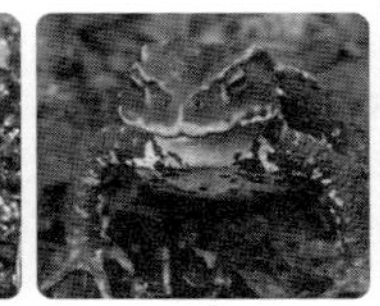
ヒキガエル

オオカマキリ

(1) カブトムシのようすはどうでしたか。正しいものに○をつけましょう。
ア(　)土の上にうんだたまごがかえり、よう虫も土の上で活動する。
イ(　)土の上にうんだたまごがかえり、よう虫は土の中で活動する。
ウ(　)土の中にうんだたまごがかえり、よう虫は土の上で活動する。
エ(○)土の中にうんだたまごがかえり、よう虫は土の中で活動する。

(2) ヒキガエルの活動はどうなっていましたか。正しいものに○をつけましょう。
ア(○)夏とくらべて活動がおだやかになった。
イ(　)夏とくらべて活動はあまり変わらなかった。
ウ(　)夏とくらべて活動が活発になった。

(3) 写真のオオカマキリは何をしていますか。正しいほうに○をつけましょう。
ア(　)成虫が冬をこすためのすみかをつくっている。
イ(○)たまごをうんでいる。

45ページ　てびき

❶ (1)秋になると、気温が下がってきます。
(2)実がかれた後、かれた実の先からたねがこぼれ落ちます。

❷ (1)カブトムシは、たまごをあさい土の中にうみます。土の中でかえったよう虫は、くさった落ち葉などを食べます。
(2)ヒキガエルは、土のあななどでじっとしています。
(3)オオカマキリの成虫は、たまごをうむとやがて死んでしまいます。

おうちのかたへ　✪すずしくなると
「1. あたたかくなると」「✪暑くなると」に続いて、身の回りの生き物を観察して、動物の活動や植物の成長が季節によって違うことを学習します。ここでは秋の生き物を扱います。

ぴったり3 たしかめのテスト ✪すずしくなると

46ページ

/100 合格70点

教科書 102～109ページ　答え 24ページ

1 秋に見られる生き物のようすは、それぞれどちらですか。 1つ10点(30点)

(1) サクラ (イ)　(2) カブトムシ (カ)　(3) ヒキガエル (サ)

ア

カ
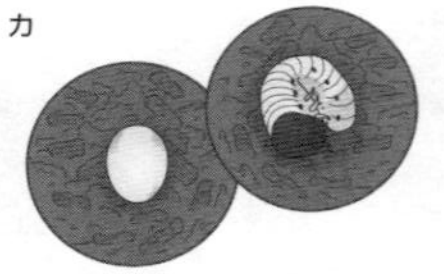
サ
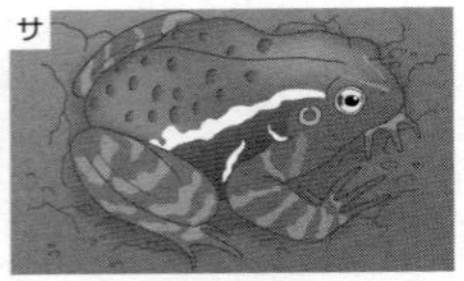
イ

キ
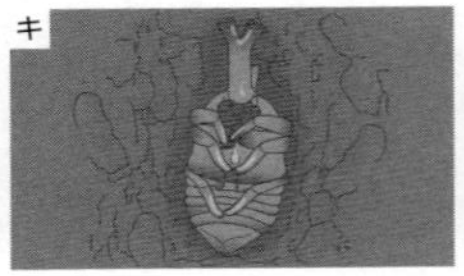
シ
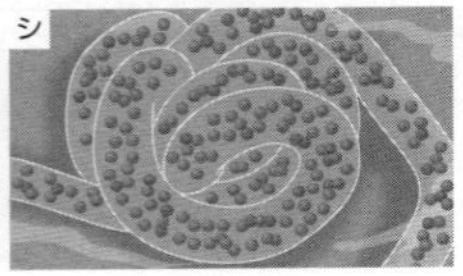

よく出る

2 オオカマキリがたまごをうんでいました。 1つ10点(30点)

オオカマキリがたまごをうんだ
南由美
11月10日 午前10時 晴れ
場所：校庭の草むら 気温18℃
●結果
オオカマキリが、セイタカアワダチソウのくきにたまごをうんでいた。
このあと、成虫とたまごはどうなるのかな。

(1) 秋になって、オオカマキリの数は夏とくらべてどうなりましたか。正しいほうに○をつけましょう。

ア(　)多く見られるようになった。
イ(◯)あまり見られなくなった。

(2) 秋になって、オオカマキリの活動は夏とくらべてどうなりましたか。正しいほうに○をつけましょう。

ア(　)活発になった。
イ(◯)にぶくなった。

(3) 秋になって、オオカマキリが食べていたシオカラトンボなどの数は夏とくらべてどうなりましたか。正しいほうに○をつけましょう。

ア(　)ふえていた。
イ(◯)へっていた。

46

47ページ

できたらスゴイ!

3 ゆずきさんたちは、育てた植物の秋のようすをくらべました。 思考・表現 1つ10点(40点)

ヒョウタンのようす
石田ゆずき
11月12日 午前10時
くもり 気温16℃
◆結果
・くきがのびなくなった。
・葉やくきがかれ始めた。
・実が大きくなった。

(1) ヘチマとツルレイシのくきののびはどうでしたか。正しいほうに○をつけましょう。

ア(　)夏のようにのび続けていた。
イ(◯)夏とちがってのびなくなった。

(2) ヘチマとツルレイシの葉のようすは、ヒョウタンとくらべてどうでしたか。正しいものに○をつけましょう。

ア(◯)ヘチマもツルレイシも、ヒョウタンのようにかれ始めていた。
イ(　)ヘチマもツルレイシも、ヒョウタンとちがって、葉をしげらせ始めていた。

(3) 秋になったときのヒョウタンやヘチマ、ツルレイシのようすを観察すると、どのようなことがわかりますか。正しい人の意見に○をつけましょう。

どれも、同じようにくきや葉の成長が止まっていました。

①(◯)

どれも、夏と成長のようすがあまり変わっていませんでした。

②(　)

どれも実が大きくなり、葉の緑色がこくなっていました。

③(　)

(4) 記述 夏とくらべて、秋にヒョウタンやヘチマ、ツルレイシなどの植物が成長するようすが変わったのはなぜですか。
(すずしくなったから。)
((夏にくらべて)気温が低くなったから。)

ふりかえり 2の問題がわからなかったときは、44ページの2にもどってたしかめましょう。
3の問題がわからなかったときは、44ページの1にもどってたしかめましょう。

47

46～47ページ てびき

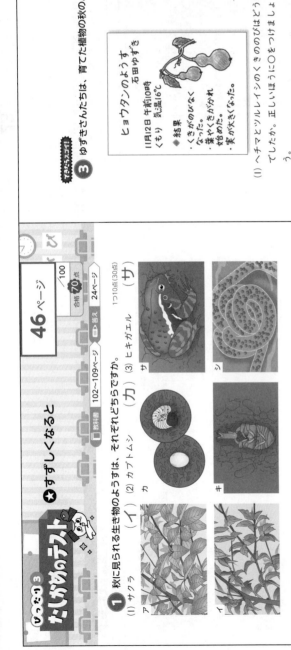

1 (1)サクラは、秋に葉の色が変わり、葉を落とします。
(2)カブトムシは、夏にさなぎから成虫になり、秋にたまごからよう虫がかえります。
(3)春にたまごからうまれたヒキガエルのおたまじゃくしは、秋にはカエルになっています。

2 (1)たまごをうむと、オオカマキリの成虫はやがて死んでしまいます。
(2)、(3)秋になると、ほかの動物も、活動がにぶくなったり、すがたがあまり見られなくなったりします。また、植物もかれてくるので、動物がえさにしていた生き物は、全体的にへってしまいます。

3 (1)～(3)夏とくらべて、ヘチマやツルレイシ、ヒョウタンなどは、くきののびが止まったり、実が大きくなったりしています。
(4)生き物のようすは、まわりの気温や水温などによって、大きく変わります。

ぴったり1 じゅんび

8. とじこめた空気と水

①とじこめた空気
②とじこめた水

48ページ

とじこめた空気と水の、体積や手ごたえをかくにんしよう。

教科書 111〜116ページ　答え 25ページ

次の(　)にあてはまる言葉をかくか、あてはまるものを○でかこもう。

1 とじこめた空気は、おされると、どうなるのだろうか。 教科書 111〜114ページ

▶とじこめた空気をおして、体積や手ごたえを調べる。

- ピストンをおすと、注しゃ器の中の空気の体積が(①　大きく　・　(小さく)　)なった。
- ピストンをおし下げるほど、手ごたえが(②　(大きく)　・　小さく　)なった。
- ピストンをはなすと、ピストンが(③　**おす前**　)の位置にもどった。

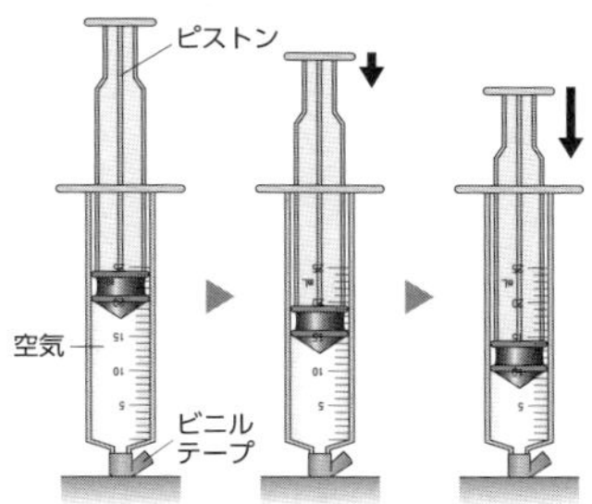

▶とじこめた空気は、おされると体積が(④　**小さく**　)なる。

▶とじこめた空気をおしたとき、空気の体積が小さくなるほど、おし返す力は(⑤　**大きく**　)なる。

2 とじこめた水は、おされると、体積が変わるのだろうか。 教科書 115〜116ページ

▶とじこめた水をおして、体積が変わるか調べる。

- ピストンをおしても、注しゃ器の中の水の(①　**体積**　)は変わらなかった。

▶とじこめた水は、空気とちがって、おされても(②　**体積**　)は変わらない。

空気のときとちがって、水のときはピストンをおし下げられないね。

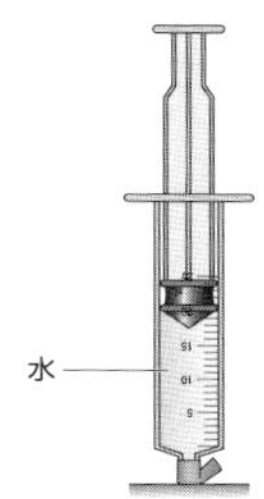

ここがだいじ！
①とじこめた空気は、おされると体積が小さくなり、小さくなるほど、おし返す力は大きくなる。
②とじこめた水は、空気とちがって、おされても体積は変わらない。

ぴたトリビア 自転車や自動車では、空気入りのタイヤを使うことで、地面からのしん動やしょうげきが伝わるのをやわらげています。

48

ぴったり2 練習

8. とじこめた空気と水

①とじこめた空気
②とじこめた水

49ページ

教科書 111〜116ページ　答え 25ページ

1 注しゃ器にとじこめた空気をおしました。

(1) 注しゃ器のピストンをおすと、注しゃ器の中の空気の体積はどうなりますか。正しいものに○をつけましょう。
ア(　)大きくなる。
イ(○)小さくなる。
ウ(　)変わらない。

(2) 注しゃ器のピストンを強くおすと、その手ごたえはどうなりますか。正しいものに○をつけましょう。
ア(○)大きくなる。
イ(　)小さくなる。
ウ(　)変わらない。

(3) ピストンをおした手をはなすと、ピストンはどうなりますか。正しいものに○をつけましょう。
ア(○)上に上がろうとする。
イ(　)下に下がろうとする。
ウ(　)手をはなした位置から動かない。

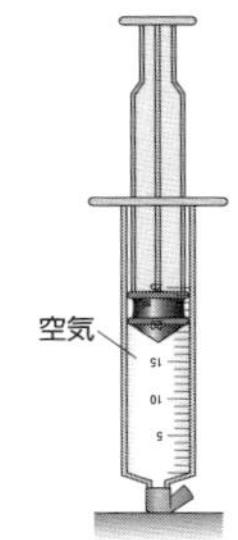

2 注しゃ器にとじこめた水をおしました。

(1) 注しゃ器のピストンをおすと、注しゃ器の中の水の体積はどうなりますか。正しいものに○をつけましょう。
ア(　)大きくなる。
イ(　)小さくなる。
ウ(○)変わらない。

(2) おした手をはなすとピストンはどうなりますか。正しいものに○をつけましょう。
ア(　)上に上がろうとする。
イ(　)下に下がろうとする。
ウ(○)手をはなした位置から動かない。

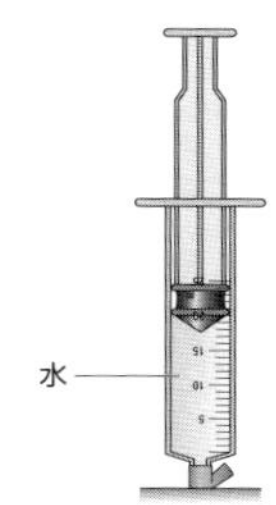

49

49ページ　てびき

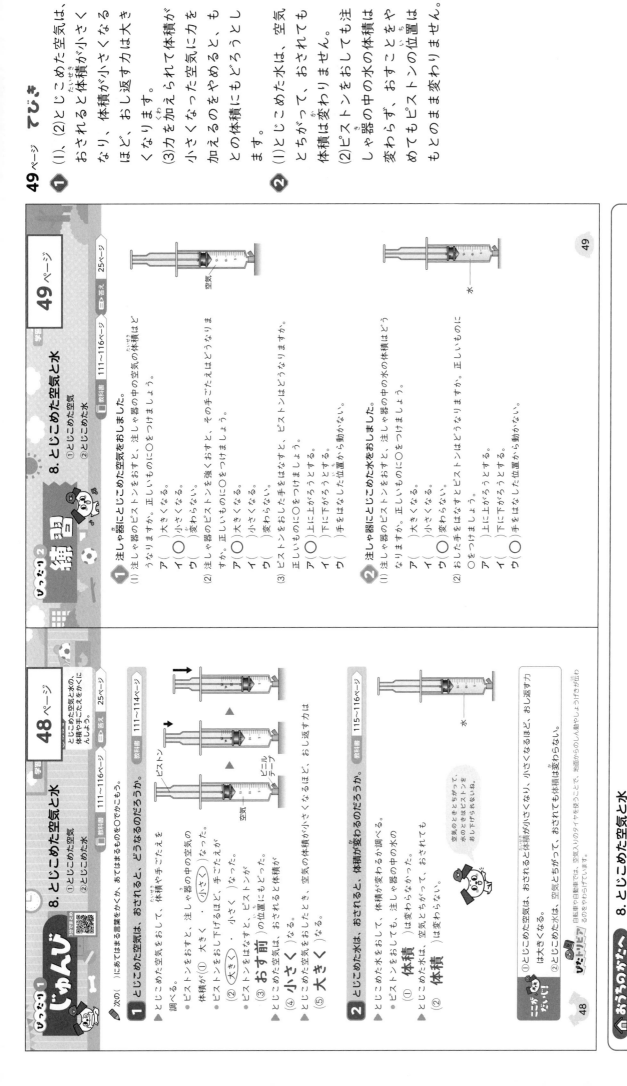

1 (1)、(2)とじこめた空気は、おされると体積が小さくなり、体積が小さくなるほど、おし返す力は大きくなります。
(3)力を加えられて体積が小さくなった空気に力を加えるのをやめると、もとの体積にもどろうとします。

2 (1)とじこめた水は、空気とちがって、おされても体積は変わりません。
(2)ピストンをおしても注しゃ器の中の水の体積は変わらず、おすことをやめてもピストンの位置はもとのまま変わりません。

おうちのかたへ　8. とじこめた空気と水
空気や水を押したときの現象について学習します。閉じこめた空気を押すと体積が小さくなって押し返す力が大きくなること、閉じこめた水は押し縮められないことを理解しているか、などがポイントです。

50ページ

ぴったり3 たしかめのテスト

8. とじこめた空気と水

合格 70 点 / 100

教科書 110〜119ページ　答え 26ページ

1 注しゃ器に空気を 20 mL 入れました。　1つ11点(44点)

(1) 注しゃ器のピストンをゆっくりと手でおすと、注しゃ器の中の空気の体積はどうなりますか。正しいものに○をつけましょう。

ア(　) 20 mL のままだった。
イ(○) 20 mL よりも小さくなった。
ウ(　) 20 mL よりも大きくなった。

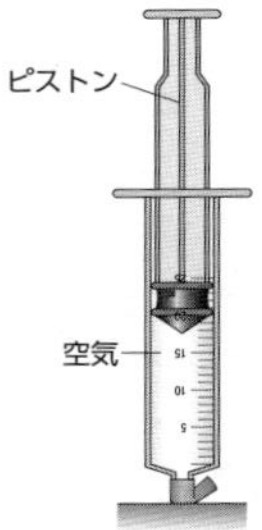

(2) ピストンを(1)よりも強く手でおすと、空気の体積はどうなりますか。正しいものに○をつけましょう。

ア(　) 20 mL のままだった。
イ(　) 20 mL よりも小さくなったが、(1)と同じままだった。
ウ(○) (1)のときよりもさらに小さくなった。

(3) (2)で、ピストンを(1)よりも強く手でおしたとき、(1)とくらべて手ごたえはどうなりましたか。正しいものに○をつけましょう。

ア(　)手ごたえは小さくなった。
イ(　)手ごたえは変わらなかった。
ウ(○)手ごたえは大きくなった。

(4) 記述 ピストンをおした手をはなすと、ピストンはどうなりましたか。

(**おす前の位置にもどった。**)

よく出る

2 注しゃ器に水を入れ、ピストンをおして体積の変化を調べます。 技能　1つ10点(20点)

(1) 注しゃ器のつつの先にビニルテープをまいたのはなぜですか。正しいものに○をつけましょう。

ア(○)水がもれないようにするため。
イ(　)注しゃ器がすべらないようにするため。
ウ(　)水を注しゃ器に入れやすくするため。

(2) 記述 注しゃ器のピストンをおすと、中の水の体積はどうなりましたか。

(**変わらなかった。**)

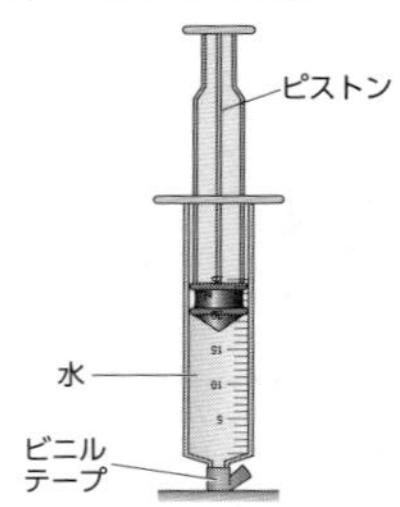

51ページ

学習

できたらスゴイ!

3 身のまわりには、空気や水のせいしつを利用したものがあります。 思考・表現　1つ12点(36点)

(1) 空気をおして体積を小さくしたときのせいしつを利用しているものはどれですか。正しいものに○をつけましょう。

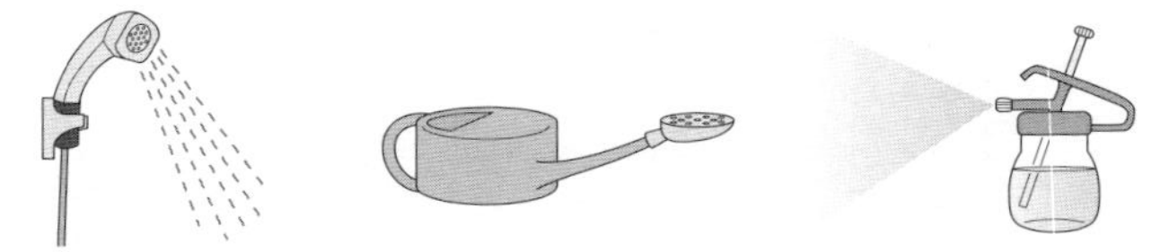

ア(　)　イ(　)　ウ(○)

(2) 記述 バスケットボールは、空気が入っていないとはずみませんが、空気でふくらませるとはずむようになります。これは、とじこめられた空気にどのようなせいしつがあるからですか。

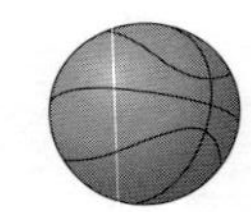

(**(バスケットボールの中の空気は)おしちぢめられるともとにもどろうとするせいしつがあるから。**)

(3) 記述 とうふを重ねるとつぶれてしまいますが、水の入ったパックに入れたものは重ねることができます。これは、とじこめられた水にどのようなせいしつがあるからですか。

(**(とうふのパックの中の水は)おされても体積が変わらないせいしつがあるから。**)

ふりかえり
2の問題がわからなかったときは、48ページの2にもどってたしかめましょう。
3の問題がわからなかったときは、48ページの1と48ページの2にもどってたしかめましょう。

50〜51ページ　てびき

1 (1)〜(3)とじこめた空気はおしちぢめることができ、空気の体積が小さくなるほど、おし返す力は大きくなります。

2 (1)注しゃ器にとじこめた空気や水がもれないように、つつの先をビニルテープでしっかりまきます。

3 (1)アのシャワーとイのじょうろは、水が小さいあなからおし出されます。ウのきりふきは、よう器の中の空気がおしちぢめられ、もとの体積にもどろうとする力で、よう器の中の水などがおし出されます。

(2)バスケットボールに空気をたくさん入れると、ボールの体積が決まっているので、空気がおしちぢめられ、空気がもとの体積にもどろうとして、ボールがよくはずみます。

(3)水は、空気と同じようにその形は変わりますが、空気とちがって、おしても体積は変わりません。

ぴったり1 じゅんび

9. 物の体積と温度

①空気の体積と温度
②水の体積と温度

空気と水の、温度の変化による体積の変化をかくにんしよう。

教科書 121～126ページ　答え 27ページ

次の(　)にあてはまる言葉をかくか、あてはまるものを○でかこもう。

1 空気は、あたためられたり冷やされたりすると、体積が変わるのだろうか。　教科書 121～124ページ

▶空気の温度を変えて、体積の変わり方を調べる。
- 試験管の中の空気をあたためると、ガラス管の中の水が、(① ㊤・下)に動いた。
- 試験管の中の空気を冷やすと、ガラス管の中の水が、(② 上・㊦)に動いた。

▶空気は、あたためられると、体積が(③ **大きく**)なる。
▶空気は、冷やされると、体積が(④ **小さく**)なる。

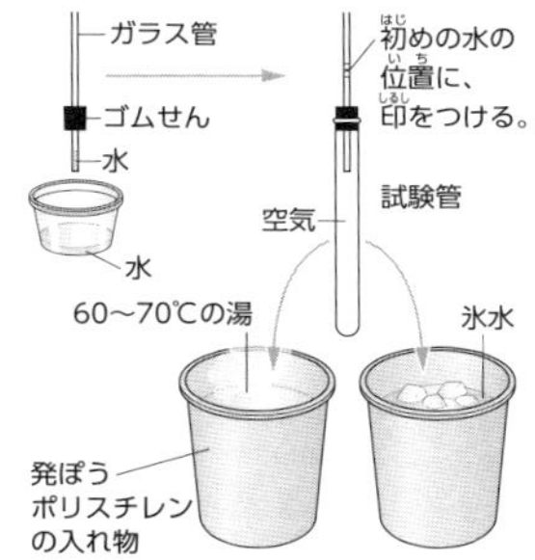

2 水は、あたためられたり冷やされたりすると、体積が変わるのだろうか。　教科書 125～126ページ

▶水の温度を変えて、体積の変わり方を調べる。

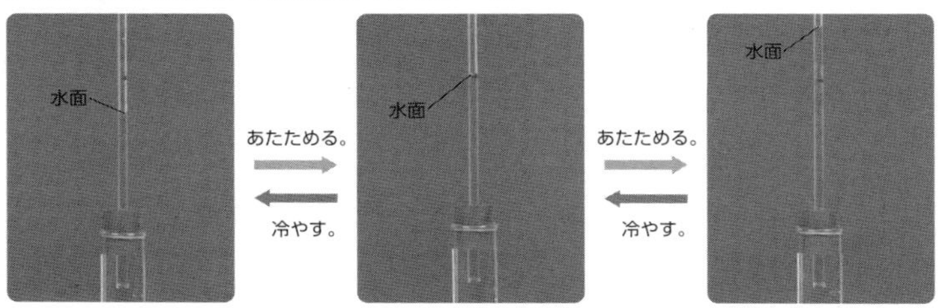

- 試験管の中の水をあたためると、水面が(① ㊤・下)に動いた。
- 試験管の中の水を冷やすと、水面が(② 上・㊦)に動いた。

▶水は、あたためられると、体積が(③ **大きく**)なり、冷やされると、体積が(④ **小さく**)なる。
▶温度による水の体積の変わり方は、空気にくらべて、ずっと(⑤ **小さい**)。

ここがだいじ!
①空気は、あたためられると体積が大きくなり、冷やされると体積が小さくなる。
②水は、あたためられると体積が大きくなり、冷やされると体積が小さくなる。

ぴたトリビア　水は温度が４℃のとき、いちばん体積が小さいです。

ぴったり2 練習

9. 物の体積と温度

①空気の体積と温度
②水の体積と温度

教科書 121～126ページ　答え 27ページ

1 空気をあたためたり冷やしたりして、体積の変わり方を調べました。

(1) 試験管の中の空気を 60 ～ 70 ℃の湯であたためると、ガラス管の中の水はどうなりますか。正しいものに○をつけましょう。
ア(○)上に動く。　イ(　)下に動く。
ウ(　)変わらない。

(2) 試験管の中の空気を氷水で冷やすと、ガラス管の中の水はどうなりますか。正しいものに○をつけましょう。
ア(　)上に動く。　イ(○)下に動く。
ウ(　)変わらない。

(3) 空気をあたためたり冷やしたりすると、体積はどうなりますか。正しいものに○をつけましょう。
ア(　)あたためても冷やしても体積は大きくなる。
イ(○)あたためると体積は大きくなり、冷やすと体積は小さくなる。
ウ(　)あたためると体積は小さくなり、冷やすと体積は大きくなる。
エ(　)あたためても冷やしても体積は小さくなる。

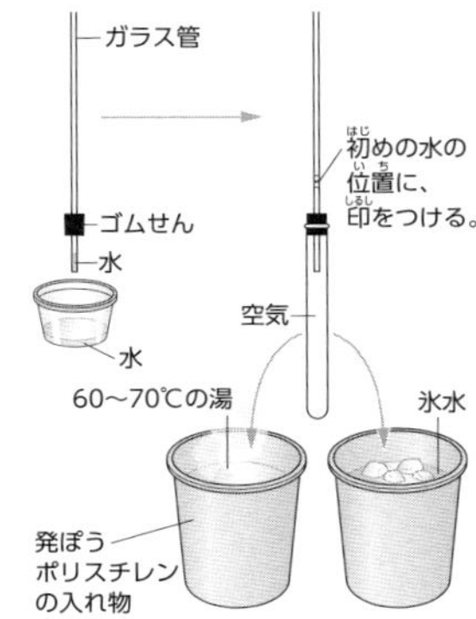

2 水をあたためたり冷やしたりして、体積の変わり方を調べました。

(1) 試験管の中の水を氷水で冷やすと、ガラス管の中の水面はどうなりますか。正しいものに○をつけましょう。
ア(　)上に動く。
イ(○)下に動く。
ウ(　)変わらない。

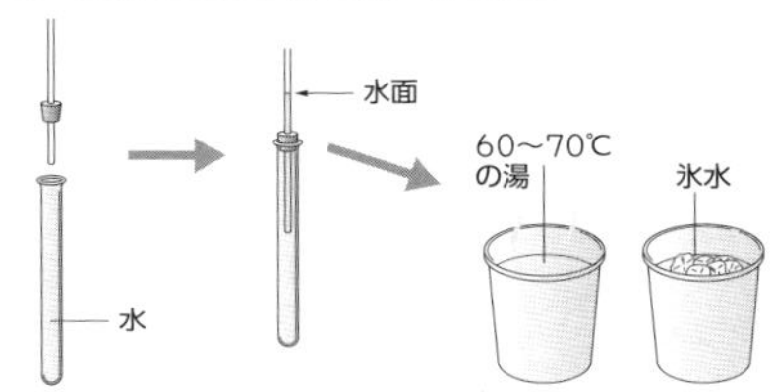

(2) 試験管の中の水をあたためると、ガラス管の中の水面はどうなりますか。正しいものに○をつけましょう。
ア(○)上に動く。　イ(　)下に動く。　ウ(　)変わらない。

おうちのかたへ　**9. 物の体積と温度**

実験器具を使い、空気、水、金属の温度を変えたときの体積の変化について学習します。どれもあたためると体積が大きくなり、冷やすと体積が小さくなりますが、変化の程度は異なることを理解しているかがポイントです。

53ページ　てびき

❶ 空気は、あたためられると、体積が大きくなり、冷やされると、体積が小さくなります。

❷ 水も、空気と同じように、あたためられると、体積が大きくなり、冷やされると、体積が小さくなります。

金ぞくの、温度の変化による体積の変化をかくにんしよう。

教科書 127～130ページ　答え 28ページ

次の(　)にあてはまる言葉をかくか、あてはまるものを○でかこもう。

1 金ぞくは、あたためられたり冷やされたりすると、体積が変わるのだろうか。　教科書 127～130ページ

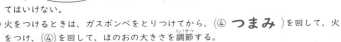

▶実験用ガスこんろの使い方

- (① 安定 ・ (不安定))なところに置いてはいけない。
- まわりに、(② (もえやすい) ・ もえにくい)物を置いてはいけない。
- 火を(③ (つけたまま) ・消したまま)、持ち歩いてはいけない。
- 火をつけるときは、ガスボンベをとりつけてから、(④ **つまみ**)を回して、火をつけ、(④)を回して、ほのおの大きさを調節する。
- 火を消すときは、(④)を「消」まで回して、火を消し、実験用ガスこんろやガスボンベが(⑤ あたたまったら ・ (冷えたら))、ガスボンベをはずす。その後、(④)を回して火をつけ、火が消えたら、(④)を「消」まで回す。

▶金ぞくの温度を変えて、体積の変わり方を調べる。

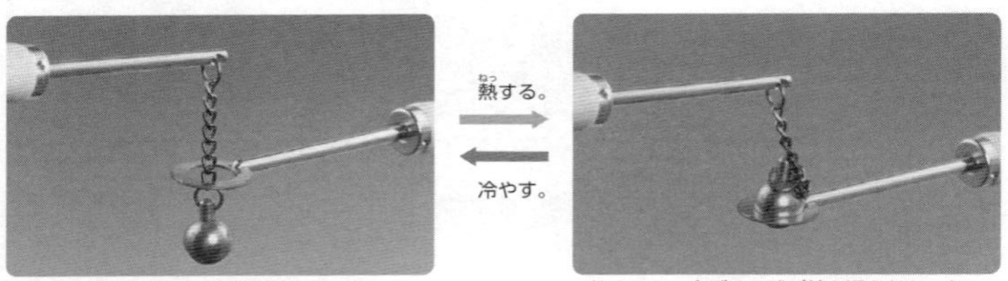

冷やすと、金ぞくの球が輪を通った。　熱すると、金ぞくの球が輪を通らなかった。

▶金ぞくは、熱せられると、体積が(⑥ **大きく**)なり、冷やされると、体積が(⑦ **小さく**)なる。

▶温度による体積の変わり方は、空気、水、金ぞくの順に(⑧ **大きい**)。

ここがだいじ!
①金ぞくは、熱せられると体積が大きくなり、冷やされると体積が小さくなる。
②温度による体積の変わり方は、空気、水、金ぞくの順に大きい。

ぴたトリビア 鉄道のレールは金ぞくでできているので、温度が高い夏は体積が大きくなり、温度が低い冬は体積が小さくなります。このことを考えて、レールとレールの間にすき間があります。

教科書 127～130ページ　答え 28ページ

1 実験用ガスこんろを使います。

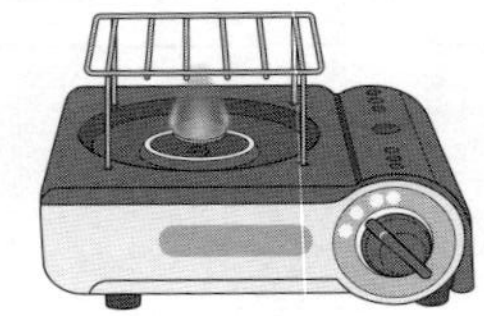

(1) 実験用ガスこんろを使うときに注意することは何ですか。それぞれ正しいものを○でかこみましょう。

①(安定 ・ (不安定))なところに置いてはいけない。

②まわりに、((もえやすい) ・ もえにくい)物を置いてはいけない。

③火を((つけたまま) ・消したまま)、持ち歩いてはいけない。

(2) 火をつけるときにはどうしますか。次の文の(　)にあてはまる言葉をかきましょう。

(**つまみ**)を回して、火をつけ、ほのおの大きさを調節する。

2 輪をぎりぎり通れる金ぞくの球を熱しました。

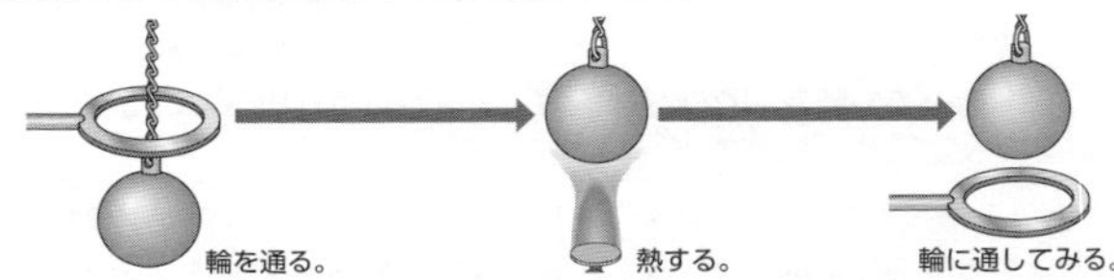

(1) じゅうぶんに熱した金ぞくの球は、輪を通りますか。正しいほうに○をつけましょう。

ア(　)通る。　イ(○)通らない。

(2) 熱した金ぞくの球を水でじゅうぶんに冷やすと、金ぞくの球は輪を通りますか。正しいほうに○をつけましょう。

ア(○)通る。　イ(　)通らない。

(3) 温度を変えたときの、空気、水、金ぞくの体積の変わり方をくらべると、いちばん小さいものと大きいものはどれですか。正しいものに○をつけましょう。

ア(　)空気が小さく金ぞくが大きい。　イ(　)空気が小さく水が大きい。
ウ(○)金ぞくが小さく空気が大きい。　エ(　)金ぞくが小さく水が大きい。
オ(　)水が小さく金ぞくが大きい。　カ(　)水が小さく空気が大きい。

ヒント 2 金ぞくの体積は、見た目ではわかりませんが、温度によって変化しています。

55ページ てびき

1 (1)実験用ガスこんろを使うときは、きけんなため、不安定なところに置いたり、まわりにもえやすい物を置いたり、火をつけたまま持ち歩いたりしてはいけません。

2 (1)、(2)金ぞくは、熱せられると、体積が大きくなり、冷やされると、体積が小さくなります。
(3)温度による体積の変わり方は、空気、水、金ぞくの順に大きいです。

56ページ

ぴったり3 たしかめのテスト

9. 物の体積と温度

100 合格70点

教科書 120～133ページ　答え 29ページ

よく出る

1 ゴムせんをつけたガラス管の先に水をつけ、試験管にさしこみました。　1つ6点(24点)

(1) 試験管の中の空気を 60 ～ 70 ℃の湯であたためると、ガラス管の中の水はどうなりますか。
（　**上に動く。**　）

(2) 試験管の中の空気を氷水で冷やすと、ガラス管の中の水はどうなりますか。
（　**下に動く。**　）

(3) 空気は、あたためられたり冷やされたりすると、体積がどうなりますか。次の文の（　）にあてはまる言葉をかきましょう。

空気は、あたためられると、体積が（① **大きく** ）なり、冷やされると、体積が（② **小さく** ）なる。

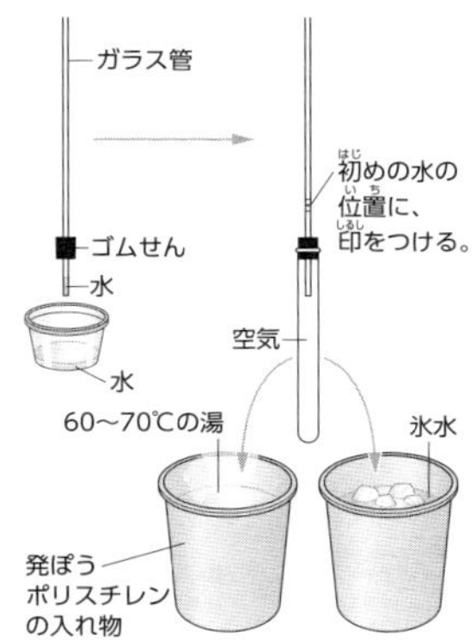

2 丸底フラスコに水を入れ、ガラス管つきゴムせんをはめました。　1つ6点(24点)

(1) 水面を㋐の位置にするには、フラスコをどうすればよいですか。正しいほうに○をつけましょう。
ア（ ◯ ）あたためる。　イ（　）冷やす。

(2) 水面を㋑の位置にするには、フラスコをどうすればよいですか。正しいほうに○をつけましょう。
ア（　）あたためる。　イ（ ◯ ）冷やす。

(3) 水は、あたためられたり冷やされたりすると、体積がどうなりますか。次の文の（　）にあてはまる言葉をかきましょう。

水は、あたためられると、体積が（① **大きく** ）なり、冷やされると、体積が（② **小さく** ）なる。

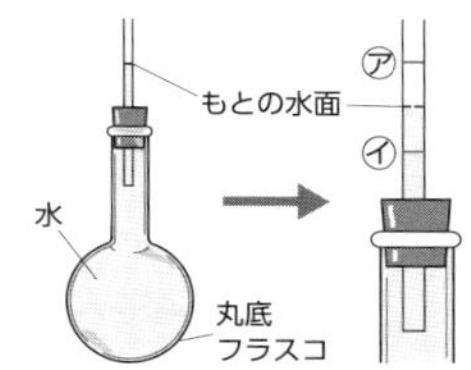

57ページ

学習

3 金ぞくの球が、ぎりぎり輪を通ることをたしかめてから熱しました。　1つ4点(28点)

(1) じゅうぶんに熱した金ぞくの球は、輪を通りますか。正しいほうに○をつけましょう。
ア（　）通る。　イ（ ◯ ）通らない。

(2) 熱した金ぞくの球をじゅうぶんによく冷やしました。体積はどうなりましたか。正しいほうに○をつけましょう。
ア（ ◯ ）小さくなる。　イ（　）大きくなる。

(3) 金ぞくは、熱せられたり冷やされたりすると、体積がどうなりますか。次の文の（　）にあてはまる言葉をかきましょう。

金ぞくは、熱せられると、体積が（① **大きく** ）なり、冷やされると、体積が（② **小さく** ）なる。空気、水、金ぞくを、温度による体積の変わり方の大きい順にならべると、（③ **空気** ）、（④ **水** ）、（⑤ **金ぞく** ）となる。

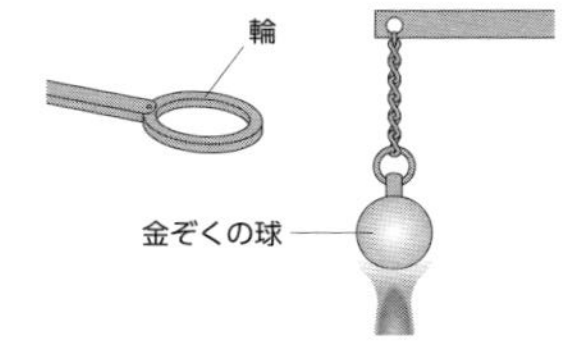

できたらスゴイ！

4 写真の温度計には、ガラスの管に液（灯油）が入っています。　思考・表現　1つ8点(24点)

(1) 記述 温度計で温度がはかれるのは、液の温度によって、体積がどのように変わるからですか。
（ **液の温度が上がると体積が大きくなり、温度が下がると体積が小さくなるから。** ）

(2) 身のまわりで、物の温度と体積の変わり方にかかわりの深いものはどれですか。2つに○をつけましょう。
ア（ ◯ ）鉄道のレールのつなぎ目にすき間がある。
イ（　）植物のくきは夏によくのびるものが多い。
ウ（　）しめった地面がかわくとかたくなる。
エ（ ◯ ）電柱の間の電線が夏になるとたるむ。

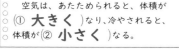

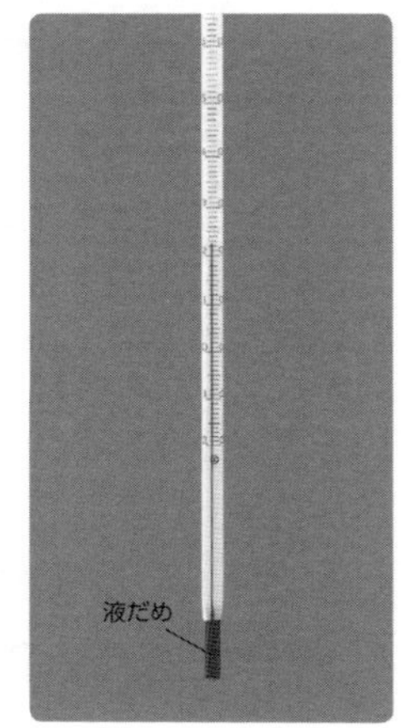

ふりかえり
1 の問題がわからなかったときは、52 ページの **1** にもどってたしかめましょう。
4 の問題がわからなかったときは、52 ページの **2** と 54 ページの **1** にもどってたしかめましょう。

56～57ページ　てびき

1 空気は、あたためられると、体積が大きくなり、冷やされると、体積が小さくなります。

2 水は、あたためられると、体積が大きくなり、冷やされると、体積が小さくなります。

3 金ぞくは、熱せられると、体積が大きくなり、冷やされると、体積が小さくなります。

4 (1)温度計は、温度が変わると、液の体積が変わるせいしつを利用しています。
(2)鉄道のレールや電線は、夏にのびたり、冬にちぢんだりしてもいいようにくふうされています。

ぴったり1 じゅんび

10. 物のあたたまり方

①金ぞくのあたたまり方

3分でまとめ

学習 58ページ

金ぞくは、どのようにあたたまるのかをかくにんしよう。

教科書 135〜138ページ　答え 30ページ

次の(　)にあてはまる言葉をかこう。

1 金ぞくは、どのようにあたたまるのだろうか。

教科書 135〜138ページ

▶およそ40℃で青色からピンク色に変わる(① し温インク)というインクを使って、金ぞくのあたたまり方を調べる。(①)には、ぬって使う物や、水でうすめて使う物がある。

▶金ぞくのぼうのあたたまり方を調べる。
- 金ぞくのぼうにし温インクをぬる。ただし、(② ほのお)が直せつ当たる部分には、ぬらない。
- 金ぞくのぼうの一方のはしを熱すると、(③ 熱した)ところから順に、し温インクの色が(④ 青)色から(⑤ ピンク)色に変化した。

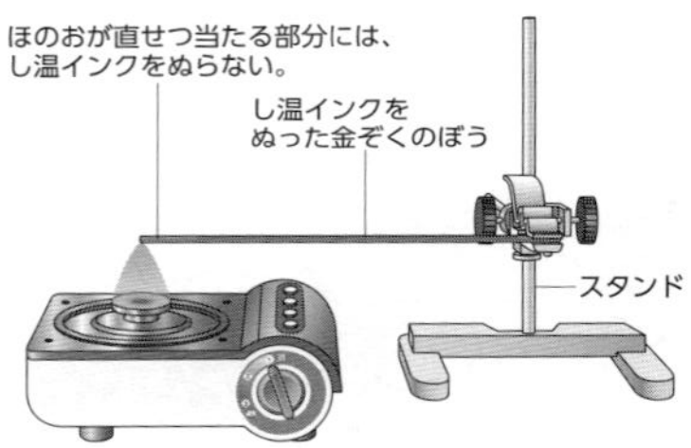

▶金ぞくの板のあたたまり方を調べる。
- 金ぞくの板にし温インクをぬる。
- 金ぞくの板の角を熱すると、熱したところから(⑥ 全体)に広がるように、し温インクの色が青色からピンク色に変化した。

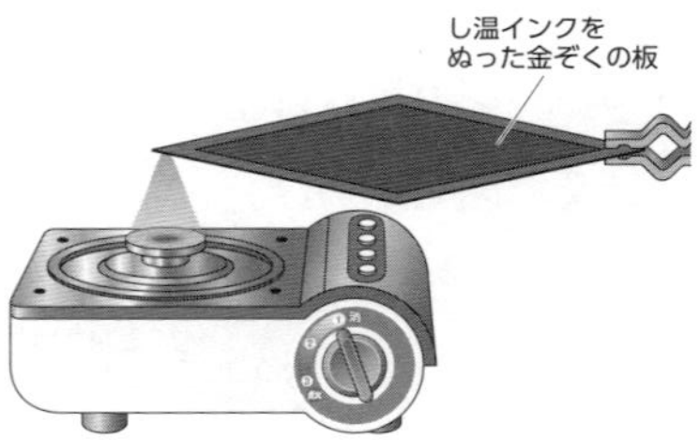

▶金ぞくは、(⑦ 熱せられた)ところから、順にあたたまっていき、やがて(⑧ 全体)があたたまる。

ここがだいじ! ①金ぞくは、熱せられたところから順にあたたまっていき、やがて全体があたたまる。

ぴたトリビア 物の種類によって、あたたまり方にちがいがあります。例えば、木やプラスチックは、金ぞくよりもあたたまりにくいです。

ぴったり2 練習

10. 物のあたたまり方

①金ぞくのあたたまり方

学習 59ページ

教科書 135〜138ページ　答え 30ページ

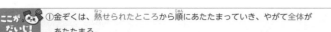

1 図のようにして、金ぞくのぼうのあたたまり方を調べました。

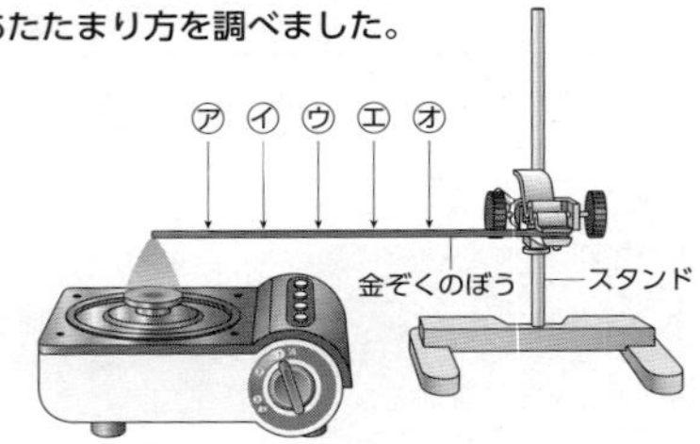

(1) あたたまり方を調べるために、金ぞくのぼうにぬった、ある温度で色が変わるインクを何といいますか。

(し温インク)

(2) (1)のインクはどのようにぬりましたか。正しいものに○をつけましょう。

ア(　)ほのおが直せつ当たる部分にだけインクをぬった。

イ(○)ほのおが直せつ当たる部分にだけインクをぬらなかった。

ウ(　)金ぞくのぼう全体にインクをぬった。

(3) ぼうを熱したとき、インクの色が変わる順に㋐〜㋔をならべましょう。

(㋐)→(㋑)→(㋒)→(㋓)→(㋔)

2 金ぞくの板にし温インクをぬり、図のように熱しました。

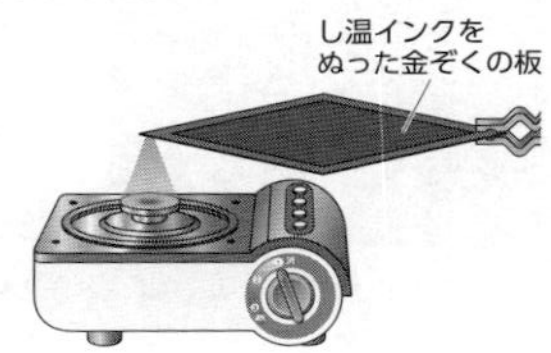

(1) 板を熱したとき、インクの色はどのように変わりましたか。正しいものに○をつけましょう。

ア(　)

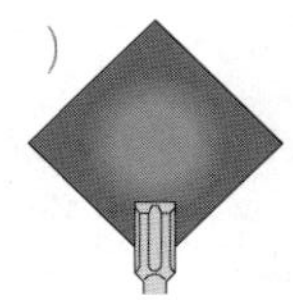

イ(○)

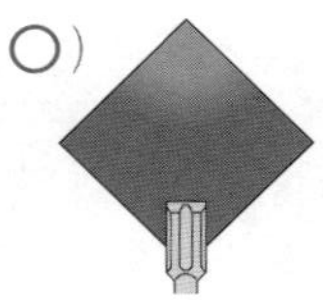

ウ(　)

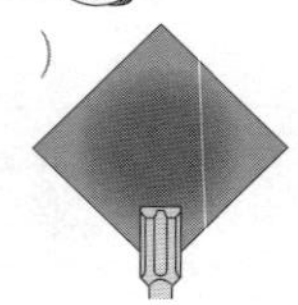

(2) 金ぞくはどのようにあたたまりますか。次の文の(　)にあてはまる言葉をかきましょう。

金ぞくは、(① 熱せられた)ところから順にあたたまっていき、やがて(② 全体)があたたまる。

59ページ てびき

❶ (1)し温インクは、決まった温度(例えば40℃)で、色が変わります(例えば青色→ピンク色)。

(3)金ぞくは、形がちがっても、熱した部分から順に熱が伝わってあたたまっていきます。

❷ 金ぞくの板を熱すると、熱したところから全体に広がるように、あたたまっていきます。

おうちのかたへ
ここでは、金属と、水や空気ではあたたまり方が異なるものとして学習します。なお、熱の伝わり方の詳しい内容や、「伝導(熱伝導)」「対流」「放射(熱放射)」の用語は、中学校で学習します。

おうちのかたへ　10. 物のあたたまり方
実験器具を使い、金属、空気、水をあたためたときの熱の伝わり方(あたたまり方)を学習します。金属は熱せられた部分から順にあたたまること(熱伝導)、水と空気は熱せられた部分が移動してあたたまること(対流)を理解しているかがポイントです。

ぴったり1 じゅんび

10. 物のあたたまり方

②空気のあたたまり方
③水のあたたまり方

学習 空気と水は、どのようにあたたまるのかをかくにんしよう。

教科書 139～144ページ　答え 31ページ

次の(　)にあてはまる言葉をかくか、あてはまるものを○でかこもう。

1 空気は、どのようにあたたまるのだろうか。

教科書 139～141ページ

部屋の空気の温度調べ
12月8日　場所（ 教室 ）　竹内らん

(上の方)

調べた場所	空気の温度
教室の前	20℃
教室の真ん中	20℃
教室の後ろ	21℃

(下の方)

調べた場所	空気の温度
教室の前	18℃
教室の真ん中	17℃
教室の後ろ	18℃

部屋の上の方が、空気の温度が高かった。

▶(① 線こう)を使うと、けむりの動き方から、空気の動きのようすがわかる。
▶だんぼうしている部屋では、上の方が、空気の温度が(② (高かった) ・ 低かった)。
▶電熱器に線こうのけむりを近づけると、けむりが速く(③ (上) ・ 下)に動いた。
▶あたためられた空気は、(④ 上)に動く。
▶空気は、(⑤ 動き)ながら全体があたたまっていく。

2 水は、どのようにあたたまるのだろうか。

教科書 142～144ページ

▶水のあたたまり方を調べる。
- し温インクを入れた水を下から熱すると、(① (上) ・ 下)の方からだんだんと、色が変わった。
- ビーカーの底に絵の具を入れた水を、下から熱すると、絵の具が(② (上) ・ 下)に動いた。

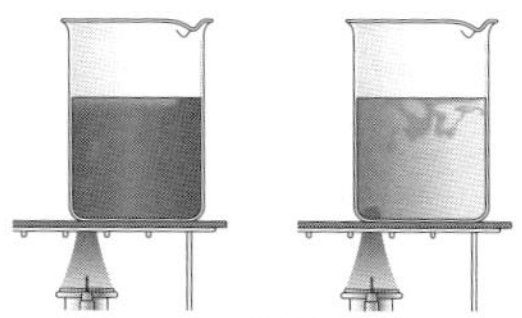

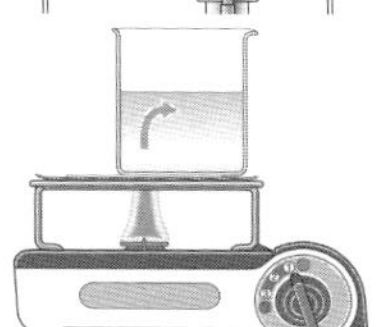

▶あたためられた水は、(③ 上)に動く。
▶水は、(④ 空気)と同じように、動きながら全体があたたまっていく。

ここが だいじ!
①空気をあたためると、上に動きながら全体があたたまっていく。
②水をあたためると、上に動きながら全体があたたまっていく。

ぴたトリビア　だんぼうしている部屋では上の方だけがあたたかくなったり、れいぼうしている部屋では下の方だけがすずしくなったりすることがあります。

ぴったり2 練習

10. 物のあたたまり方

②空気のあたたまり方
③水のあたたまり方

教科書 139～144ページ　答え 31ページ

1 だんぼうしている部屋で、上の方と下の方の空気の温度をはかりました。

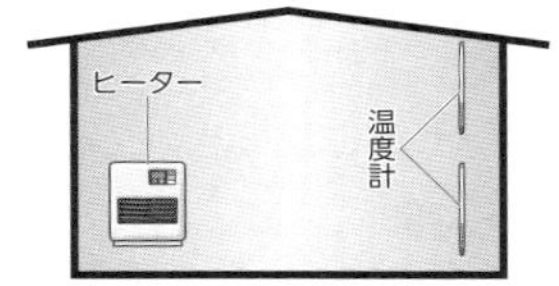

(1) 温度を3回ずつはかった結果は、次のようになりました。部屋の上の方をはかった結果はどちらですか。正しいほうに○をつけましょう。
ア(○) 23℃、22℃、24℃
イ(　) 17℃、17℃、16℃

(2) 空気は、どのようにあたたまりますか。正しいものに○をつけましょう。
ア(　)あたためられたところから、順にあたたまっていく。
イ(○)あたためられた空気が上へ動き、全体があたたまっていく。
ウ(　)あたためられた空気が下へ動き、全体があたたまっていく。

2 絵の具と水を入れたビーカーの底のはしを熱しました。

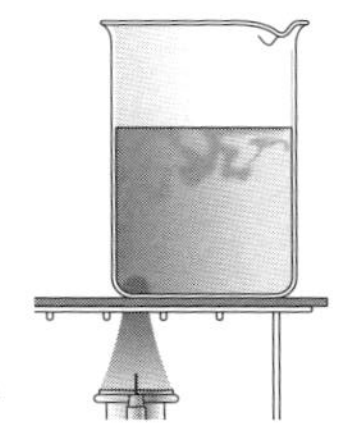

(1) 水に絵の具を入れたのはなぜですか。正しいものに○をつけましょう。
ア(　)水の温度が急に上がるのをふせぐため。
イ(　)水がふっとうしないようにするため。
ウ(○)水の動きをわかりやすくするため。
エ(　)ビーカーがわれないようにするため。

(2) ビーカーの中の水は、どのように動きましたか。正しいものに○をつけましょう。
ア(　)　イ(○)　ウ(　)　エ(　)(動かない)

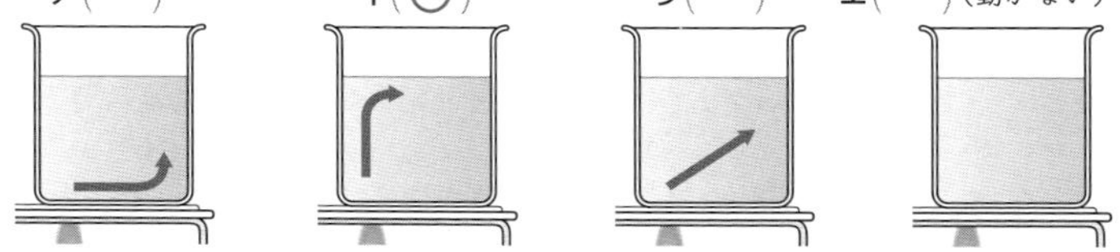

(3) 水のあたたまり方について、どのようなことがいえますか。正しいほうに○をつけましょう。
ア(　)金ぞくと同じようにあたたまる。　イ(○)空気と同じようにあたたまる。

ヒント　2 (3) 金ぞくは、熱せられたところから順にあたたまっていきます。

61ページ　てびき

1 だんぼうしている部屋では、あたためられた空気が上の方からたまってきます。

2 (1)水は無色とう明なので、し温インクをとかしたり、絵の具を入れたりして、あたたまり方(水の動き)を見やすくします。
(2)水を熱すると、下であたためられた水は上に動きます。
(3)金ぞくは、あたためたところから順にあたたまっていきますが、水や空気は、あたためられた部分が上へ動きながら、全体があたたまっていきます。

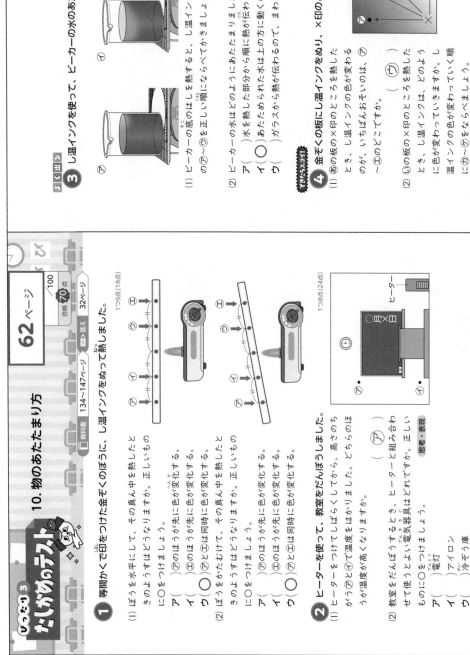

ぴったり3 たしかめのテスト

10. 物のあたたまり方

62ページ

/100 合格 70 点

教科書 134〜147ページ　答え 32ページ

1 等間かくで印をつけた金ぞくのぼうに、し温インクをぬって熱しました。 1つ9点(18点)

(1) ぼうを水平にして、その真ん中を熱したときのようすはどうなりますか。正しいものに○をつけましょう。

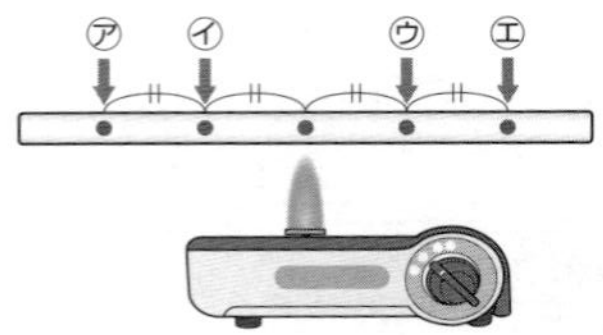

ア(　)㋐のほうが先に色が変化する。
イ(　)㋓のほうが先に色が変化する。
ウ(○)㋐と㋓は同時に色が変化する。

(2) ぼうをかたむけて、その真ん中を熱したときのようすはどうなりますか。正しいものに○をつけましょう。

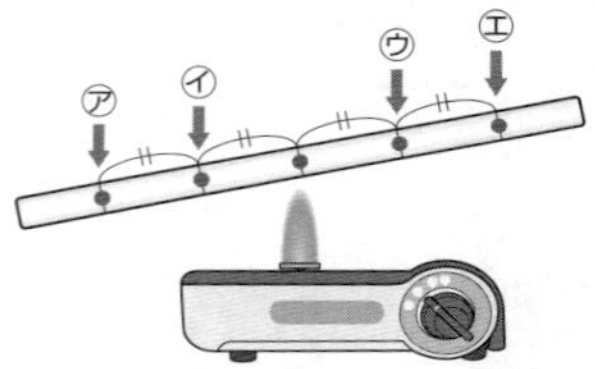

ア(　)㋐のほうが先に色が変化する。
イ(　)㋓のほうが先に色が変化する。
ウ(○)㋐と㋓は同時に色が変化する。

2 ヒーターを使って、教室をだんぼうしました。 1つ8点(24点)

(1) ヒーターをつけてしばらくしてから、高さのちがう㋐と㋑で温度をはかりました。どちらのほうが温度が高くなりますか。

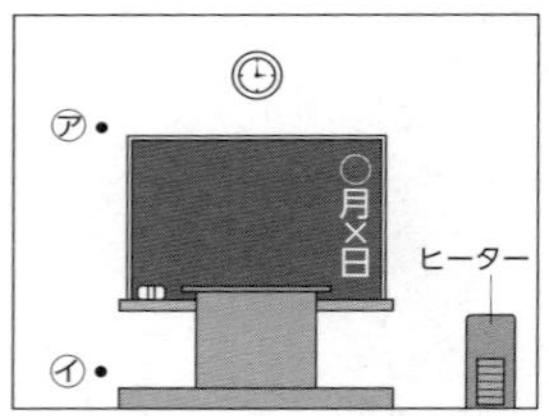

(　㋐　)

(2) 教室をだんぼうするとき、ヒーターと組み合わせて使うとよい電気器具はどれですか。正しいものに○をつけましょう。 思考・表現

ア(　)電灯
イ(　)アイロン
ウ(　)冷ぞう庫
エ(○)せんぷう機

(3) 空気と同じようにあたたまるのは、金ぞくと水のどちらですか。

(　水　)

63ページ

学習

よく出る

3 し温インクを使って、ビーカーの水のあたたまり方を調べました。 技能 1つ9点(18点)

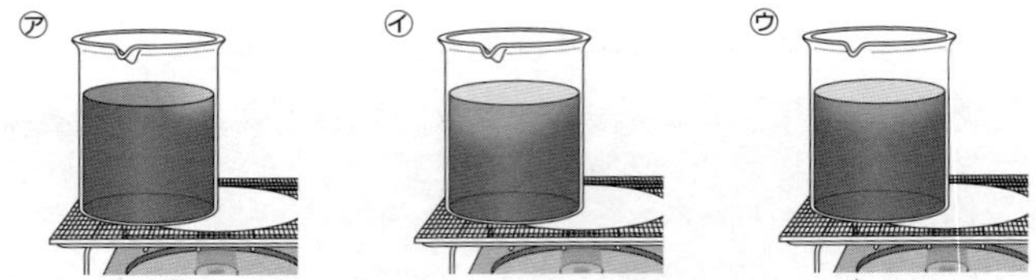

(1) ビーカーの底のはしを熱すると、し温インクの色はどのように変わりましたか。上の㋐〜㋒を正しい順にならべてかきましょう。

(　㋐　)→(　㋒　)→(　㋑　)

(2) ビーカーの水はどのようにあたたまりましたか。正しいものに○をつけましょう。

ア(　)水を熱した部分から順に熱が伝わるので、下の方からあたたまる。
イ(○)あたためられた水は上の方に動くので、上の方からあたたまる。
ウ(　)ガラスから熱が伝わるので、まわりの方からあたたまる。

この本の終わりにある「冬のチャレンジテスト」をやってみよう！

できたらスゴイ！

4 金ぞくの板にし温インクをぬり、×印のところを熱しました。 1つ10点(40点)

(1) ㋭の板の×印のところを熱したとき、し温インクの色が変わるのが、いちばんおそいのは、㋐〜㋓のどこですか。

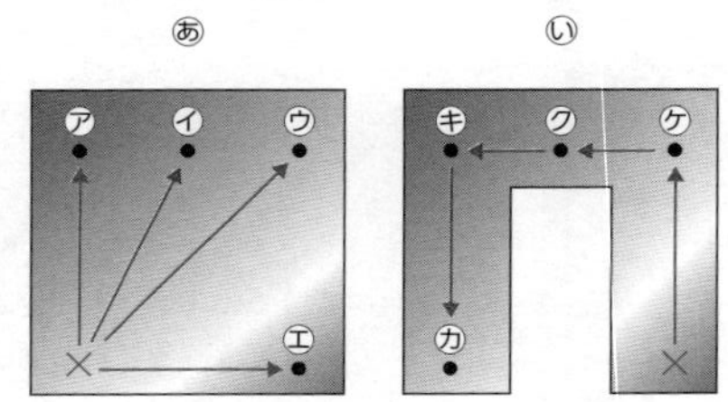

(　㋒　)

(2) ㋑の板の×印のところを熱したとき、し温インクは、どのように色が変わっていきますか。し温インクの色が変わっていく順に㋕〜㋘をならべましょう。

(　㋘　)→(　㋗　)→(　㋖　)→(　㋕　)

(3) ㋭の㋐〜㋓にぬったし温インクと、㋑の㋕〜㋘にぬったし温インクの色が全部変わるのがいちばん早いのは、それぞれどこを熱したときですか。㋐〜㋓と㋕〜㋘から1つずつ選びましょう。 思考・表現

あ(　㋒　)　い(　㋖　)

ふりかえり
3の問題がわからなかったときは、60ページの2にもどってたしかめましょう。
4の問題がわからなかったときは、58ページの1にもどってたしかめましょう。

62〜63ページ　てびき

1 ㋐と㋓は、熱しているところから同じきょりだけはなれているので、し温インクの色は同時に変わります。

2 (1)ヒーターであたためられた空気は、上の方に動きます。
(2)せんぷう機などを使って、空気をかきまぜて、上にたまったあたたかい空気を下に動かすことによって、教室全体をはやくあたためることができます。
(3)水も空気も、あたためられると上に動きます。

3 あたためられた水は、し温インクを入れているので色が変わり、上に動いて、水面近くからあたたまっていくことがわかります。

4 (1)し温インクの色が変わるのがいちばんおそいのは、×印のところから、いちばんはなれたところです。
(3)いちばん遠い点までの道のりがいちばん小さい点を選びます。

ぴったり1 じゅんび　✪冬の星

64ページ

冬の星の明るさや色などはどのようになっているのかをかくにんしよう。

教科書 149～151ページ　答え 33ページ

次の(　)にあてはまる言葉をかこう。

1 冬に見られる星の明るさや色、見える位置やならび方は、どのようになっているのだろうか。　教科書 149～151ページ

▶ベテルギウス、シリウス、プロキオンは、どれも(② **1**)等星である。
▶ベテルギウスとリゲルは(③ **オリオン**)ざの星である。
▶冬の大三角を形づくる星のなかで、いちばん明るいものは(④ **シリウス**)である。
▶オリオンざの1等星のうち、赤い星は(⑤ **ベテルギウス**)で、青白い星は(⑥ **リゲル**)である。
▶冬に見られる星も、明るさや(⑦ **色**)にちがいがある。
▶冬に見られる星や星ざも、時間がたつと、見える(⑧ **位置**)は変わるが、(⑨ **ならび方**)は変わらない。

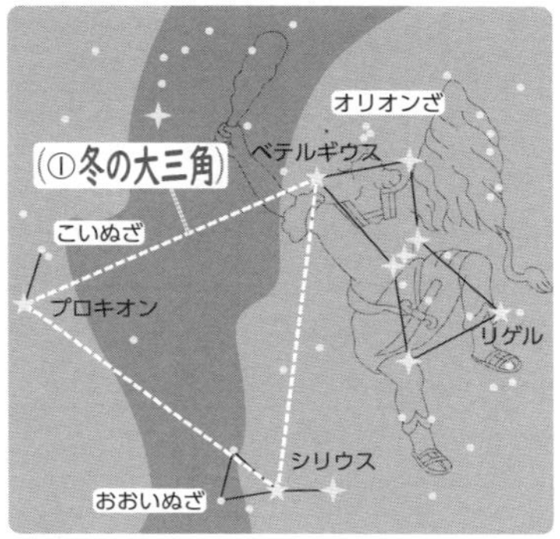

夏の夜空に見られる星とくらべてみよう。

ここがだいじ!
①冬に見られる星も、明るさや色にちがいがある。
②冬に見られる星や星ざも、時間がたつと、見える位置は変わるが、ならび方は変わらない。

ぴたトリビア ギリシャ神話で、オリオンはさそりにさされて死んだので、さそりをおそれ、オリオンざはさそりざと同時に空にのぼらないといわれています。

ぴったり2 練習　✪冬の星

65ページ

教科書 149～151ページ　答え 33ページ

1 冬の夜空に、図のような星が見られました。

(1) 3つの星㋕、㋖、㋗を結んでできる三角形㋐を何といいますか。
(**冬の大三角**)

(2) 3つの星㋕、㋖、㋗の名前は、それぞれ次のどれですか。正しいものを選びましょう。
① ベテルギウス　(**㋕**)
② プロキオン　(**㋖**)
③ シリウス　(**㋗**)

(3) リゲルは何の星ざを形づくる星ですか。
ア(　)おおいぬざ
イ(　)こいぬざ
ウ(**〇**)オリオンざ

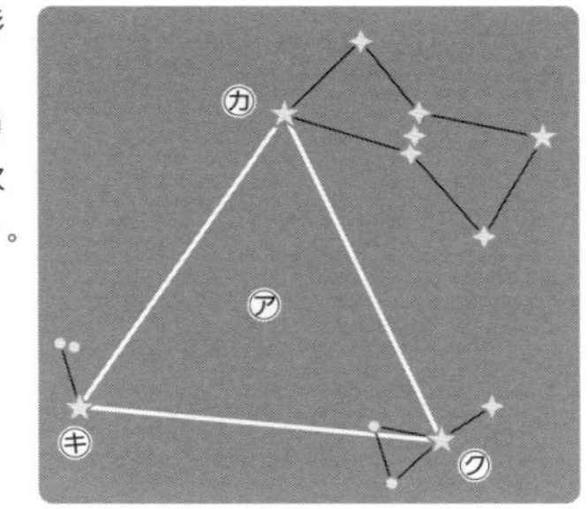

2 1月12日の午後8時に、図のような星ざが見られました。

(1) ㋑の星の名前をかきましょう。
(**リゲル**)

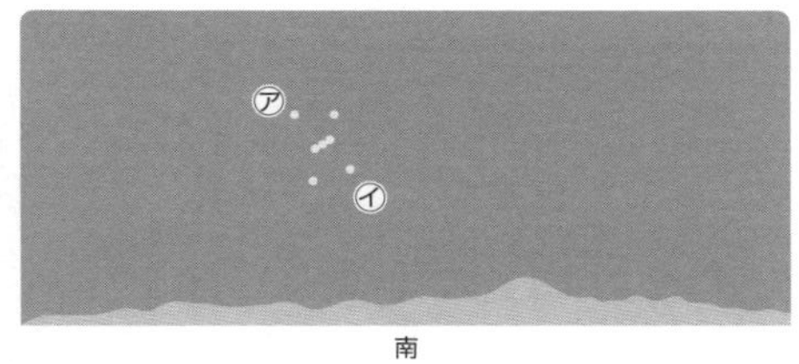

(2) ㋐と㋑の星の明るさはどうなっていますか。正しいものに〇をつけましょう。
ア(**〇**)どちらも1等星である。
イ(　)㋐は1等星で、㋑は2等星である。
ウ(　)どちらも2等星である。
エ(　)㋐は2等星で、㋑は1等星である。

(3) ㋐と㋑の星の色はどうでしたか。正しいものに〇をつけましょう。
ア(　)どちらも赤い。
イ(**〇**)㋐は赤く、㋑は青白い。
ウ(　)どちらも青白い。
エ(　)㋐は青白く、㋑は赤い。

(4) 1月12日の午後9時に、星ざは西の方へ動いていました。星のならび方は変わりますか。変わりませんか。
(**変わらない。**)

65ページ　てびき

1 (1)ベテルギウスは赤い色の1等星です。また、リゲル、プロキオン、シリウスは青白い色の1等星です。特に、シリウスは、夜空でいちばん明るい星です。

2 (1)～(3)㋐はベテルギウス、㋑はリゲルです。
(4)夏のときと同じく、冬に見られる星や星ざも、時間がたつと、見える位置は変わりますが、ならび方は変わりません。

おうちのかたへ　✪冬の星
「✪夏の星」「6. 月や星の見え方」に続いて、星の色や明るさ、星の動きを学習します。ここでは冬に見られる星を扱います。

よく出る

1 夜空に見られる星の集まりのスケッチをまとめました。 1つ10点(40点)

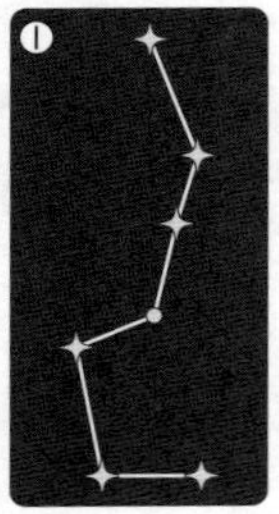

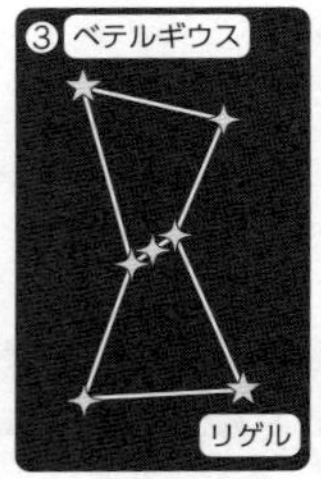

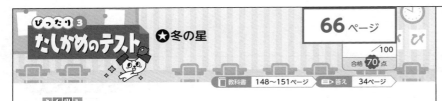

(1) 上のスケッチにかかれた星の集まりのことを、それぞれ何といいますか。次の[ ]の中から、1つずつ選びましょう。

①（ほくと七星）
②（さそりざ）
③（オリオンざ）

カシオペヤざ	オリオンざ	こいぬざ	ことざ	冬の大三角
はくちょうざ	おおいぬざ	さそりざ	わしざ	ほくと七星

(2) ベテルギウスとリゲルの明るさや色をくらべると、どのようなことがいえますか。正しいものに○をつけましょう。

ア（　）どちらも1等星で、青白く見える。
イ（　）どちらも1等星で、赤く見える。
ウ（○）どちらも1等星で、青白く見える星と赤く見える星がある。
エ（　）1等星と2等星があり、どちらも青白く見える。
オ（　）1等星と2等星があり、どちらも赤く見える。
カ（　）1等星と2等星があり、青白く見える星と赤く見える星がある。

2 星の観察をしました。 技能 1つ10点(20点)

(1) 観察をするとき、星をさがすのに使ったあは何ですか。

（星ざ早見）

(2) 星の動きを観察するときは、どうしますか。正しいほうに○をつけましょう。

ア（○）星の位置にかかわらず、観察する向きを変えないで行う。
イ（　）星の位置に合わせて、観察する向きを変えて行う。

できたらスゴイ！

3 下の図は、冬の大三角とその近くの星を記録したものです。 思考・表現 1つ10点(40点)

午後7時　午後8時

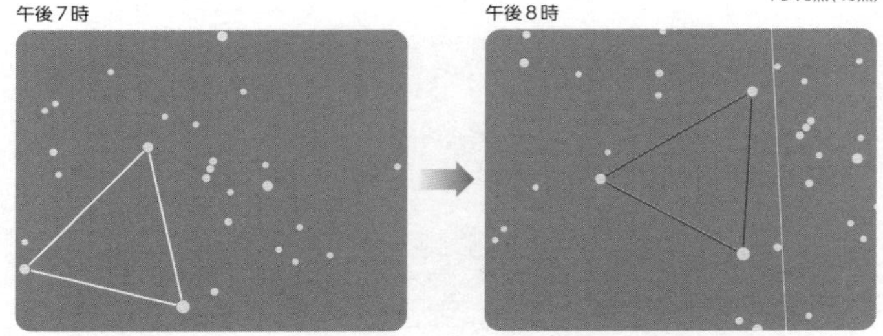

(1) 作図 午後8時には、冬の大三角はどの位置にありますか。線で結びましょう。

(2) 冬の大三角をつくっている星は、どれも1等星です。1等星の明るさは、どれも同じだといえますか。

（いえない。）

(3) 記述 星の見える位置は、時間がたつとどうなるといえますか。

（（星の見える位置は、）時間がたつと変わる。）

(4) 記述 星のならび方は、時間がたつとどうなるといえますか。

（（星のならび方は、）時間がたっても変わらない。）

ふりかえり ❶の問題がわからなかったときは、64ページの1にもどってたしかめましょう。
❸の問題がわからなかったときは、64ページの1にもどってたしかめましょう。

66～67ページ てびき

❶ (1)②さそりざは、「S」の形をしています。
(2)星の色から、その表面の温度がわかります。

❷ (1)星ざ早見の北側を下にして持っていることから、北の夜空を観察していることがわかります。

❸ (1)冬の大三角は、オリオンざなどといっしょに、南の空高くのぼっていきます。
(2)1等星でも、それぞれ明るさがちがい、いちばん明るい1等星がシリウスです。
(3)南にのぼった後は、西へ向かってしずんでいきます。
(4)星のならび方が、時間がたっても変わらないので、星ざを決めることができます。

ぴったり1 じゅんび　68ページ

✪寒くなると
①植物や動物のようす
②記録の整理

寒くなってからの植物や動物のようすの変化をかくにんしよう。

教科書 153〜157ページ　答え 35ページ

次の(　)にあてはまる言葉をかこう。

1 冬になって寒くなると、植物や動物のようすは、どのように変わっているだろうか。 教科書 153〜157ページ

▶ヘチマは、(① **葉**)もくきも根もかれて、(② **たね**)で冬をこす。
▶サクラは、葉がかれ落ちても、(③ **木**)はかれずに、えだに(④ **芽**)をつけて、冬をこす。冬がすぎてあたたかくなると、ふたたび成長を始める。
▶気温をはかり、温度計が右の図のようになった場合、0から下に数えて、「れい下3度」または「(⑤ **マイナス**)3度」と読み、「(⑥ **−3℃**)」とかく。

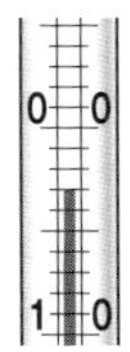

サクラのえだの先の観察
1月15日 午前10時 竹内らん
校庭 気温6℃ くもり
えだにできている芽が、秋より少し大きくなった。
葉はかれて、ほとんど落ちてしまった。
春になったら、また、花や葉が出てくるのかな。

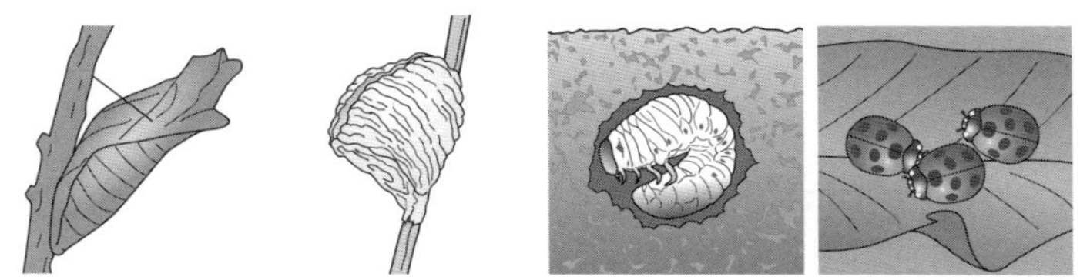

▶アゲハは、(⑦ **さなぎ**)で冬をこす。
▶オオカマキリは、(⑧ **たまご**)で冬をこす。
▶カブトムシは、(⑨ **よう虫**)で冬をこす。
▶ナナホシテントウは、(⑩ **成虫**)で冬をこす。
▶こん虫などの動物のすがたは、あまり見られなくなる。寒い冬の間、動物は、いろいろな(⑪ **すがた**)で冬をこす。

ここがだいじ! ①ヘチマはたねで冬をこし、サクラはえだに芽をつけて冬をこす。
②動物は、いろいろなすがたで冬をこす。

ぴたトリビア 動物が長い間じっとして冬をこす理由は、冬はじゅうぶんな食べ物がないことや、動物によっては体温が下がって活動しにくくなることが考えられます。

ぴったり2 練習　69ページ

✪寒くなると
①植物や動物のようす
②記録の整理

教科書 153〜157ページ　答え 35ページ

1 温度計の目もりが、次のようになりました。

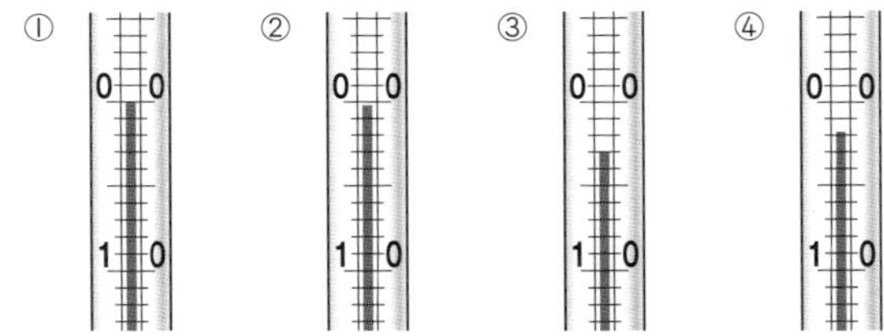

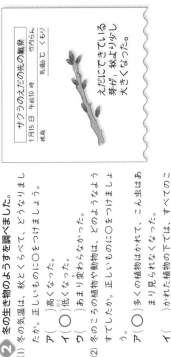

(1) ①〜④の温度計がしめしている温度を、それぞれ何度と読みますか。
①(**れい度**)　②(**れい度**)
③(**れい下3度**)(マイナス3度)　④(**れい下2度**)(マイナス2度)

(2) ①〜④の温度計がしめしている温度を、それぞれどのようにかきますか。
①(**0℃**)　②(**0℃**)
③(**−3℃**)　④(**−2℃**)

2 冬の生き物のようすを調べました。

(1) 冬の気温は、秋とくらべて、どうなりましたか。正しいものに○をつけましょう。
ア(　)高くなった。
イ(○)低くなった。
ウ(　)あまり変わらなかった。

(2) 冬のころの植物や動物は、どのようなようすでしたか。正しいものに○をつけましょう。
ア(○)多くの植物はかれて、こん虫はあまり見られなくなった。
イ(　)かれた植物の下では、すべてのこん虫が冬をこそうとしていた。
ウ(　)植物の上の方はかれていたが、地面の近くでは、緑色の葉が多く見られた。

サクラのえだの先の観察
1月15日 午前10時 竹内らん
校庭 気温6℃ くもり
えだにできている芽が、秋より少し大きくなった。

ヒント ❶ 0℃より低い温度をかき表すときには、−を使います。

69ページ てびき

❶ 0℃よりも低い温度は、「れい下何℃」(または「マイナス何℃」)と読み「−」をつけてかきます。目もりは、0℃よりも高い温度と同じように、液の先が近い方の目もりを読みます。

❷ (1)冬には、秋よりも気温がさらに低くなります。
(2)気温が低くなると、草がかれたり、動物のすがたが見られなくなったりします。寒い冬の間、動物は、落ち葉の下やたまごなどで冬ごしをします。

おうちのかたへ
小学校の算数では、負(マイナス)の数は学習しません。0℃より低い温度の学習では、0℃の目盛りからいくつ下かを数えて、−の記号をつけて表す、ということを意識づけさせるとよいでしょう。

おうちのかたへ ✪寒くなると
「1. あたたかくなると」「✪暑くなると」「✪すずしくなると」に続いて、身の回りの生き物を観察して、動物の活動や植物の成長が季節によって違うことを学習します。ここでは冬の生き物を扱います。

70ページ

ぴったり3 たしかめのテスト ✪寒くなると

/100 合格70点

教科書 152〜157ページ　答え 36ページ

よく出る

1 冬に見られる生き物のようすは、それぞれどちらですか。 1つ10点(30点)

(1) イチョウ　（ イ ）　(2) オオカマキリ　（ カ ）　(3) ナナホシテントウ　（ サ ）

ア

カ
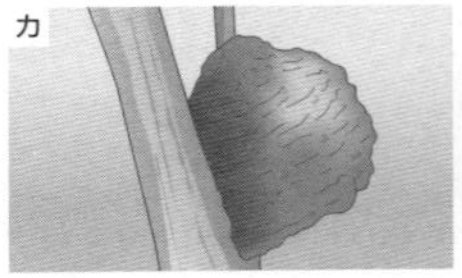
サ
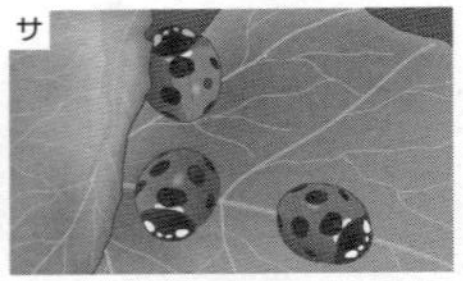
イ
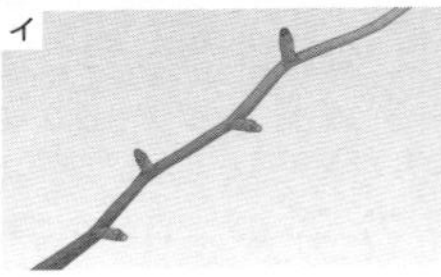
キ
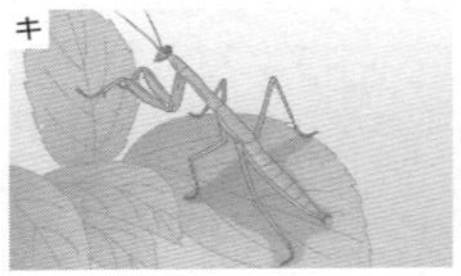
シ

2 冬に、アゲハのさなぎを見つけました。図は、そのようすを記録したものです。

技能 1つ10点(30点)

アゲハ　小川いぶき
1月22日　午前10時 晴れ
校庭の サンショウの木
気温5℃
さなぎ
さなぎを見つけた。たまごも、よう虫も、成虫も、見つからない。
アゲハは、　　で冬を
こすのだと思う。

(1) ▭にあてはまる言葉はどれですか。正しいものに○をつけましょう。

ア（　）たまご　イ（　）よう虫
ウ（○）さなぎ

(2) 秋に見られたアゲハの成虫は、冬になってどうなりましたか。正しいほうに○をつけましょう。

ア（　）かれ葉の下でじっとしている。
イ（○）死んでしまった。

(3) カブトムシはどのようなすがたで冬をこしますか。正しいものに○をつけましょう。

ア（　）たまご
イ（○）よう虫
ウ（　）さなぎ
エ（　）成虫

71ページ

できたらスゴイ！

3 寒くなると、ヘチマの実がかれました。 思考・表現 1つ10点(40点)

(1) ヘチマの実はかれましたが、中に何ができていましたか。

（ たね ）

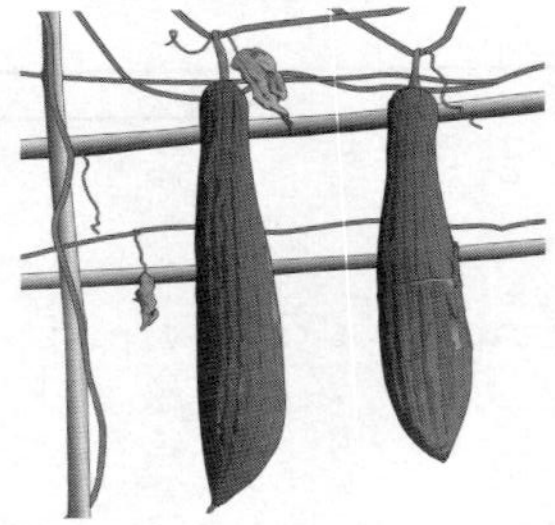

(2) 冬になって、ヘチマの根、くき、葉は、どのようになっていましたか。正しいものに○をつけましょう。

葉はかれてしまったけれど、つけ根のところのくきと、根はかれていなかったよ。

地面の上の葉とくきはかれてしまったけれど、根はかれていないよ。

タンポポのように、葉が地面にはりついたようになっていたよ。

根、くき、葉の全体がかれてしまったよ。

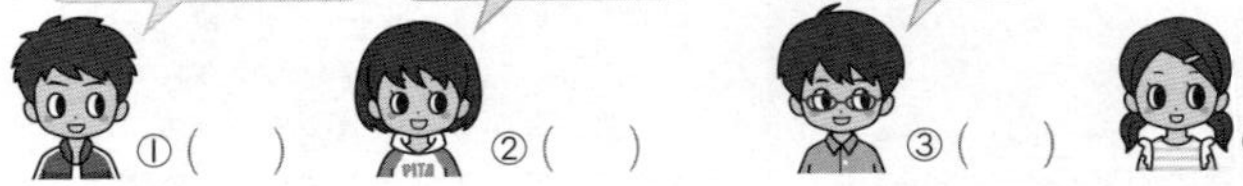

①（　）　②（　）　③（　）　④（○）

(3) 記述 ヘチマは冬をこすとき、どのようになっていますか。

（ 葉もくきも根もかれて、たねで冬をこす。 ）

(4) 記述 サクラの木は冬をこすとき、どのようになっていますか。

（ 葉はかれるが、木はかれずに、えだに芽をつけて冬をこす。 ）

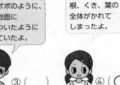

ふりかえり
1の問題がわからなかったときは、68ページの1にもどってたしかめましょう。
3の問題がわからなかったときは、68ページの1にもどってたしかめましょう。

70〜71ページ てびき

1 (1)イチョウは、葉がかれて落ちても、えだやみき(くき)はかれずに、えだに芽をつけて冬をこします。
(2)オオカマキリは、たまごで冬をこします。
(3)ナナホシテントウの成虫は、落ち葉の下などで冬をこします。

2 (1)アゲハは、さなぎで冬をこします。
(2)アゲハの成虫は2週間ほどしか生きられず、たまごをうんでから何日かたつと死んでしまいます。
(3)カブトムシは、よう虫で冬をこします。

3 (2)寒くなると、ヘチマは葉もくきも根もかれます。
(3)ヘチマやツルレイシなどの植物は、たねをのこしてかれてしまいます。
(4)サクラなどの木は、冬になってもすべてがかれるわけではありません。

72ページ

ぴったり1 じゅんび

11. 水のすがたと温度

①水を熱したとき
②湯気とあわの正体

水を熱したときの、水の温度やようすの変化をかくにんしよう。

教科書 159~167ページ　答え 37ページ

次の(　)にあてはまる言葉をかくか、あてはまるものを○でかこもう。

1 水を熱すると、水の温度やようすは、どのように変わるのだろうか。 教科書 159~162ページ

▶熱い湯がふき出すのをふせぐため、熱する水に(①ふっとう石)を2～3こ入れる。

▶水を熱すると、水の(②　温度　)が100℃近くまで上がる。

▶水を熱すると、(③　湯気　)が出てきたり、中からあわが出てきたりする。

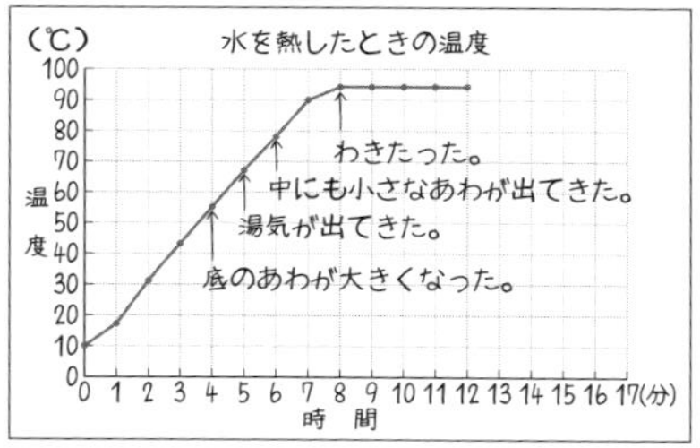

▶水が熱せられて(④　100　)℃近くになり、中からさかんにあわを出すことを、(⑤ふっとう)という。

▶水がふっとうしている間、水の温度は(⑥上がらない)。(変わらない)

2 水を熱したときに出てくる湯気やあわの正体は、何だろうか。 教科書 163~167ページ

▶水を熱すると、ビーカーの中の水の量が(① ふえた ・ へった)。

▶水を熱したときに出てくる湯気は(②　水　)の小さいつぶで、あわは(③水じょう気)である。

▶水がふっとうしているとき、水はさかんに(④じょう発)して、(③)に変化している。

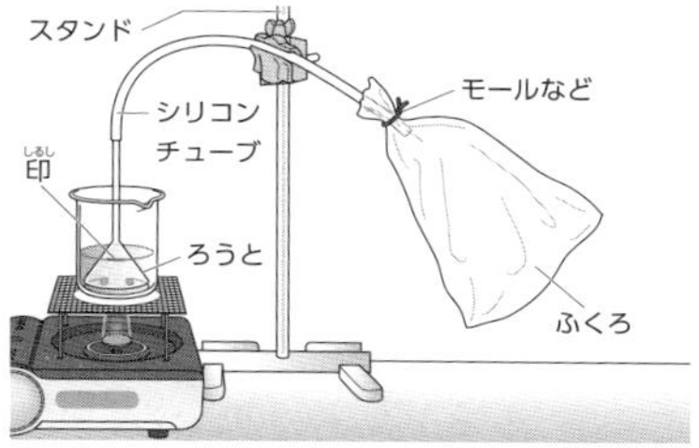

▶水じょう気のように、目に見えず、形を変えられるようなすがたを(⑤　気体　)という。

▶水のように、目に見えて、形を変えられるようなすがたを(⑥　液体　)という。

ここが だいじ!
①水を熱すると湯気が出て、100℃近くになるとふっとうする。
②水じょう気のようなすがたを気体、水のようなすがたを液体という。

ぴたトリビア 水を約100℃まであたためると液体から気体になりますが、このとき、体積は約1700倍になります。

73ページ

ぴったり2 練習

11. 水のすがたと温度

①水を熱したとき
②湯気とあわの正体

教科書 159~167ページ　答え 37ページ

1 水を熱したときの温度の変わり方と、そのようすを調べました。

(1) 水を熱するとき、熱い湯がふき出すのをふせぐために、水に入れておくものは何ですか。(ふっとう石)

(2) 水を熱し続けたとき、水面から出てくる白く見えるものを何といいますか。(　湯気　)

(3) 水を熱して温度が上がったとき、中からさかんにあわを出すことを何といいますか。(ふっとう)

(4) 水を熱したときの、温度の変わり方を表したグラフはどれですか。正しいものに○をつけましょう。

ア(　)　イ(○)　ウ(　)

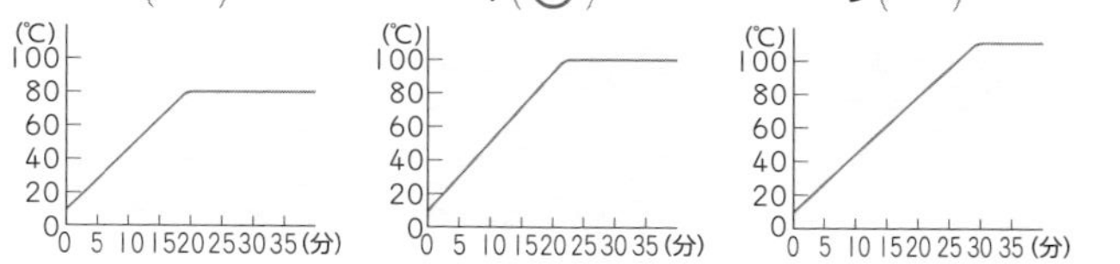

2 ビーカーの水を熱したときに出てくるあわを、ポリエチレンのふくろに集めました。

(1) ビーカーの水を熱し続けると、ビーカーの中の水の量はどうなりますか。正しいものに○をつけましょう。

ア(○)へる。　イ(　)ふえる。　ウ(　)変わらない。

(2) 水を熱したときに出てくるあわは、水が目に見えないすがたに変わったものです。これを何といいますか。(水じょう気)

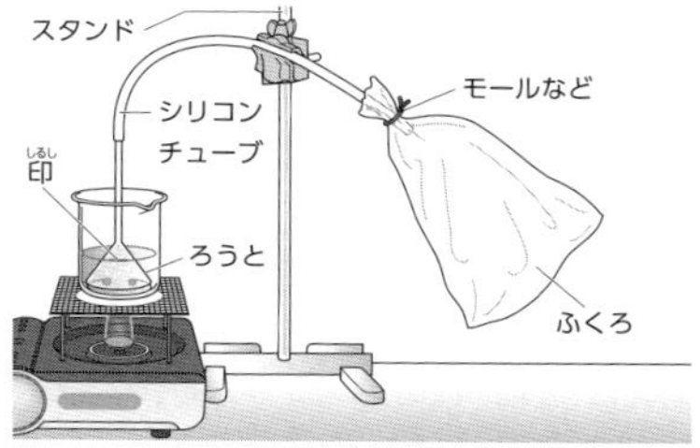

(3) 次のものはそれぞれ、どちらのすがたですか。正しいほうに○をつけましょう。

①水　ア(　)気体　イ(○)液体

②水じょう気　ア(○)気体　イ(　)液体

73ページ てびき

❶ (4)水は、およそ100℃でふっとうし、ふっとうしている間は、温度が変わりません。

❷ (1)水がじょう発して、空気中に出ていきます。
(2)目に見える湯気は、水の小さいつぶ(液体)です。
(3)水は液体、水じょう気は気体です。

おうちのかたへ　11. 水のすがたと温度

実験器具を使い、水が温度によって水蒸気や氷になることを学習します。水を熱すると約100℃で沸騰して水蒸気になること、冷やすと0℃で氷になることを理解しているか、水の状態変化(固体、液体、気体)を考えることができるか、などがポイントです。

ぴったり1 じゅんび

11. 水のすがたと温度
③水を冷やしたとき

学習 74ページ

水が冷えて氷になるときの、水の温度やようすの変化をかくにんしよう。

教科書 168〜170ページ　答え 38ページ

次の(　)にあてはまる言葉をかくか、あてはまるものを○でかこもう。

1 水が冷えて氷になるとき、水の温度やようすは、どのように変わるのだろうか。　教科書 168〜170ページ

▶水を冷やしたときの温度の変わり方と、水のようすを調べる。

- (①(ぼう)温度計)が見やすいように、試験管をビーカーの内側につける。
- 冷やす前に、(② 水面)の位置に印をつける。
- 温度計がわれないように、その先に(③ ストロー)をつけておく。
- 試験管を冷やす物のつくり方は、氷に、(④ 食塩)と水をかきまぜた物を入れ、かきまぜる。
- 水の温度の変わり方を、折れ線グラフに表す。

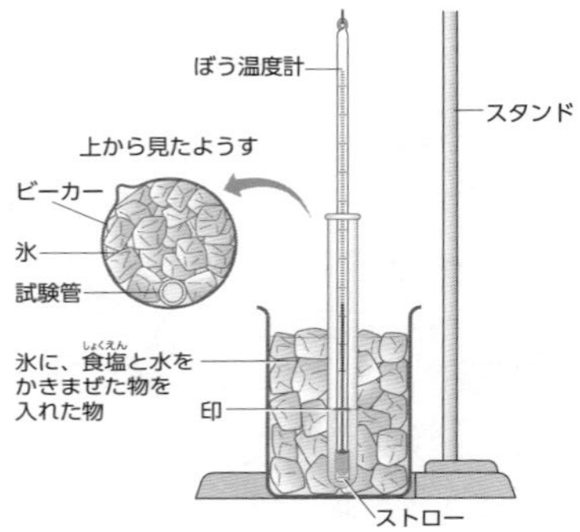

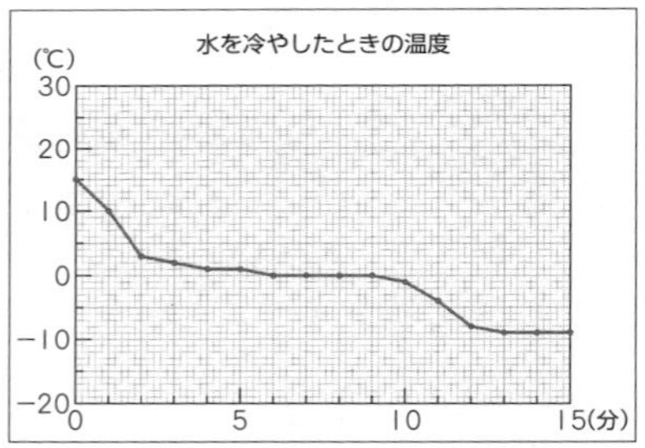

▶水を冷やすと、水の温度が(⑤ 上がる ・ (下がる))。

▶水は、冷やされて(⑥ 0)℃まで下がるとこおり始め、すべて氷になるまで、0℃のままである。すべて氷になった後、さらに冷やすと、0℃よりも温度が(⑦ 上がる ・ (下がる))。

▶水は、氷になると体積が(⑧ (大きく) ・ 小さく)なる。

▶氷のように、形が変わりにくいものを、(⑨ 固体)という。

ここがだいじ!
①水は0℃まで下がるとこおり始め、すべて氷になるまで0℃のままである。
②すべて氷になった後、さらに冷やすと、0℃よりも温度が下がる。
③水は、氷になると体積が大きくなる。

ぴたトリビア　鉄を1538℃まで熱すると、固体から液体になります。

ぴったり2 練習

11. 水のすがたと温度
③水を冷やしたとき

学習 75ページ

教科書 168〜170ページ　答え 38ページ

1 図のように、水を冷やしたときの温度の変わり方を調べました。

(1) ぼう温度計の先にストローをつけたのはなぜですか。正しいものに○をつけましょう。

ア(　)温度を読みとりやすくするため。
イ(○)温度計がわれないようにするため。
ウ(　)温度計がこおらないようにするため。

(2) 試験管は、ビーカーの中のどの位置に立てるとよいですか。正しいほうに○をつけましょう。

ア(○)　イ(　)

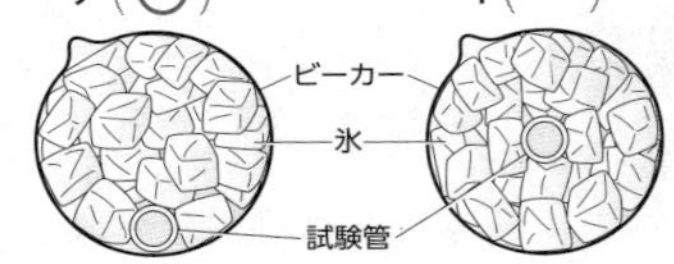

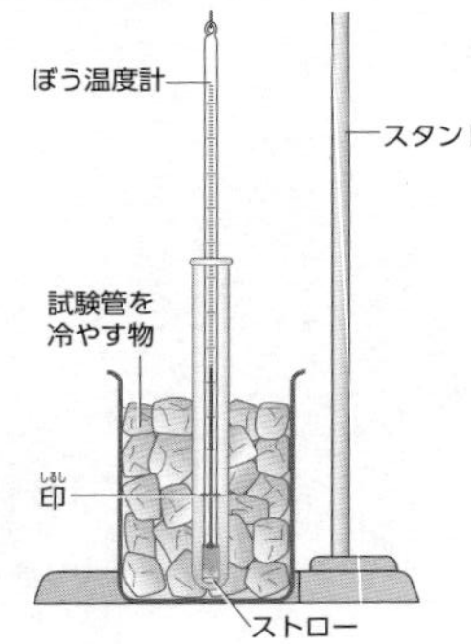

(3) 試験管を冷やす物は、水とある物をかきまぜた物を氷に入れ、かきまぜてつくりました。ある物とは何ですか。　(食塩)

(4) 水の温度の変わり方を右のようなグラフに表しました。このようなグラフを何といいますか。
(折れ線グラフ)

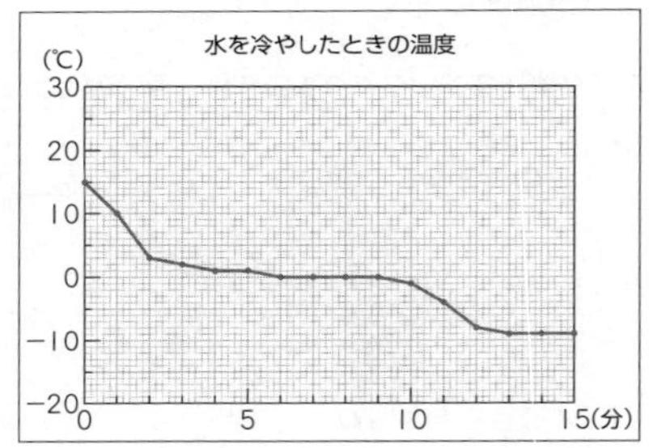

(5) 水は冷やされて0℃まで下がると、どのようになりますか。正しいものに○をつけましょう。

ア(　)水のようすは変わらず、温度は0℃のままである。
イ(　)水のようすは変わらず、温度は0℃で止まることなく下がり続ける。
ウ(○)こおり始め、すべて氷になるまで0℃のままである。
エ(　)こおり始め、温度は0℃で止まることなく下がり続ける。

(6) 水が氷に変わると、その体積はどうなりますか。正しいものに○をつけましょう。

ア(　)小さくなる。　イ(　)変わらない。　ウ(○)大きくなる。

75ページ　てびき

1 (1)ぼう温度計の液だめと試験管がぶつかって、温度計がわれないように、温度計の先にストローをつけます。
(2)試験管の中の水のようすや、温度計の目もりが見やすいように、試験管をビーカーの内側につけます。

ぴったり3 たしかめのテスト

11. 水のすがたと温度

/100 合格70点

教科書 158～173ページ　答え 39ページ

1 水を熱したときの温度変化をグラフに表しました。　1つ7点(21点)

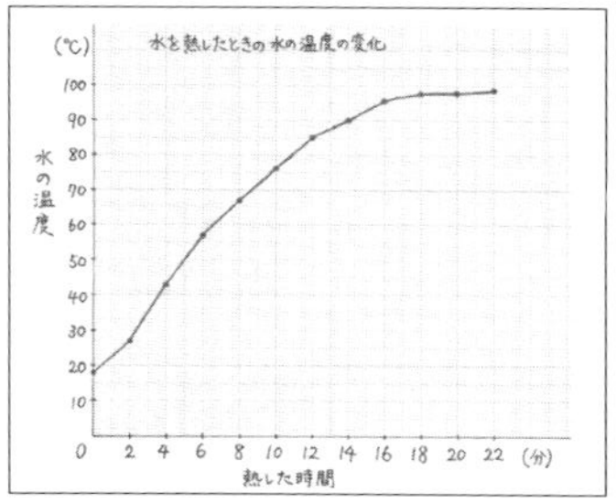

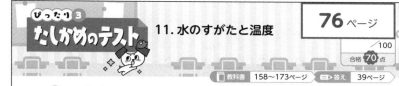

(1) 水を熱したとき、熱い湯がふき出すのをふせぐために入れておくものは何ですか。　技能

（ふっとう石）

(2) 水の中に大きなあわがさかんに出てきたのは、熱し始めてから、約何分後ですか。正しいものに○をつけましょう。

ア(　)約6分後
イ(　)約12分後
ウ(◯)約18分後

(3) 水の量を2倍にふやして同じ実験をすると、水の中に大きなあわがさかんに出てくる温度はどうなりますか。正しいものに○をつけましょう。

ア(　)100℃よりもずっと低くなる。
イ(　)100℃よりもずっと高くなる。
ウ(◯)ほぼ100℃のままで変わらない。

2 やかんに水を入れて、熱しました。　1つ7点(28点)

(1) 湯気と水じょう気は、固体、液体、気体のうちのどれですか。それぞれかきましょう。

湯気（液体）
水じょう気（気体）

(2) 図は、水を入れたやかんがわき立っているようすです。湯気を表しているのは、㋐～㋒のどれですか。

（㋐）

(3) 水が水じょう気になることを何といいますか。

（じょう発）

よく出る

3 水を冷やしたときの温度変化をグラフに表しました。　1つ7点(21点)

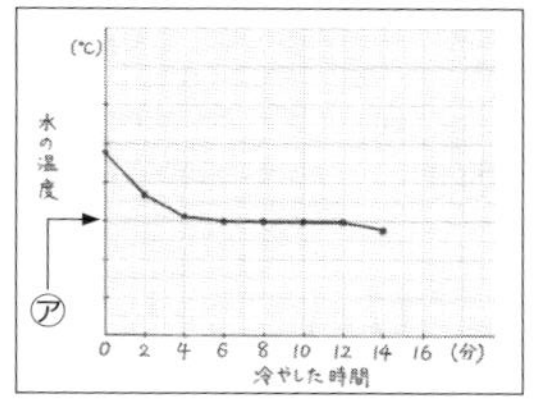

(1) ㋐の温度は何℃ですか。正しいものに○をつけましょう。

ア(　)－10℃　イ(◯)0℃
ウ(　)20℃　エ(　)100℃

(2) 水がこおり始めたのは、冷やし始めてから何分後でしたか。正しいものに○をつけましょう。

ア(　)2～4分後　イ(◯)4～6分後
ウ(　)8～10分後

(3) 水が全部氷に変わるのに、冷やし始めてから何分かかりましたか。正しいものに○をつけましょう。

ア(　)4～6分　イ(　)8～10分　ウ(◯)12～14分

できたらスゴイ!

4 コップに水を入れ、氷をうかべて、水面をふちと合わせました。　思考・表現　1つ10点(30点)

(1) コップの氷は、ゆっくりとけました。この間、水の温度はどうなると考えられますか。正しいものに○をつけましょう。

ア(　)氷がとけるにつれて、水の温度は高くなる。
イ(　)氷がとけるにつれて、水の温度は低くなる。
ウ(◯)氷がとけている間は、水の温度は変わらない。

(2) 氷がとけ始める温度と、水がこおり始める温度はどちらが高いですか、または同じですか。

（同じ。）

(3) 同じ体積の水と氷の重さをくらべると、どうなっていると考えられますか。正しいものに○をつけましょう。

ア(◯)水が氷になると体積がふえるので、同じ体積の氷の重さは水より小さい。
イ(　)水が氷になると体積がふえるので、同じ体積の氷の重さは水より大きい。
ウ(　)水が氷になると体積がふえるが、同じ体積の氷の重さは水と変わらない。
エ(　)水が氷になると体積がへるので、同じ体積の氷の重さは水より小さい。
オ(　)水が氷になると体積がへるので、同じ体積の氷の重さは水より大きい。
カ(　)水が氷になると体積がへるが、同じ体積の氷の重さは水と変わらない。

ふりかえり　3の問題がわからなかったときは、74ページの1にもどってたしかめましょう。
4の問題がわからなかったときは、74ページの1にもどってたしかめましょう。

76～77ページ　てびき

1 (2)、(3)水がふっとうする温度はほぼ100℃で変わりません。これは、水の量が変わっても変わりません。

2 (1)、(2)湯気は、水の小さいつぶ(液体)です。水じょう気は気体なので、目には見えません。
(3)ふっとうすると、じょう発がさかんになります。

3 (1)水は0℃で氷になり始めます。
(2)、(3)水が氷になっている間は、水と氷がまざっていて、温度が変わりません。

4 (1)水と氷がまざっているのは、水がこおっていくときと同じです。
(2)氷は0℃でとけ始め、水は0℃でこおり始めます。
(3)水が氷になると体積がふえ、氷が水になると体積がへります。

ぴったり1 じゅんび 12. 生き物の1年をふり返って 78ページ

1年をふり返って植物や動物のようすの変化をかくにんしよう。

教科書 175～177ページ　答え 40ページ

次の(　)にあてはまる言葉をかこう。

1 あたたかさによって、植物や動物のようすは、どのように変わっただろうか。　教科書 175～177ページ

▶植物や動物のようすと気温との関係を考える。

●1年間のヘチマの観察記録

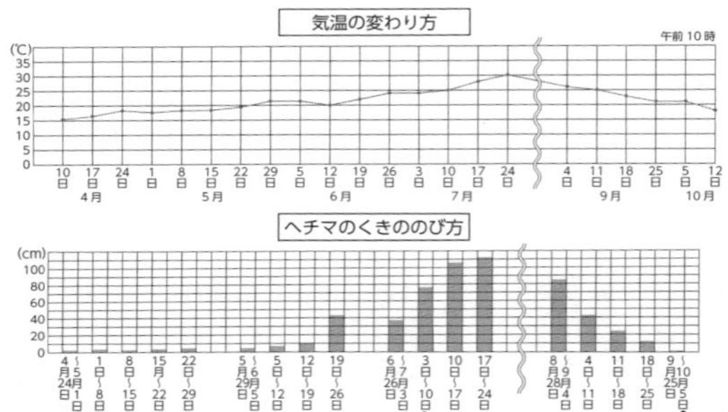

▶植物は、(① **あたたかい**)季節に、えだやくきをのばし、さかんに成長する。

▶(② **寒く**)なると、ヘチマのようにかれてたねを残して冬をこす植物や、サクラのようにえだに新しい芽をつけて冬をこす植物がある。

▶動物の多くは、(③ **あたたかい**)季節にさかんに活動して、成長したり、数をふやしたりする。

▶(④ **寒く**)なると、動物はいろいろなすがたで冬をこす。

ここがだいじ！
①植物や動物は、あたたかい季節にさかんに成長する。
②植物や動物は、寒くなると、さまざまなようすで冬をこす。

ぴたトリビア 春が近づくと、ツバメなどの鳥がまた日本にやってきますが、やってくるのは昼の長さの変化や気温の変化が関係していると考えられています。

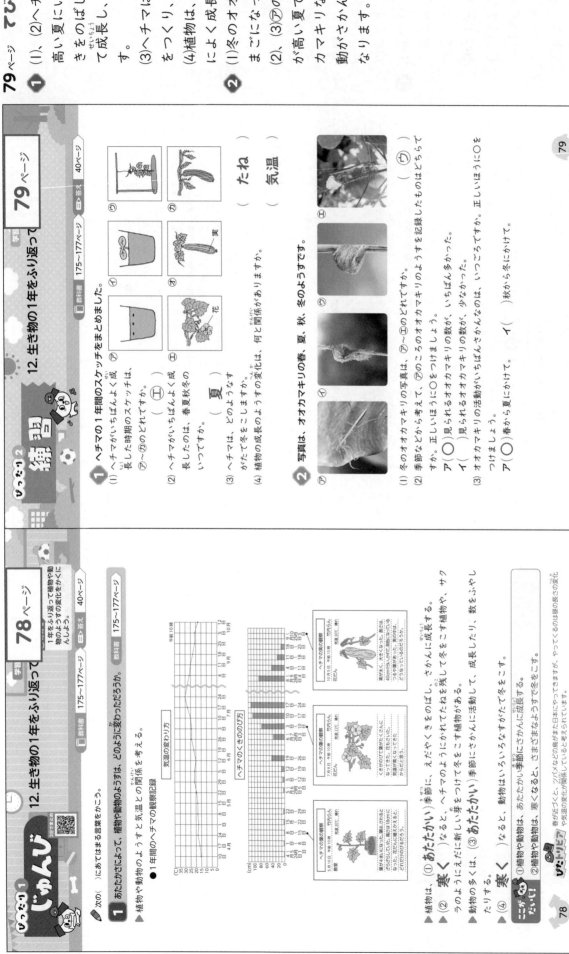

ぴったり2 練習 12. 生き物の1年をふり返って 79ページ

教科書 175～177ページ　答え 40ページ

1 ヘチマの1年間のスケッチをまとめました。

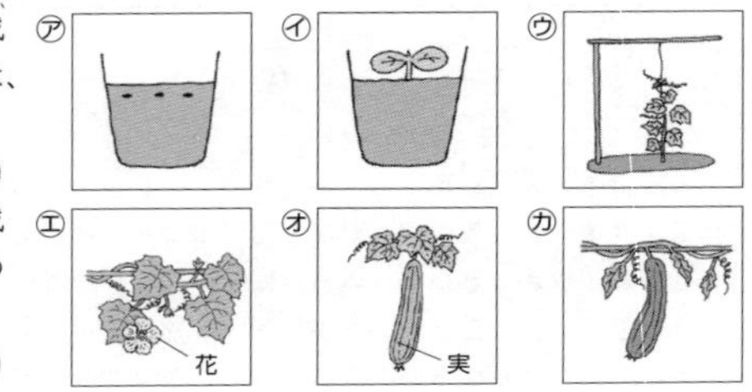

(1) ヘチマがいちばんよく成長した時期のスケッチは、㋐～㋕のどれですか。　(㋓)

(2) ヘチマがいちばんよく成長したのは、春夏秋冬のいつですか。　(**夏**)

(3) ヘチマは、どのようなすがたで冬をこしますか。　(**たね**)

(4) 植物の成長のようすの変化は、何と関係がありますか。　(**気温**)

2 写真は、オオカマキリの春、夏、秋、冬のようすです。

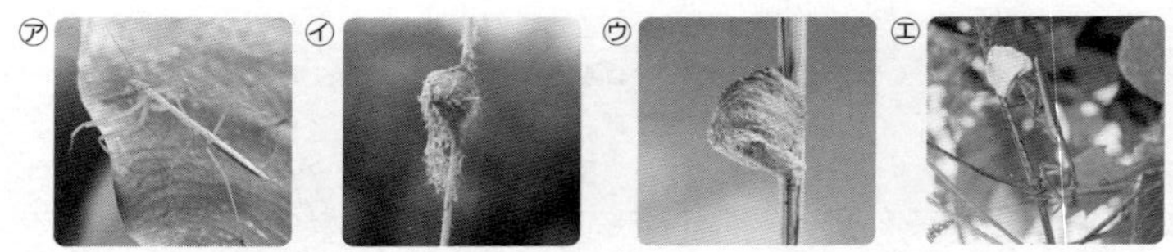

(1) 冬のオオカマキリの写真は、㋐～㋓のどれですか。　(㋒)

(2) 季節などから考えて、㋐のころのオオカマキリのようすを記録したものはどちらですか。正しいほうに○をつけましょう。

ア(○)見られるオオカマキリの数が、いちばん多かった。
イ(　)見られるオオカマキリの数が、少なかった。

(3) オオカマキリの活動がいちばんさかんなのは、いつごろですか。正しいほうに○をつけましょう。

ア(○)春から夏にかけて。　イ(　)秋から冬にかけて。

79ページ てびき

1 (1)、(2)ヘチマは、気温が高い夏にいちばんよくくきをのばし、葉をふやして成長し、花をさかせます。
(3)ヘチマは実の中にたねをつくり、冬をこします。
(4)植物は、気温が高い夏によく成長します。

2 (1)冬のオオカマキリはたまごになっています。
(2)、(3)㋐の季節は、気温が高い夏ですから、オオカマキリなどの動物の活動がさかんで、数も多くなります。

おうちのかたへ　12. 生き物の1年をふり返って

「1. あたたかくなると」「✪暑くなると」「✪すずしくなると」「✪寒くなると」の学習をまとめます。動物の活動や植物の成長が季節によって違うことを理解しているかがポイントです。

ぴったり3 たしかめのテスト

12. 生き物の1年をふり返っ

80ページ

/100 合格70点

教科書 174〜179ページ　答え 41ページ

1 次の文にあてはまる言葉をかきましょう。　1つ20点(40点)

(1) 春から夏にかけて、気温が(**高く**)なると、植物はえだやくきをのばして、さかんに成長し、動物はさかんに活動して、成長したり、数をふやしたりする。

(2) 秋から冬にかけて、気温が(**低く**)なると、植物は、たねを残してかれたり、えだに芽をつけて冬をこしたりする。動物は、活動がにぶくなり、いろいろなすがたで冬をこす。

2 サクラとヘチマについて調べました。次のようなようすの変わり方をするのは、サクラとヘチマのどちらですか。それぞれ正しいほうに○をつけましょう。　1つ10点(20点)

(1) 寒くなると、実の中にたねを残してかれ、たねで冬をこす。
(　)サクラ　(○)ヘチマ

(2) 寒くなると、葉がかれ落ちるが木はかれず、えだに新しい芽をつけて冬をこす。
(○)サクラ　(　)ヘチマ

てきたらスゴイ!

3 1年間の理科の学習をもとに考えましょう。　思考・表現　1つ20点(40点)

(1) 記述 1年間を通した植物のようすを、「気温」とのかかわりで説明しましょう。

気温が高くなると、植物はさかんに成長し、気温が低くなると、成長が止まったり、かれたりする。

(2) 記述 1年間を通した動物のようすを、「気温」とのかかわりで説明しましょう。

気温が高くなると、動物はさかんに活動して、成長したり数をふやしたりして、気温が低くなると、活動がにぶくなって、あまり見られなくなる。

この本の終わりにある「春のチャレンジテスト」をやってみよう!

この本の終わりにある「学力しんだんテスト」をやってみよう!

80ページ　てびき

1 夏には、植物や動物などの生き物の成長や活動がさかんになり、冬には、生き物があまり見られなくなります。

2 ヘチマはたねで、サクラは木はかれずにえだに新しい芽をつけて、それぞれ冬をこします。

3 季節が変わると気温が変わり、生き物の生活のようすが変わります。

夏のチャレンジテスト

教科書 6〜75ページ

名前　　月　日

時間 40分

知識・技能	思考・判断・表現	ごうかく80点
/60	/40	/100

答え 42ページ

知識・技能

1 春の生き物のようすを観察しました。　1つ3点(6点)

(1) 春に見られるサクラはどちらですか。正しいほうに○をつけましょう。

ア  （　）

イ  （○）

(2) 春になると、ツバメが日本にきます。ツバメは、どちらからやってきますか。正しいものに○をつけましょう。

ア（　）東の方　イ（　）西の方
ウ（○）南の方　エ（　）北の方

2 ヘチマを育てました。　1つ5点(15点)

(1) ヘチマのたねはどれですか。正しいものに○をつけましょう。

ア 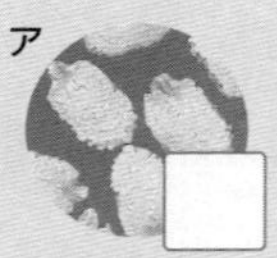 （　）

イ 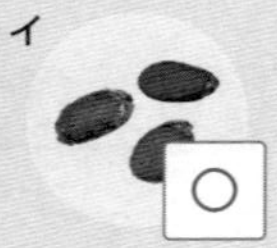 （○）

ウ  （　）

(2) たねをまいてから、芽が出る前にすることは何ですか。正しいものに○をつけましょう。

ア（　）大きいプランターに植えかえる。
イ（　）ひりょうをあたえる。
ウ（○）水をやる。
エ（　）特に何もすることはない。

(3) 記述 くきがのびてきたので、ささえのぼうをさしました。くきがのびた長さを調べる方法をかきましょう。

（くきの先のところのささえに、印をつける。）

3 重い物を持つときのうでのきん肉のようすを調べました。　1つ5点、(3)は全部できて5点(15点)

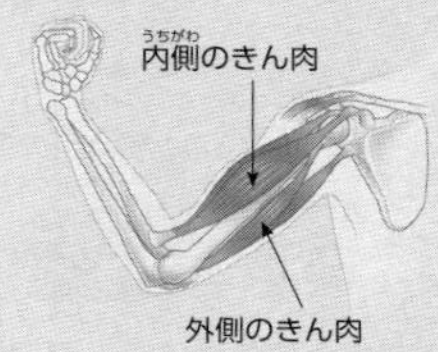

(1) うでは、ひじで曲がりました。ひじのように、ほねとほねのつなぎ目になっていて、曲がる部分のことを何といいますか。

（関節）

(2) 重い物を持ったときにかたくなるきん肉は、内側と外側のどちらですか。

（内側）

(3) 重い物を持ったときのきん肉は、どうなっていましたか。正しいもの2つに○をつけましょう。

ア（○）外側のきん肉がゆるんでいる。
イ（　）外側のきん肉がちぢんでいる。
ウ（　）内側のきん肉がゆるんでいる。
エ（○）内側のきん肉がちぢんでいる。

4 かん電池2ことモーターをどう線でつなぎ、2つの回路あといをつくりました。　1つ3点(9点)

あ 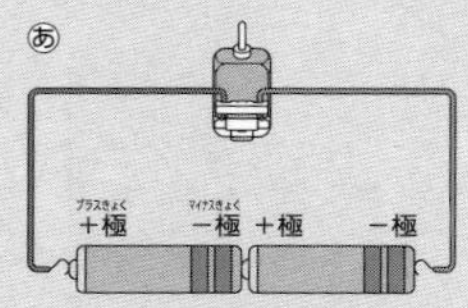

い 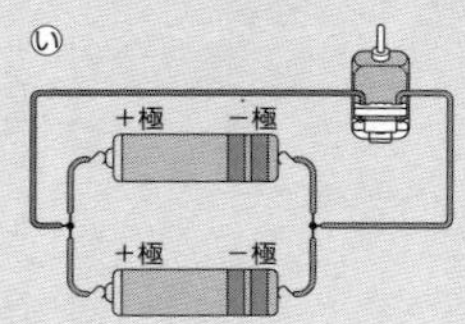

(1) あといのかん電池のつなぎ方を、それぞれ何といいますか。

あ（直列つなぎ）
い（へい列つなぎ）

(2) モーターが速く回ったのは、あ、いのどちらですか。

（あ）

うらにも問題があります。

夏のチャレンジテスト　おもて　てびき

1 (1)春になると、各地でサクラの花が見られます。
(2)日本にやってきて巣をつくり、たまごをうみます。

2 (1)アはツルレイシのたねで、ウはキュウリのたねです。
(2)葉が出てから、ひりょうを入れた土に植えかえます。
(3)ささえにそってくきがまっすぐのびるので、成長を記録しやすくなります。

3 (1)人のからだは、関節で曲がります。
(2)、(3)人のからだは、ほねについているきん肉が、ちぢんだりゆるんだりすることによって、動きます。

4 (1)あは、かん電池の＋極と、別のかん電池の－極がつながっていて、回路がとちゅうで分かれていません。いは、かん電池の＋極どうし、－極どうしがつながっていて、回路がとちゅうで分かれています。
(2)かん電池2こを直列つなぎにすると、かん電池1このときよりも回路に流れる電流が大きくなるので、モーターが速く回ります。かん電池2こをへい列つなぎにしても、モーターの回る速さは、かん電池1このときとほとんど変わりません。

5 夏の生き物と季節の関係を調べます。

1つ3点、(2)は全部できて3点(6点)

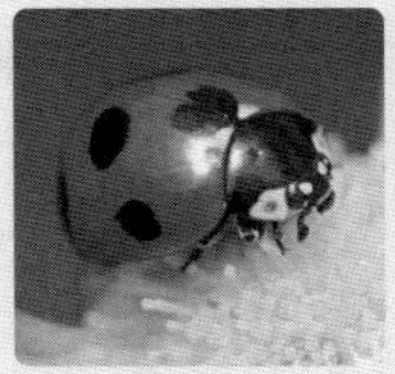

(1) 気温や水温は、春にくらべて、どうなっていますか。正しいものに○をつけましょう。

ア(○)高くなっている。
イ(　)低くなっている。
ウ(　)変わらない。

(2) 夏の生き物のようすについて、正しいもの2つに○をつけましょう。

ア(　)植物のくきや葉が、かれて落ちている。
イ(○)植物のくきがのび、葉がふえている。
ウ(○)動物がさかんに活動して、成長する。
エ(　)動物がほとんど見られない。

6 夏の南の夜空にアンタレスが見られました。

1つ3点(9点)

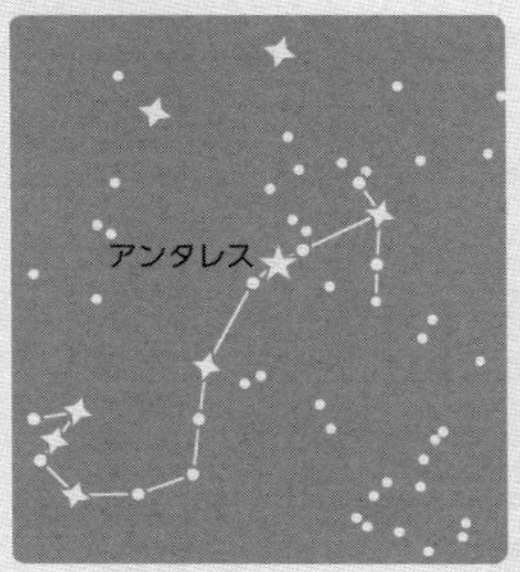

(1) 上の器具を使うと、観察したい日の観察したい時こくの、星や星ざの位置がわかります。この器具を何といいますか。

（星ざ早見）

(2) 南の空に見られた、アンタレスが入っている星ざは何ですか。正しいものに○をつけましょう。

ア(　)はくちょうざ
イ(　)ことざ
ウ(○)さそりざ
エ(　)わしざ

(3) アンタレスは、何等星ですか。

（1等星）

思考・判断・表現

7 晴れた日と雨の日に、1日の気温の変わり方を調べました。

1つ5点(20点)

あ

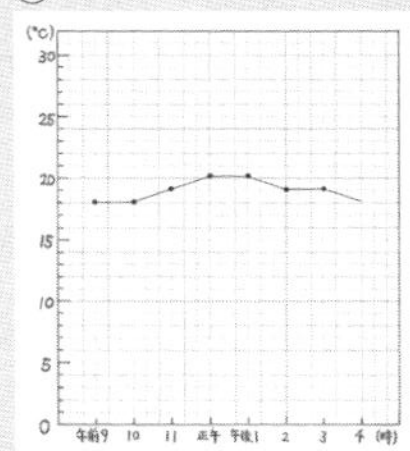

い

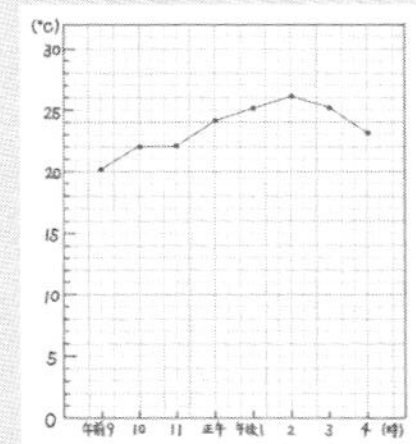

(1) 地面に日光がよく当たるのは、晴れた日と雨の日のどちらですか。

（晴れた日）

(2) より高い気温を記録したのは、あ、いのどちらですか。

（い）

(3) 雨の日の記録は、あ、いのどちらですか。

（あ）

(4) 記述 晴れた日と雨の日では、1日の気温の変わり方が、どのようにちがいますか。

（(1日の気温の変わり方は、)晴れた日のほうが雨の日よりも大きい。）

8 校庭の土とすな場のすなの、水のしみこみやすさのちがいを調べました。

1つ10点(20点)

(1) 記述 すな場のすなのほうが、校庭の土よりも、水が先にしみこみました。土やすなのつぶの大きさと、水のしみこみ方には、どのような関係がありますか。

（土やすなのつぶが大きいほうが、水はしみこみやすい。）

(2) 記述 小石とすながまざったじゃ利の地面は、土の地面とくらべて水たまりができにくくなっています。その理由をかきましょう。

（小石とすなのつぶは、土よりもつぶが大きく、水がしみこみやすいから。）

夏のチャレンジテスト　うら　てびき

5 (1)夏は日ざしが強くなり、暑い日が続きます。
(2)植物は成長し、動物の活動がさかんになります。

6 (2)、(3)アンタレスは、赤色にかがやくさそりざの1等星です。星は明るい順に、1等星、2等星、3等星…と分けられています。

7 (1)晴れた日は、日ざしが雲にさえぎられません。
(2)、(3)グラフから、いのほうが気温が高くなっています。雨やくもりの日には、昼でも気温はあまり上がりません。
(4)天気のちがいと、気温の変わり方を関連づけておさえておきましょう。

8 (1)水のしみこみ方は、土やすなのつぶの大きさによってちがい、つぶが大きいほうが、水は、しみこみやすくなります。
(2)じゃ利は、水たまりができにくいように、ちゅう車場の地面などにしかれています。

冬のチャレンジテスト

教科書 78~147ページ

名前　　　　月　　日

時間 40分

知識・技能	思考・判断・表現	ごうかく80点
/60	/40	/100

答え 44ページ

知識・技能

1 夕方、東の空に、円の形の月が見られました。

1つ3点(9点)

(1) 円の形に見える月を何といいますか。

（ 満月 ）

(2) 東の空に見えた月は、どのように動きますか。正しいものに○をつけましょう。

ア（ ）東から、北の空を通って、南へと動く。
イ（ ）東から、北の空を通って、西へと動く。
ウ（ ）東から、南の空を通って、北へと動く。
エ（○）東から、南の空を通って、西へと動く。

(3) 別の日に、月の形が半円に見えました。見える形のちがう月の動く道すじは同じですか。それともちがいますか。

（ 同じ。 ）

2 2つのビーカーに同じ量の水を入れ、一方にはラップシートでおおいをして、日なたに置きました。

1つ4点(8点)

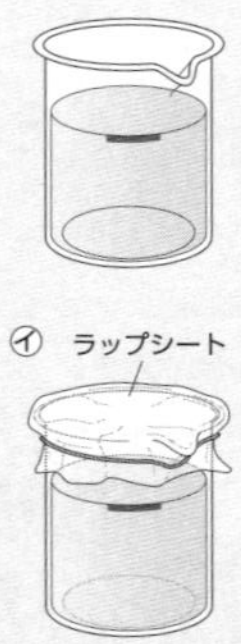

(1) 水が水じょう気にすがたを変えることを、何といいますか。

（ じょう発 ）

(2) 3日後に、水面の位置から水の量をくらべるとどうなっていましたか。正しいものに○をつけましょう。

ア（○）㋐のほうが大きくへっていた。
イ（ ）㋑のほうが大きくへっていた。
ウ（ ）どちらも同じだった。

3 春に植えたヘチマを、秋に観察しました。

1つ4点(8点)

(1) ヘチマの実はどれですか。正しいものに○をつけましょう。

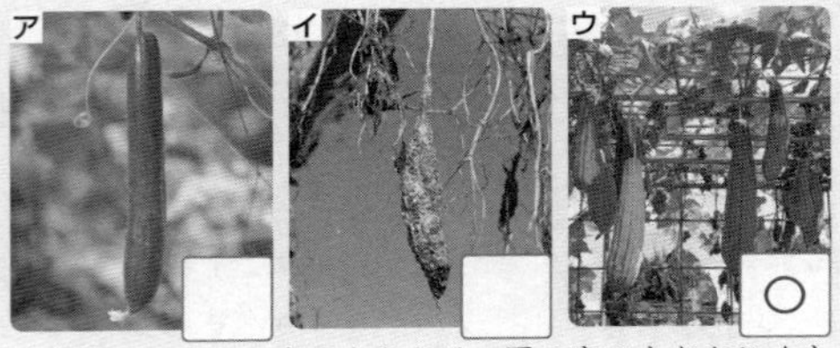

(2) 秋のヘチマの実の大きさは、夏の実の大きさとくらべてどうなっていましたか。正しいものに○をつけましょう。

ア（○）大きくなっていた。
イ（ ）小さくなっていた。
ウ（ ）ほとんど変わっていなかった。

4 注しゃ器に空気や水をとじこめ、ピストンをおしました。

1つ5点(15点)

(1) ピストンをおすと、とじこめた空気の体積はどうなりますか。正しいものに○をつけましょう。

ア（○）小さくなる。　イ（ ）変わらない。
ウ（ ）大きくなる。

(2) ピストンをおすと、とじこめた水の体積はどうなりますか。正しいものに○をつけましょう。

ア（ ）小さくなる。　イ（○）変わらない。
ウ（ ）大きくなる。

(3) 注しゃ器に、空気と水を半分ずつ入れて、ピストンをおしました。空気と水の体積はどうなりますか。正しいものに○をつけましょう。

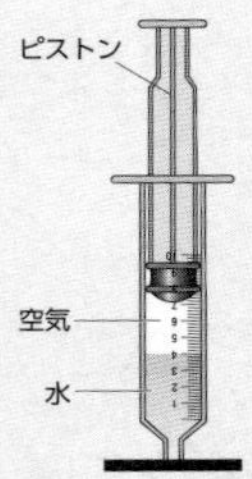

ア（ ）どちらも体積が変わる。
イ（○）空気の体積だけが変わる。
ウ（ ）水の体積だけが変わる。
エ（ ）どちらの体積も変わらない。

うらにも問題があります。

冬のチャレンジテスト　おもて　てびき

1 (1)月の形によって、よび名が変わります。
(2)月は、太陽と同じような動き方をします。
(3)月の形が変わっても、動き方は変わりません。

2 (1)水は熱しなくても、水じょう気に変わります。ふっとうもじょう発の1つです。
(2)おおい（ラップシート）をしていると、水が外に出ていくことができません。

3 (1)アはキュウリの実、イはツルレイシの実です。
(2)秋には、実は太く大きくなり、葉の色が変わり、葉がかれ始めます。

4 (1)おしちぢめられて、空気の体積が小さくなります。
(2)、(3)水は空気とちがって、おしちぢめることができず、おしても体積は変わりません。

5 金ぞくの球が輪を通りぬけることをたしかめてから、球を熱しました。 1つ6点(12点)

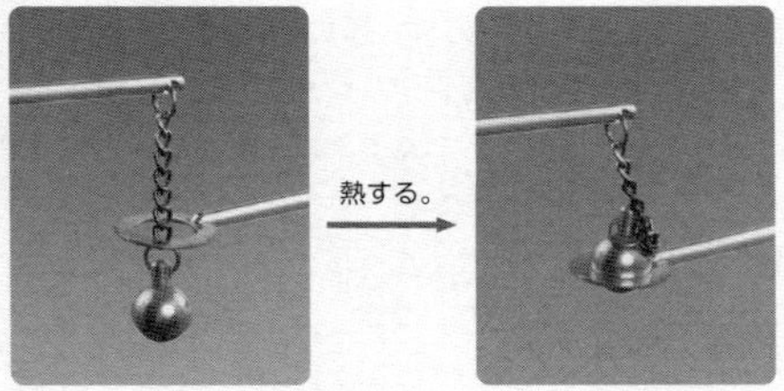

(1) 記述 金ぞくの球を熱すると、輪を通りぬけなくなるのはなぜですか。その理由をかきましょう。
（**(金ぞくを熱すると、)体積が大きくなるから。**）

(2) 金ぞくの球を冷やすと、球は輪を通りぬけますか、通りぬけないですか。
（**通りぬける。**）

6 ヒーターを使って、教室をだんぼうしました。 1つ4点(8点)

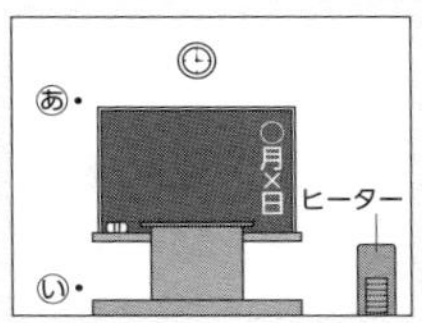

(1) 教室をしばらくだんぼうすると、あといの高さではかった温度は、どのように変わりましたか。正しいものに○をつけましょう。

ア（　）あもいも、同じように高くなった。
イ（○）あのほうが、いよりも高くなった。
ウ（　）いのほうが、あよりも高くなった。

(2) あたためられた空気のせいしつを利用したものはどれですか。正しいものに○をつけましょう。

ア（　）アイロン
イ（○）熱気球
ウ（　）冷ぞう庫
エ（　）電灯

思考・判断・表現

7 図のように水を入れた丸底フラスコを、あたためたり、冷やしたりしました。 1つ5点(20点)

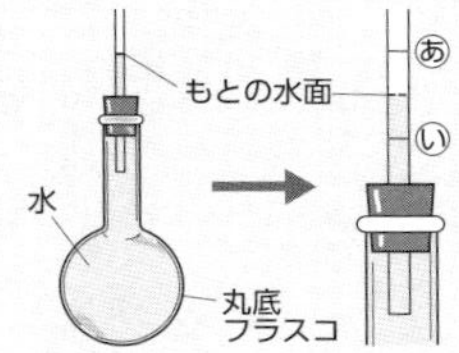

(1) 水をあたためたときの水面の位置は、あ、いのどちらですか。 （ あ ）

(2) 水を冷やしたときの水面の位置は、あ、いのどちらですか。 （ い ）

(3) 水の温度と体積について、正しいものに○をつけましょう。

ア（○）あたためると、体積は大きくなる。
イ（　）あたためると、体積は小さくなる。
ウ（　）冷やすと、体積は大きくなる。

(4) 空気、水、金ぞくの、温度による体積の変わり方をくらべました。変わり方がいちばん大きい物はどれですか。正しいものに○をつけましょう。

ア（○）空気　イ（　）水　ウ（　）金ぞく

8 し温インクをまぜた水を試験管に入れて、水の上の方と下の方を熱しました。 1つ5点(20点)

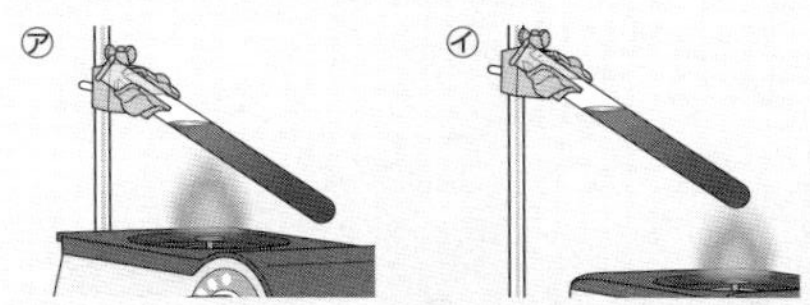

(1) 試験管全体の水が早くあたたまるのは、ア、イのどちらですか。 （ イ ）

(2) 記述 ビーカーの中の水のあたたまり方を調べます。水の動きを見やすくする方法をかきましょう。
（**し温インクを入れて、ビーカーの底のはしを熱する。**）
他に「ビーカーの底に絵の具を入れ、底を熱する。」など

(3) 水をあたためたときの動きはどうでしたか。下の正しいほうに○をつけましょう。

ア（　）あたためられた部分が下へ動く。
イ（○）あたためられた部分が上へ動く。

(4) 水とあたたまり方がにているのは、金ぞくと空気のどちらですか。 （ **空気** ）

冬のチャレンジテスト　うら　てびき

5 (1)金ぞくは、熱せられると、体積が大きくなります。
(2)金ぞくの球を冷やすと、体積が小さくなるので、球は輪を通りぬけます。

6 (1)あたためられた空気は、上に動きます。
(2)気球の中の空気を熱してあたためることで、空高く上がります。

7 (1)あたためると、水の体積が大きくなるので、水面が上がります。
(2)冷やすと、水の体積が小さくなるので、水面が下がります。
(3)、(4)水は、固体、液体、気体のどれも、温度によって、体積が変わりますが、その変わり方は、気体では大きく、固体では小さくなります。

8 (1)上の方を熱すると、上の方だけがあたたまります。
(2)水の動きとともに動く物を考えます。
(3)、(4)あたためられた水は、上に動きます。これは、空気の動きとよくにています。

春のチャレンジテスト

教科書 148〜179ページ

名前　　月　日

時間 40分

知識・技能	思考・判断・表現	ごうかく80点
/60	/40	/100

答え 46ページ

知識・技能

1 冬の夜空を観察しました。　1つ3点(6点)

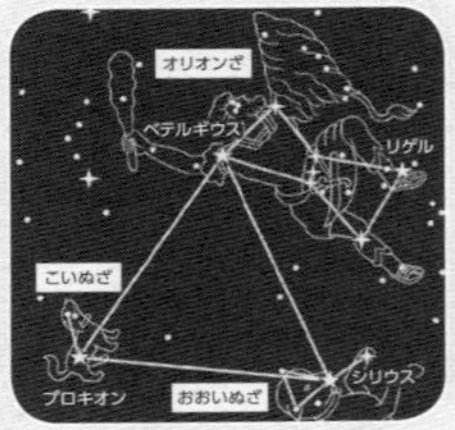

(1) ベテルギウス、シリウス、プロキオンを結んでできる三角形のことを何といいますか。
（ 冬の大三角 ）

(2) 冬に見られる星の、明るさや色はどうなっていましたか。正しいものに○をつけましょう。
ア（　）明るさや色はすべて同じだった。
イ（　）明るさは同じで、色にはちがいがあった。
ウ（　）明るさにはちがいがあり、色は同じだった。
エ（○）明るさや色にちがいがあった。

2 午後8時と午後10時に、カシオペヤざを観察しました。　1つ5点(15点)

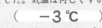

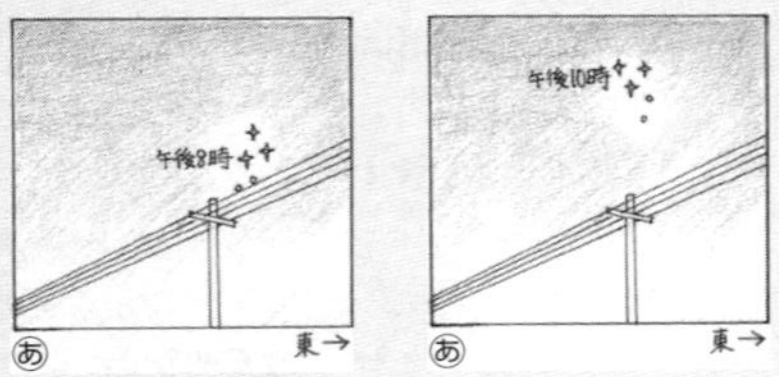

(1) 方位を調べるために使う、右の器具は何ですか。
（ 方位じしん ）

(2) 図のあの方位は何ですか。
（ 北 ）

(3) カシオペヤざの星の位置とならび方は、それぞれどうなりましたか。正しいものに○をつけましょう。
ア（　）位置もならび方も変わる。
イ（○）位置は変わるが、ならび方は変わらない。
ウ（　）位置は変わらないが、ならび方は変わる。
エ（　）位置もならび方も変わらない。

3 冬をこす生き物のようすを調べました。　1つ3点(12点)

(1) こん虫が冬をこすすがたと、そのすがたの名前を•と•を線でつなぎましょう。

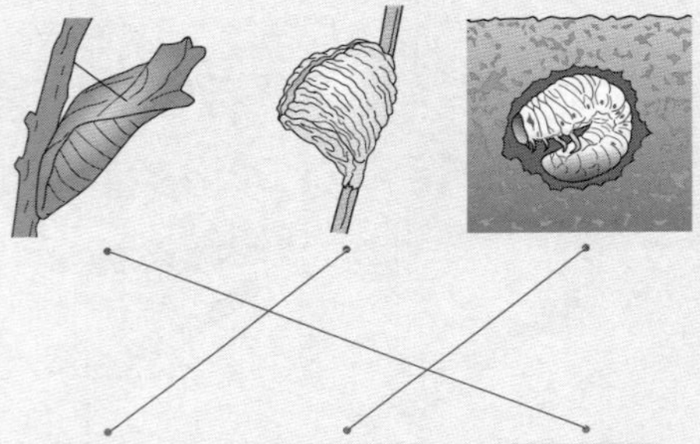

(2) かれたヘチマの実の中にできた物は何ですか。
（ たね ）

4 冬の生き物のようすを観察しました。　1つ4点(12点)

(1) 気温をはかったところ、温度計の目もりが右のようになりました。気温は何℃ですか。
（ −3℃ ）

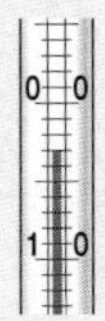

(2) 正しい温度計の目もりの読み方はどれですか。正しいものに○をつけましょう。
ア（　）　イ（　）　ウ（○）

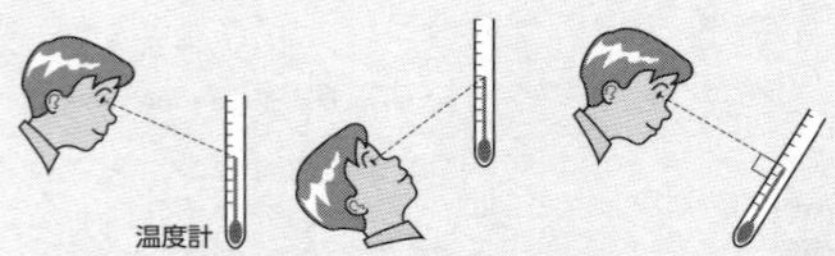

(3) イチョウの木のえだを冬に観察したとき、えだのところどころについているものは何ですか。
（ 芽 ）

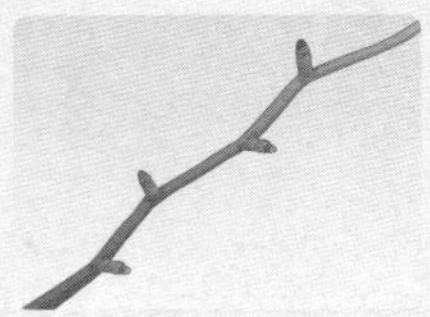

うらにも問題があります。

春のチャレンジテスト　おもて　てびき

1 (1)夏や秋とは、ちがう星や星ざが見られます。
(2)冬の星も、明るさや色にちがいがあります。

2 (1)、(2)方位じしんは、はりの赤い部分を北に合わせます。
(3)時こくによって、星の位置は変わりますが、星のならび方は変わりません。

3 (1)寒くなると、こん虫などの動物のすがたは、あまり見られなくなります。寒い冬の間、動物は、いろいろなすがたで冬をこします。
(2)夏に大きく成長したヘチマは、寒くなると、葉もくきも根もかれて、たねで冬をこします。一方、サクラなどは、葉がかれ落ちても、木がかれたわけではありません。えだには芽ができていて、あたたかくなると、ふたたび成長を始めます。

4 (1)0から下に数えて、「れい下3度」または「マイナス3度」と読みます。
(2)温度計と目を直角にして、温度を読みとります。
(3)サクラと同じく、えだに芽をつけます。

5 ポットに水を入れて、熱しました。

1つ3点(9点)

(1) ポットに入れた水を熱し続けて、しばらくすると、水の中からさかんにあわが出て、わき立ち始めました。

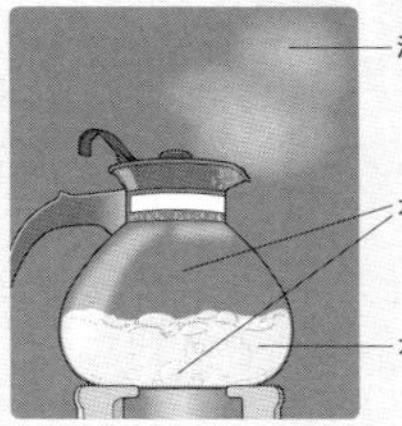

①水の中からさかんにあわが出て、わき立つことを何といいますか。　(ふっとう)

②水がわき立ち始めるのは、およそ何℃ですか。　(100℃)

(2) 湯気と水じょう気は何ですか。正しいものに○をつけましょう。

ア(　)湯気も水じょう気も気体である。
イ(　)湯気は気体で、水じょう気は液体である。
ウ(○)湯気は液体で、水じょう気は気体である。
エ(　)湯気も水じょう気も液体である。

6 サクラの1年間のようすをまとめました。

1つ3点、(1)は全部できて3点(6点)

(1) アをいちばん初め(1)として、イ～エに順じょを表す数字をかき入れましょう。

ア(1)

イ(3)

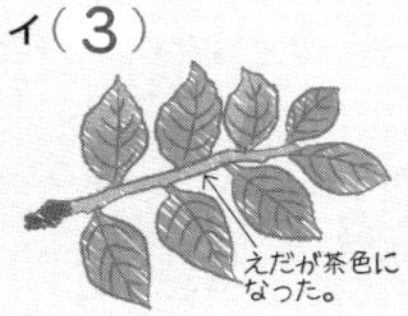

ウ(4)

エ(2)

(2) 冬には根、くき、葉がかれてしまう植物はどれですか。正しいものに○をつけましょう。

ア(　)サクラ　イ(　)イチョウ
ウ(　)アジサイ　エ(○)ホウセンカ

思考・判断・表現

7 図のようにして、水を冷やしたときの温度の変化を調べました。

1つ8点(24点)

(1) 記述 温度計の先にストローをつけたのはなぜですか。その理由をかきましょう。

(温度計がわれないようにするため。)

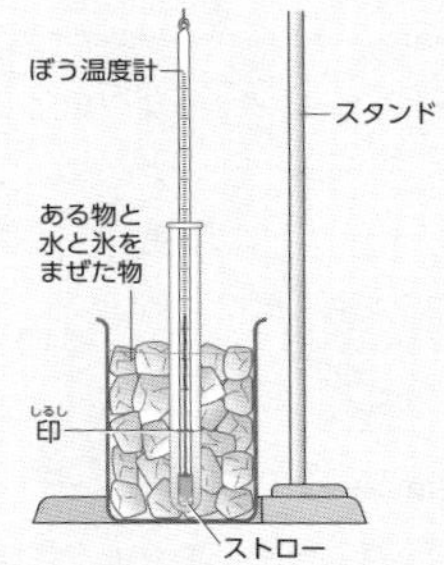

(2) 水を冷やすために、氷のほかにまぜた物は何ですか。　(食塩)

(3) グラフは、結果をまとめたものです。水が全部氷に変わったのは、約何分後ですか。正しいものに○をつけましょう。

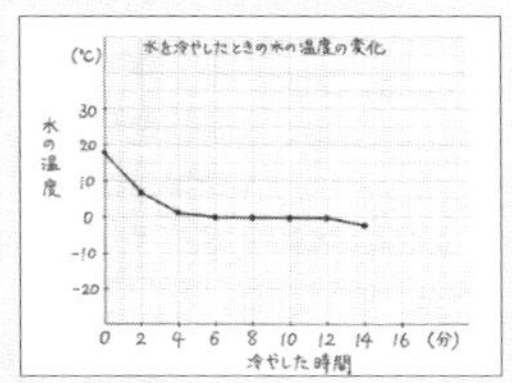

ア(　)約4分後　イ(　)約8分後
ウ(○)約12分後　エ(　)約16分後

8 1年間、植物や動物のようすの変化を調べました。

1つ8点(16点)

(1) 記述 植物の1年間のようすの変化を、「気温」とのかかわりで説明しましょう。

(気温が高くなると、植物はさかんに成長し、気温が低くなると、成長が止まったり、かれたりする。)

(2) 記述 動物の1年間のようすの変化を、「気温」とのかかわりで説明しましょう。

(気温が高くなると、動物はさかんに活動して、成長したり数をふやしたりして、気温が低くなると、活動がにぶくなって、あまり見られなくなる。)

春のチャレンジテスト　うら　てびき

5 (1)水を熱すると、水面から湯気が出始めます。やがておよそ100℃になったところでふっとうします。
(2)ふっとうしたときに出てくるあわは、水が目に見えないすがたに変わった水じょう気(気体)で、湯気は、水じょう気が冷やされてできた、水の小さいつぶ(液体)です。

6 (1)アは春、イは秋、ウは冬、エは夏のサクラのようすです。
(2)木はかれずに、えだに芽をつけて冬をこします。

7 (1)温度計が試験管の底に当たると、われるおそれがあります。
(2)水を0℃以下まで冷やすために入れます。
(3)水が氷になっている間は、温度が変わらず、0℃のままです。

8 (1)植物は、あたたかい季節に、えだやくきをのばし、さかんに成長します。また、寒い季節になると、ヘチマはたねを残して冬をこし、サクラは木のえだに新しい芽をつけて冬をこします。
(2)動物の多くは、あたたかい季節にさかんに活動して、成長したり、数をふやしたりします。また、寒い季節になると、いろいろなすがたで冬をこします。

4年 理科のまとめ 学力しんだんテスト

月　日

名前

時間 40分

ごうかく80点　／100

答え 48ページ

1 モーターを使って、電気のはたらきを調べました。　1つ4点(12点)

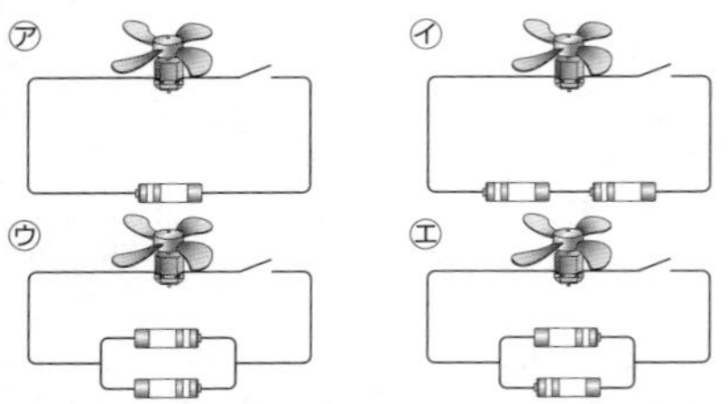

(1) ㋑、㋒のようなかん電池のつなぎ方を、それぞれ何といいますか。

㋑(**直列つなぎ**) ㋒(**へい列つなぎ**)

(2) スイッチを入れたとき、モーターがいちばん速く回るものは、㋐～㋓のどれですか。　(㋑)

2 ある1日の気温の変化を調べました。　1つ4点(16点)

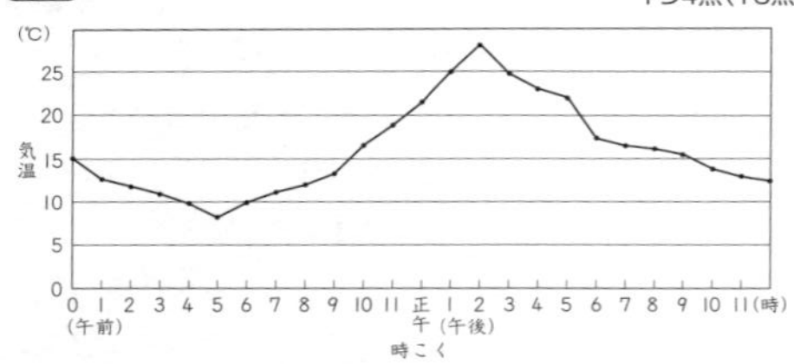

(1) この日にいちばん気温が高くなったのは何時ですか。

(**14時**)(**午後2時**)

(2) この日の気温がいちばん高いときと低いときの気温の差は、何℃ぐらいですか。正しいほうに○をつけましょう。

①(　　)10℃ぐらい　②(○)20℃ぐらい

(3) この日の天気は、①と②のどちらですか。正しいほうに○をつけましょう。

①(○)晴れ　②(　　)雨

(4) (3)のように答えたのはなぜですか。

(**1日の気温の変化が大き(く、昼すぎの気温が高)いから。**)

3 ある日の夜、はくちょうざを午後8時と午後10時に観察し、記録しました。　1つ4点(8点)

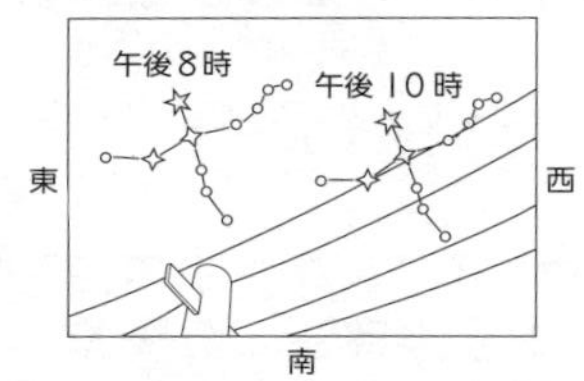

(1) さそりざのアンタレスは赤色の星です。はくちょうざのデネブは何色の星ですか。　(**白色(の星)**)

(2) 時こくとともに、星ざの中の星のならび方は変わりますか、変わりませんか。　(**変わらない。**)

4 注しゃ器の先にせんをして、ピストンをおしました。　1つ4点(8点)

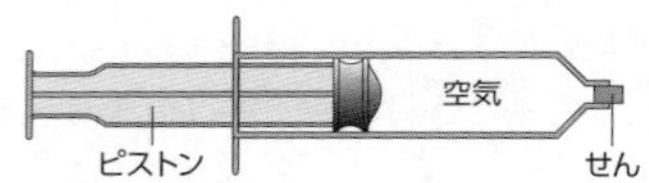

(1) 注しゃ器のピストンをおすと、空気の体積はどうなりますか。　(**小さくなる。**)

(2) 注しゃ器のピストンを強くおすと、手ごたえはどうなりますか。正しいほうに○をつけましょう。

①(○)大きくなる。　②(　　)小さくなる。

5 うでのきん肉やほねのようすを調べました。　1つ4点(8点)

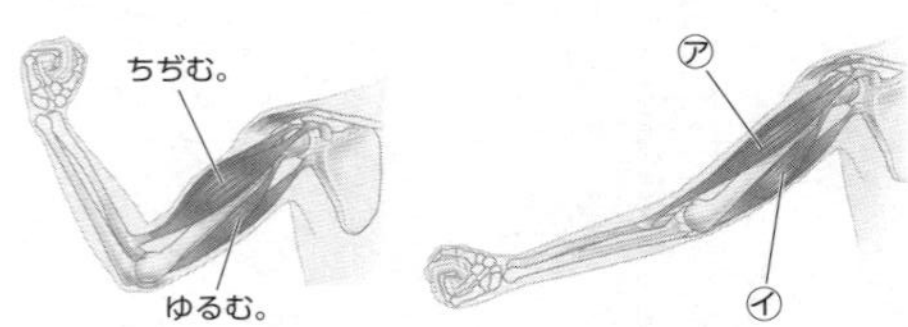

(1) うでをのばしたとき、きん肉がちぢむのは、㋐、㋑のどちらですか。　(㋑)

(2) ほねとほねがつながっている部分を何といいますか。　(**関節**)

学力診断テスト(表)

●うらにも問題があります。

学力しんだんテスト　おもて　てびき

1 (1)㋓もへい列つなぎに見えますが、2つのかん電池が「わ」になっているのでちがいます。かん電池やどう線が熱くなるので、このつなぎ方をしてはいけません。
(2)直列つなぎにすると、回路に流れる電流が大きくなり、モーターが速く回ります。

2 (1)、(2)グラフから、いちばん気温が高いのは午後2時で28℃ぐらい、いちばん気温が低いのは午前5時で8℃ぐらいと読みとることができます。
(3)、(4)晴れの日は気温の変化が大きく、くもりや雨の日は気温の変化が小さいです。グラフから気温の変化を読みとると、この日の天気は晴れと考えられます。

3 (1)アンタレスもデネブも1等星ですが、アンタレスは赤色、デネブは白色です。
(2)時こくとともに、星の見える位置は変わりますが、星のならび方は変わりません。

4 (1)とじこめた空気をおすと、体積は小さくなります。
(2)ピストンをおすと、空気はさらにおしちぢめられ、空気におし返される手ごたえは大きくなります。

5 (1)うでをのばすと、内側のきん肉(㋐)はゆるみ、外側のきん肉(㋑)はちぢみます。
(2)関節があるので、体を曲げることができます。

6 物をあたためたときの体積の変化を調べました。

1つ4点(12点)

(1) フラスコをあたためたときの水面を表しているのは、㋐、㋑のどちらですか。

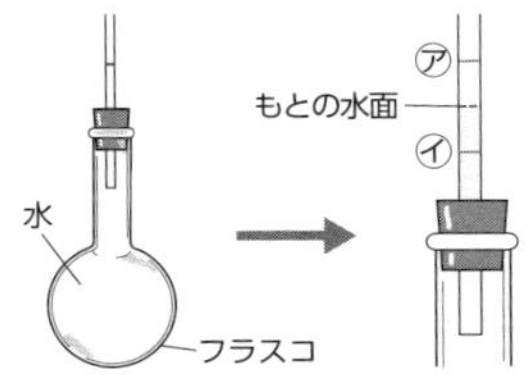

(㋐)

(2) 空のフラスコの口にせっけん水でまくを作りました。湯につけると、せっけん水のまくはどうなりますか。㋒～㋕から正しいものを選び、□に○をつけましょう。

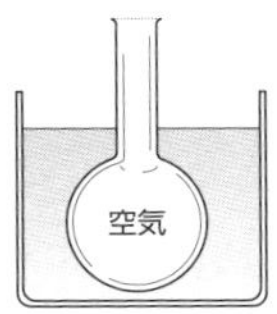

㋒ □　㋓ □　㋔ ○　㋕ □

(3) 金ぞくをあたためたとき、体積はどのように変化しますか。正しいほうに○をつけましょう。

①(○)大きくなる。　②(　　)小さくなる。

7 物のあたたまり方を調べました。

1つ4点(12点)

(1) 右の図のように、試験管に水を入れて熱し、㋐があたたかくなったので熱するのをやめました。5分後にいちばん温度が高いのは、㋐～㋒のどれですか。　(㋐)

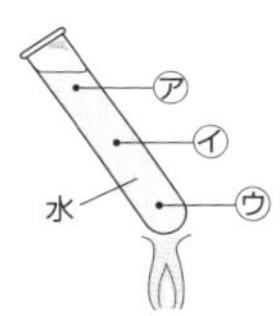

(2) 下の図のように、金ぞくのぼうにろうをたらし、ぼうの一部を熱しました。ろうがとけるのがいちばんおそい部分は、㋓～㋖のどれですか。　(㋓)

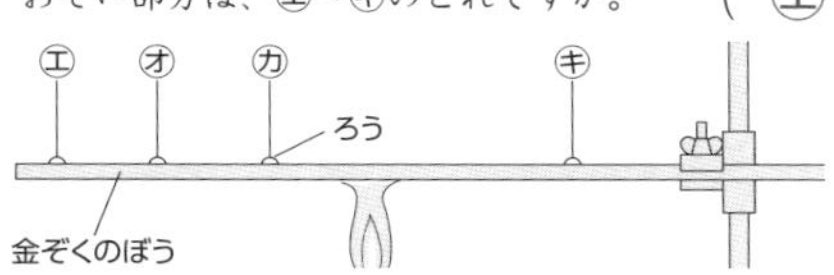

(3) 水と金ぞくのあたたまり方は、同じですか、ちがいますか。

(ちがう。)

活用力をみる

8 自然の中をめぐる水を調べました。

1つ4点(16点)

㋐せんたく物がかわく。

㋑まどガラスの内側に水のつぶがつく。

(1) ㋐、㋑は、どのような水の変化ですか。あてはまる言葉を(　　)にかきましょう。

㋐ 水から(**水じょう気**)への変化

㋑ (**水じょう気**)から(　**水**　)への変化

(2) 雨がふって、地面に水が流れていました。地面を流れる水はどのように流れますか。正しいほうに○をつけましょう。

①(○)高いところから低いところに流れる。

②(　　)低いところから高いところに流れる。

9 身のまわりの生き物の1年間のようすを観察しました。

1つ4点(8点)

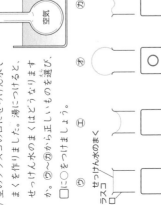

(1) ㋐～㋓のサクラの育つようすを、春、夏、秋、冬の順にならべましょう。

(㋑ → ㋒ → ㋐ → ㋓)

(2) オオカマキリが右のころのとき、サクラはどのようなようすですか。㋐～㋓から選び、記号でかきましょう。

(㋑)

学力しんだんテスト　うら　てびき

6 (1)あたためると水の体積は大きくなるので、水面は上がります。

(2)あたためると空気の体積は大きくなるので、せっけん水のまくもふくらみます。

(3)金ぞくも、あたためると体積が大きくなります。

7 (1)水を熱すると、あたためられた部分が上へ動き、全体があたたまります。そのため、試験管に入れた水の下のほうを熱しても、上のほうからあたたまります。

(2)、(3)金ぞくは、熱した部分から順に熱が伝わってあたたまっていきます。

8 (1)㋐せんたく物にふくまれていた水(液体)が水じょう気(気体)になります。

㋑空気中の水じょう気がまどガラスで冷やされて、水になります。

(2)地面を流れる水は、高いところから低いところに向かって流れます。

9 (1)㋐は葉がかれて落ちてきている秋、㋑は花がさく春、㋒は葉がしげる夏、㋓は葉が落ちた冬です。

(2)春になると、オオカマキリのたまごからよう虫がうまれます。

メモ

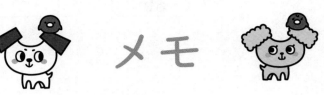

メモ

付録　取りはずしてお使いください。

理科
スタートアップドリル

4年

このドリルを使って
3年生で学習した
ことをふり返ろう。

年　　組

1 植物のつくりと育ち①

1 植物のたねをまいて、育ちをしらべました。

(1) 図を見て、(　　)にあてはまる言葉を、あとの［　　］からえらんで書きましょう。

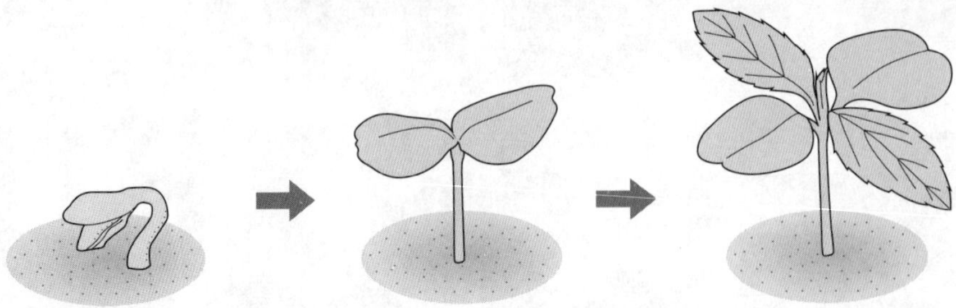

①植物のたねをまくと、たねから(　　　　)が出て、やがて葉が出てくる。
はじめに出てくる葉を(　　　　)という。

②植物の草たけ(高さ)が高くなると、(　　　　)の数もふえていく。

め	子葉	葉	花	実	数	長さ

(2) 植物の育ちについてまとめました。
(　　)にあてはまるものは、
①～③のどれですか。
①2cm
②5cm
③10cm

日にち	草たけ(高さ)
4月15日	–––
4月23日	1cm
4月27日	3cm
5月　8日	(　　　)
5月15日	7cm

(　　　)

2 植物の体のつくりをしらべました。

(1) ㋐～㋓は何ですか。
名前を答えましょう。

㋐(　　　　)
㋑(　　　　)
㋒(　　　　)
㋓(　　　　)

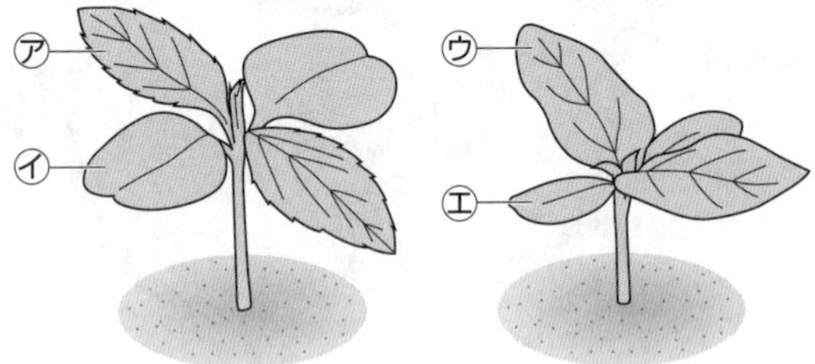

ホウセンカ　　ヒマワリ

(2) ㋐と㋑で、先に出てくるのはどちらですか。

(　　　)

(3) ㋒と㋓で、先に出てくるのはどちらですか。

(　　　)

2 植物のつくりと育ち②

1 植物の体のつくりをしらべました。

(1) （　　）にあてはまる言葉を書きましょう。

○植物は、色や形、大きさはちがっても、つくりは同じで、（　　　　　）、（　　　　　）、（　　　　　）からできている。

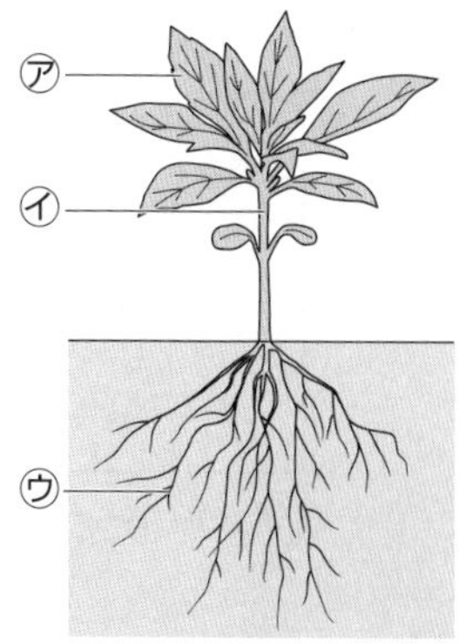

(2) ア～ウは何ですか。名前を答えましょう。

ア（　　　　　）
イ（　　　　　）
ウ（　　　　　）

(3) ①～③は、ア～ウのどれのことか、記号で答えましょう。

①くきについていて、育つにつれて数がふえる。（　　　）

②土の中にのびて、広がっている。（　　　）

③葉や花がついている。（　　　）

2 植物の一生について、まとめました。

（　　）にあてはまる言葉を書きましょう。

①植物は、たねをまいたあと、はじめに（　　　　　）が出る。
②草たけ（高さ）が高くなり、葉の数はふえ、くきが太くなり、やがてつぼみができて、（　　　　　）がさく。
③（　　　　　）がさいた後、（　　　　　）ができて、かれる。
④実の中には、（　　　　　）ができている。

3 こん虫のつくりと育ち①

1 チョウの体のつくりをしらべました。

(1) (　　)にあてはまる言葉を書きましょう。

○チョウのせい虫の体は(　　　　)、(　　　　)、(　　　　)の3つの部分からできていて、むねに6本の(　　　　)がある。

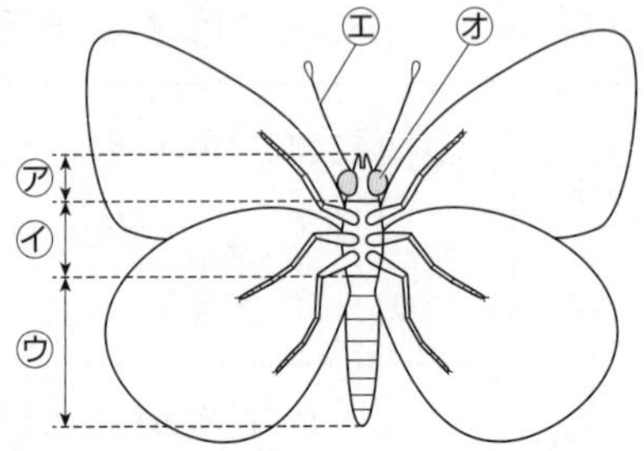

(2) ㋐～㋔は何ですか。名前を答えましょう。

㋐(　　　　)
㋑(　　　　)
㋒(　　　　)
㋓(　　　　)
㋔(　　　　)

(3) ①～②は、㋐～㋒のどれのことか、記号で答えましょう。

①あしやはねがついている。

(　　)

②ふしがあって、まげることができる。

(　　)

2 モンシロチョウの育ちについて、まとめました。

(1) ㋐～㋓を、育ちのじゅんにならべましょう。

㋐
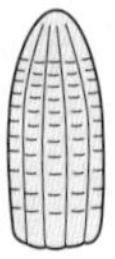
㋑
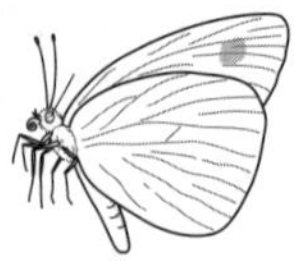
㋒
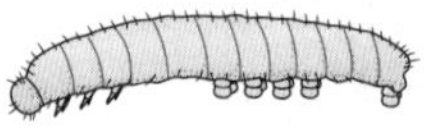
㋓
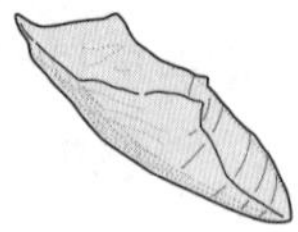

(　㋐　→　　→　　→　　)

(2) ㋑はせい虫といいます。㋐、㋒、㋓は何ですか。名前を答えましょう。

㋐(　　　　)
㋒(　　　　)
㋓(　　　　)

(3) 何も食べないのは、㋐～㋓のどれですか。すべて答えましょう。

(　　　　)

4 こん虫のつくりと育ち②

1 こん虫の体のつくりをしらべました。

(1) (　　)にあてはまる言葉を書きましょう。

①こん虫は、色や形、大きさはちがってもつくりは同じで、(　　　　　)、(　　　　　)、(　　　　　)の３つの部分からできている。
②こん虫の(　　　　　)には、目や口、しょっ角があり、(　　　　　)には６本のあしがある。

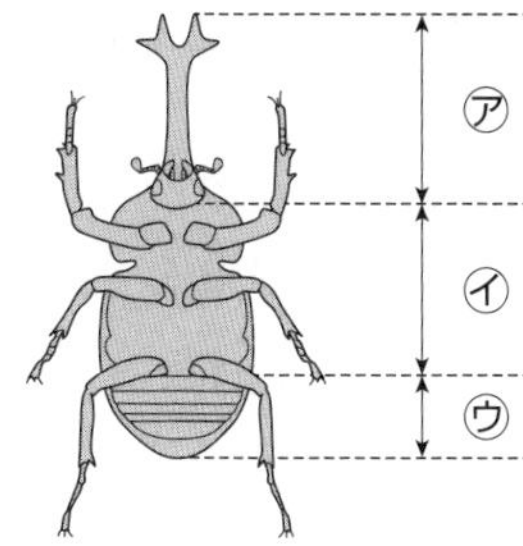

(2) 図の㋐～㋒は何ですか。名前を答えましょう。

㋐(　　　　　)
㋑(　　　　　)
㋒(　　　　　)

2 こん虫の育ちについて、まとめました。

(　　)にあてはまる言葉を書きましょう。

①チョウやカブトムシは、
たまご→(　　　　　)→(　　　　　)→せい虫
のじゅんに育つ。
②バッタやトンボは、
たまご→(　　　　　)→せい虫
のじゅんに育つ。
③チョウやカブトムシは(　　　　　)になるが、
バッタやトンボはならない。

3 こん虫のすみかと食べ物について、しらべました。

(　　)にあてはまる言葉を、あとの□からえらんで書きましょう。

○こん虫は、(　　　　　)や(　　　　　)場所があるところをすみかにしている。

遊ぶ	池	かくれる	木	食べ物

5 風やゴムの力のはたらき

1 風の力のはたらきについて、しらべました。

(1) (　　)にあてはまる言葉をえらんで、○でかこみましょう。

①風の力で、ものを動かすことが(　できる　・　できない　)。 ②風を強くすると、風がものを動かすはたらきは (　大きく　・　小さく　)なる。

(2) 「ほ」が風を受けて走る車に当てる風の強さを変えました。
弱い風を当てたときのようすを表しているのは、①、②のどちらですか。

①
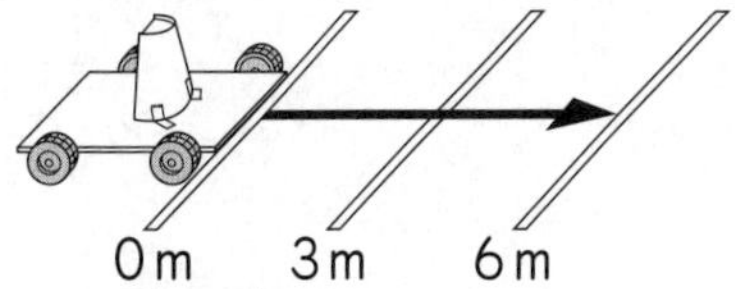

進んだきょり　6m

②
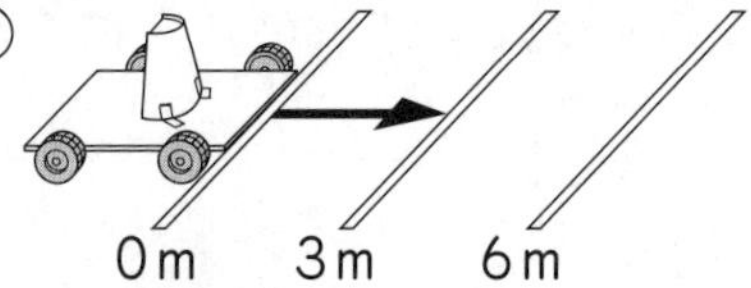

進んだきょり　3m

(　　　)

2 ゴムの力のはたらきについて、しらべました。

(1) (　　)にあてはまる言葉をえらんで、○でかこみましょう。

①ゴムの力で、ものを動かすことが(　できる　・　できない　)。 ②ゴムを長くのばすほど、ゴムがものを動かすはたらきは (　大きく　・　小さく　)なる。

(2) ゴムの力で動く車を走らせました。わゴムを5cmのばして手をはなしたとき、車の動いたきょりは3m 60cmでした。
わゴムを10cmのばして手をはなしたときにはどうなると考えられますか。
正しいと思われるものに○をつけましょう。

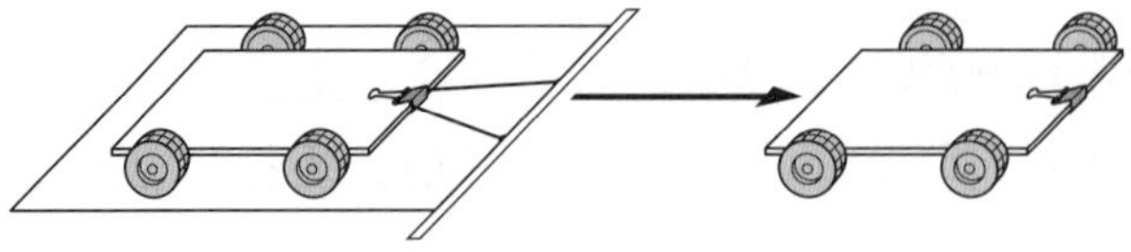

①(　　　)5cmのばしたときと、車が動くきょりはかわらない。
②(　　　)5cmのばしたときとくらべて、車がうごくきょりは長くなる。
③(　　　)5cmのばしたときとくらべて、車がうごくきょりはみじかくなる。

6 かげのでき方と太陽の光

1 かげのでき方と太陽の動きやいちをしらべました。

(1) (　　)にあてはまる言葉を書きましょう。

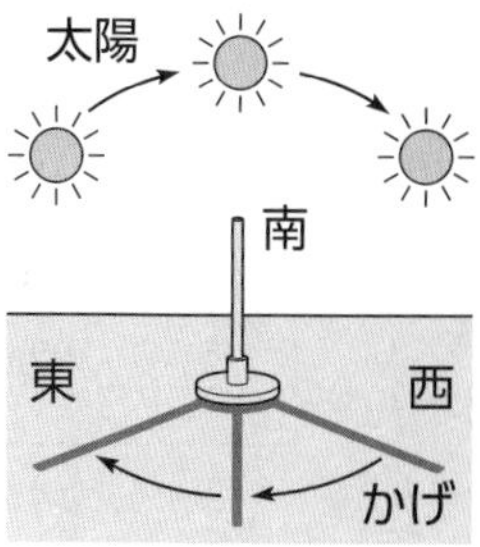

①太陽の光のことを(　　　　　)という。
②かげは、太陽の光をさえぎるものがあると、
太陽の(　　　　　　)がわにできる。
③太陽のいちが(　　　　　)から南の空の高い
ところを通って(　　　　　)へとかわるにつれて、
かげの向きは(　　　　　)から(　　　　　)へと
かわる。

(2) 午前９時ごろ、木のかげが西のほうにできていました。

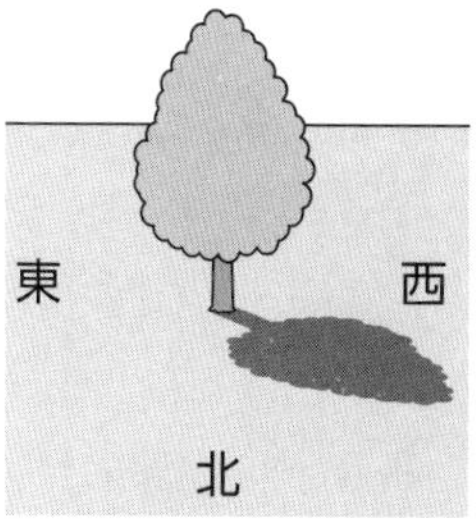

①このとき、太陽はどちらのほうにありますか。

(　　　　　)

②午後５時ごろになると、木のかげはどちらのほうにできますか。

(　　　　　)

2 表は、日なたと日かげのちがいについて、しらべたけっかです。(　　)にあてはまる言葉を、あとの[　　]からえらんで書きましょう。

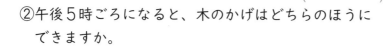

	日なた	日かげ
明るさ	日なたの地面は(　　　　　)。	日かげの地面は(　　　　　)。
しめりぐあい	(　　　　　)いる。	(　　　　　)いる。
午前９時の地面の温度	14℃	(　　　　　)
正午の地面の温度	(　　　　　)	16℃

明るい	かわいて	暗い	しめって	13℃	16℃	20℃

7 光のせいしつ

1 かがみを使って日光をはね返して、光のせいしつをしらべました。

(1) (　)にあてはまる言葉を書きましょう。

①(　　　　　)ではね返した日光をものに当てると、
当たったものは(　　　　　)なり、あたたかくなる。
②かがみではね返した日光は、(　　　　　)進む。

(2) 3まいのかがみを使って、日光をはね返してかべに当てて、はね返した日光を重ねたときのようすをしらべました。

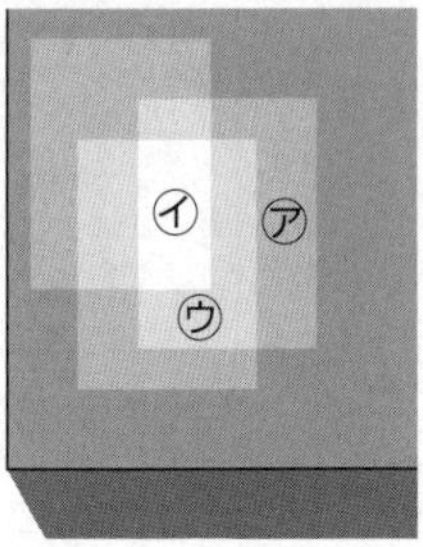

①㋐〜㋒で、2まいのかがみではね返した日光が重なっているのはどこですか。
(　　　)

②㋐〜㋒を、明るいじゅんにならべましょう。
(　　　→　　　→　　　)

③㋐〜㋒のうち、いちばんあたたかいのはどこですか。
(　　　)

2 虫めがねで日光を集めて、紙に当てました。

(1) 集めた日光を当てた部分の明るさとあたたかさについて、正しいものに○をつけましょう。

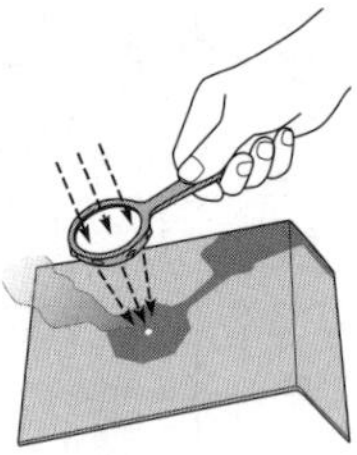

①(　　)明るい部分を大きくしたほうがあつくなる。
②(　　)明るい部分を小さくしたほうがあつくなる。
③(　　)明るい部分の大きさとあたたかさは、かんけいがない。

(2) (　)にあてはまる言葉をえらんで、○でかこみましょう。

①虫めがねを使うと、日光を集めることが(　できる　・　できない　)。
②虫めがねを使って、日光を(　小さな　・　大きな　)部分に
集めると、とても明るく、あつくなる。

8 音のせいしつ

1 音のせいしつについて、しらべました。

(1) (　　)にあてはまる言葉を書きましょう。

①ものから音が出ているとき、ものは(　　　　　　　)いる。
②ふるえを止めると、音は(　　　　　)。
③(　　　　　)音はふるえが大きく、
　(　　　　　)音はふるえが小さい。

(2) 紙コップと糸を使って作った糸電話を使って、
音がつたわるときのようすをしらべました。

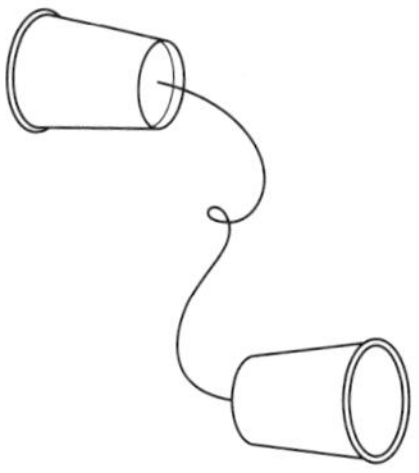

①糸電話で話すとき、ピンとはっている糸を指でつまむと、
どうなりますか。正しいものに○をつけましょう。
㋐(　　　)糸をつまむ前と、音の聞こえ方はかわらない。
㋑(　　　)糸をつまむ前より、音が大きくなる。
㋒(　　　)糸をつまむ前に聞こえていた音が、聞こえなくなる。

②糸電話で話すとき、糸をたるませるとどうなりますか。
正しいものに○をつけましょう。
㋐(　　　)ピンとはっているときと、音の聞こえ方はかわらない。
㋑(　　　)ピンとはっているときより、音が大きくなる。
㋒(　　　)ピンとはっているときに聞こえていた音が、聞こえなくなる。

(3) たいこをたたいて、音を出しました。
①大きな音を出すには、強くたたきますか、弱くたたきますか。
(　　　　　　)

②たいこの音が2回聞こえました。2回目の音のほうが1回目の音より
小さかったとき、より強くたいこをたたいたのは1回目ですか、
2回目ですか。
(　　　　　)

9 電気の通り道

1 豆電球とかん電池を使って、明かりがつくつなぎ方をしらべました。

(1) 図は、明かりをつけるための道具です。

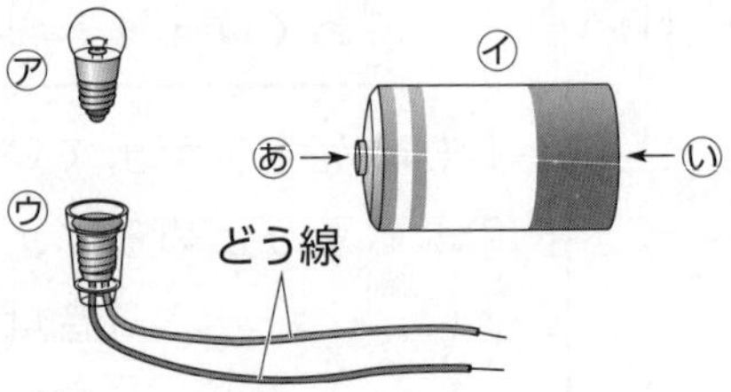

①㋐〜㋒は何ですか。名前を書きましょう。

㋐(　　　　　　　)
㋑(　　　　　　　)
㋒(　　　　　　　)

②㋑について、あ、いは何きょくか書きましょう。

あ(　　　　　　　)
い(　　　　　　　)

(2) (　　)にあてはまる言葉を書きましょう。

○豆電球と、かん電池の(　　　　　　)と(　　　　　　)が
どう線で「わ」のようにつながって、(　　　　　)の通り道が
できているとき、豆電球の明かりがつく。
この電気の通り道を(　　　　　)という。

(2) ①〜③で、明かりがつくつなぎ方はどれですか。すべて答えましょう。

①

②

③

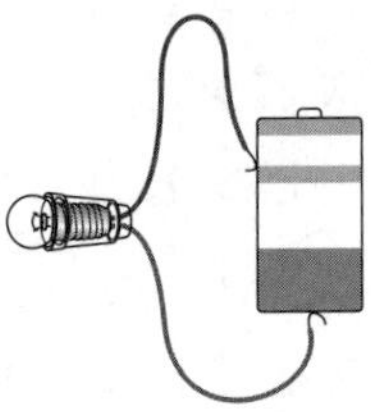

(　　　　)

2 電気を通すものと通さないものをしらべました。

(　　)にあてはまる言葉を書きましょう。

○鉄や銅などの(　　　　　　)は、電気を通す。
プラスチックや紙、木、ゴムは、電気を(　　　　　　)。

10 じしゃくのせいしつ

1 **じしゃくのせいしつについて、しらべました。**
(　　)にあてはまる言葉を書きましょう。

①ものには、じしゃくにつくものとつかないものがある。
(　　　　　)でできたものは、じしゃくにつく。
②じしゃくの力は、はなれていてもはたらく。
その力は、じしゃくに(　　　　　)ほど強くはたらく。
③じしゃくの(　　　　　)きょくどうしを近づけるとしりぞけ合う。
また、(　　　　　)きょくどうしを近づけると引き合う。

2 **じしゃくのきょくについて、しらべました。**

(1) じしゃくには、２つのきょくがあります。何きょくと何きょくですか。

(　　　　　)と(　　　　　)

(2) たくさんのゼムクリップが入った箱の中にぼうじしゃくを入れて、ゆっくりと取り出しました。このときのようすで正しいものは、①～③のどれですか。

①
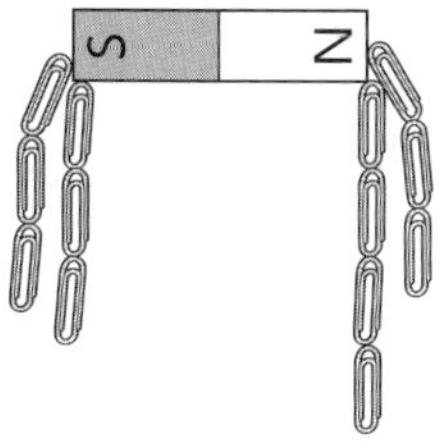

②
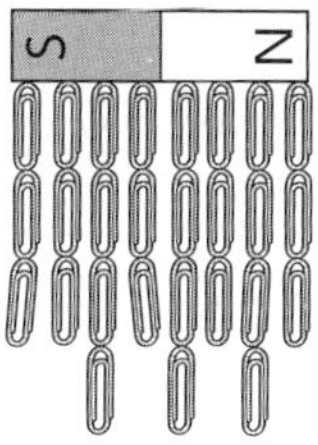

③
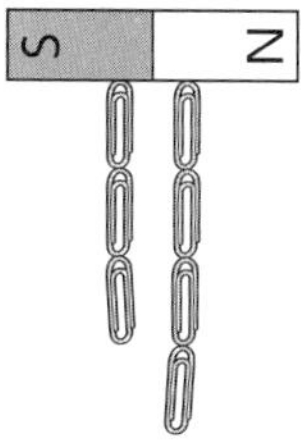

(　　　)

3 **①～⑥から、電気を通すもの、じしゃくにつくものをえらんで、**
(　　)にすべて書きましょう。

①
空きかん(鉄)

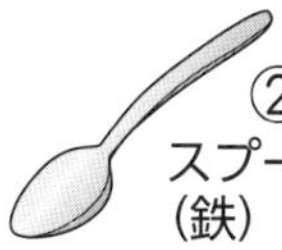

②
スプーン
(鉄)

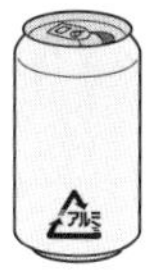

③ 空きかん
(アルミニウム)

④
スプーン
(プラスチック)

⑤ コップ
(ガラス)

電気を通すもの(　　　　　　　　　)
じしゃくにつくもの(　　　　　　　　　)

11 ものの重さ

1 ものの形やしゅるいと重さについて、しらべました。
(　　)にあてはまる言葉を書きましょう。

①ものは、(　　　)をかえても、重さはかわらない。
②同じ体積のものでも、もののしゅるいがちがうと
重さは(　　　　　)。

2 ねんどの形をかえて、重さをはかりました。

(1) はじめ丸い形をしていたねんどを、平らな形にしました。
重さはかわりますか。かわりませんか。

(　　　　　)

(2) はじめ丸い形をしていたねんどを、細かく分けてから
全部の重さをはかったところ、150gでした。
はじめに丸い形をしていたとき、ねんどの重さは何gですか。

(　　　　　)

3 同じ体積の木、アルミニウム、鉄のおもりの重さをしらべました。

もののしゅるい	重さ(g)
木	18
アルミニウム	107
鉄	312

(1) いちばん重いのは、どのおもりですか。

(　　　　　)

(2) いちばん軽いのは、どのおもりですか。

(　　　　　)

(3) もののしゅるいがちがっても、同じ体積
ならば、重さも同じといえますか。
いえませんか。

(　　　　　)

答え

1 植物のつくりと育ち①

1 (1)①め、子葉
②葉
(2)②
★草たけ(高さ)は高くなっていきます。4月27日が3cm、5月15日が7cmなので、5月8日は3cmと7cmの間になります。

2 (1)㋐葉　㋑子葉　㋒葉　㋓子葉
(2)㋑
(3)㋓

2 植物のつくりと育ち②

1 (1)根、くき、葉
(2)㋐葉　㋑くき　㋒根
(3)①㋐　②㋒　③㋑

2 ①子葉
②花
③花、実
④たね

3 こん虫のつくりと育ち①

1 (1)頭、むね、はら、あし
(2)㋐頭　㋑むね　㋒はら　㋓しょっ角　㋔目
(3)①㋑　②㋒

2 (1)㋐→㋒→㋓→㋑
(2)㋐たまご　㋒よう虫　㋓さなぎ
(3)㋐、㋓

4 こん虫のつくりと育ち②

1 (1)①頭、むね、はら
②頭、むね
(2)㋐頭　㋑むね　㋒はら

2 ①よう虫、さなぎ
②よう虫
③さなぎ

3 食べ物、かくれる

5 風やゴムの力のはたらき

1 (1)①できる
②大きく
(2)②
★風が強いほうが、車が動くきょりが長いので、①が強い風、②が弱い風を当てたときのようすになります。

2 (1)①できる
②大きく
(2)②
★わゴムをのばす長さが5cmから10cmへと長くなるので、車が動くきょりも長くなります。

6 かげのでき方と太陽の光

1 (1)①日光
②反対
③東、西、西、東
(2)①東
②東

2

日なた	日かげ
日なたの地面は（　明るい　）。	日かげの地面は（　暗い　）。
（　かわいて　）いる。	（　しめって　）いる。
14℃	（　13℃　）
（　20℃　）	16℃

★地面の温度は、日かげより日なたのほうが高いこと、午前9時より正午のほうが高いことから、答えをえらびます。

7 光のせいしつ

1 (1)①かがみ、明るく
②まっすぐに
(2)①ウ　②イ→ウ→ア　③イ
★はね返した日光の数が多いほど、明るく、あたたかくなります。

2 (1)②
(2)①できる　②小さな

8 音のせいしつ

1 (1)①ふるえて
②止まる(つたわらない)
③大きい、小さい
(2)①ウ　②ウ
★糸をふるえがつたわらなくなるので、音も聞こえなくなります。
(3)①強くたたく。　②1回目

9 電気の通り道

1 (1)①ア豆電球　イかん電池　ウソケット
②あ＋きょく　い－きょく
(2)＋きょく、－きょく、電気、回路
(3)②
★かん電池の＋きょくから豆電球を通って、－きょくにつながっているのは、②だけです。

2 金ぞく、通さない

10 じしゃくのせいしつ

1 ①鉄
②近い
③同じ、ちがう

2 (1)Nきょく・Sきょく
(2)①
★きょくはもっとも強く鉄を引きつけます。ぼうじしゃくのきょくは、両はしにあるので、そこにゼムクリップがたくさんつきます。

3 電気を通すもの①、②、③
じしゃくにつくもの①、②
★金ぞくは電気を通します。金ぞくのうち、鉄だけがじしゃくにつきます。

11 ものの重さ

1 ①形
②ちがう

2 (1)かわらない。
(2)150 g
★ものの形をかえても、重さがかわらないように、細かく分けても、全部の重さはかわりません。

3 (1)鉄(のおもり)
(2)木(のおもり)
(3)いえない。